建设工程造价员一本通系列

园林工程造价员一本通

本书编委会 编

贺训珍 主编

哈尔滨工程大学出版社
Harbin Engineering University Press

内容简介

本书是《建设工程造价员一本通系列》丛书之一。全书内容包括园林工程造价的基本知识，园林工程施工图的识读，园林工程定额体系，园林工程计价方法，园林绿化种植工程，园路、园桥、假山工程，园林景观工程，园林工程工程量计算常用资料，园林工程量清单计价的应用等内容。

本书详细介绍、讲解了园林工程造价的相关知识，适用于园林工程造价员及大中专院校相关专业师生使用。

图书在版编目(CIP)数据

园林工程造价员一本通/《建设工程造价员一本通》编委会编. —哈尔滨：哈尔滨工程大学出版社，2007.12(2009.2 重印)
ISBN 978-7-81133-101-1

Ⅰ.园… Ⅱ.建… Ⅲ.园林—工程造价—基本知识
Ⅳ.TU986.3

中国版本图书馆 CIP 数据核字(2007)第 192827 号

出版发行：哈尔滨工程大学出版社
社　　址：哈尔滨市南岗区东大直街 124 号
邮　　编：150001
发行电话：0451-82519328
传　　真：0451-82519699
经　　销：新华书店
印　　刷：北京市通州京华印刷制版厂
开　　本：787mm×1092mm　1/16
印　　张：22
字　　数：592 千字
版　　次：2008 年 5 月第 1 版
印　　次：2009 年 2 月第 2 次印刷
定　　价：48.00 元
http://press.hrbeu.edu.cn
E-mail：heupress@hrbeu.edu.cn
网上书店：www.kejibook.com
对本书内容有任何疑问及建议，请与本书责编联系。邮箱：dayi88@sina.com

前　言

随着我国社会主义市场经济的飞速发展，国家对建设的投资正逐年加大，建设工程造价体制改革正不断深入地发展，工程造价的确定工作已经成为社会主义现代化建设事业中一项不可或缺的基础性工作，工程造价编制水平的高低关系到我国工程造价管理体制改革的继续深入。

工程造价的确定是规范建设市场秩序，提高投资效益的重要环节，具有很强的政策性、经济性、科学性和技术性。现阶段我国正积极推行建设工程工程量清单计价制度，并颁布实施了《建设工程工程量清单计价规范》(GB 50500—2008)。清单计价规范的颁布实施，大大推动了工程造价管理体制改革的不断继续深入，为最终形成政府制定规则、业主提供清单、企业自主报价、市场形成价格的全新计价形式提供了良好的发展机遇。

面对这种新的机遇和挑战，要求广大工程造价工作者不断学习，努力提高自己的业务水平，以适应工程造价领域发展形势的需要。同时，由于工程造价管理与编制工作的重要性，要求从事工程造价工作的人员必须具有现代管理人员的技能结构，即具有技术技能、人文技能和观念技能，从而具有完成特定任务的能力，这就要求我们必须尽快培养出一批具有扎实工程造价理论知识及较强实践能力的工程造价一线管理人员。

为帮助广大工程造价人员更好地履行职责，以适应市场经济条件下工程造价工作的需要，更好地理解工程量清单计价与定额计价的区别，我们特组织了一批具有丰富工程造价理论知识和实践工作经验的专家学者，编写了这套《建设工程造价员一本通系列》丛书，以期为广大建设工程造价员更快更好地进行建设工程造价的编制工作提供一定的帮助。

本套丛书共分为以下分册：

《建筑工程造价员一本通》

《市政工程造价员一本通》

《园林工程造价员一本通》

《装饰装修工程造价员一本通》

《公路工程造价员一本通》

《水利水电工程造价员一本通》

本套丛书既是编者多年从事建设工程概预算和工程量清单计价的教学和实际工作的经验总结，又是归纳总结工程造价管理领域的新成就、新动态，顺应、推动工程量清单计价改革的需要。本套丛书主要具有以下特点：

1. 丛书始终贯彻"一本通"的理念进行编写，结合相关工程概预算定额及有关文件，对建设工程造价员的职责、应知的专业技术知识和相关法律法规等进行了系统地介绍。为帮助广大工程造价员更好地工作，丛书还特别介绍了与建设工程造价有关的各种符号、图例及相关数据资料等内容，解决工程造价编制时需到处查找资料的问题，是一套拿来就能学、能用的实用工具书。

2. 丛书主要依据相关工程概预算定额及《建设工程工程量清单计价规范》进行编写。为突出丛书的实用性、科学性和可操作性，丛书还通过列举大量的工程造价计价实例，对造价员的工作程序逐个分析讲述，因此一本在手，即可应对工作过程中出现的许多难题，可谓是广大工程造价员的良师益友。

3. 丛书的编写注重理论与实践的结合，汲取以往建设工程造价领域的经验，将收集的资料和积累的信息与理论联系在一起，以更好地帮助建设工程造价员提高自己的工作能力和解决工作中遇到的实际问题。

4. 丛书内容广泛、编写体例新颖、可操作性强，适合广大建设工程造价员查阅使用，也可供广大建设工程专业人员及招标投标人员工作时参考。

本套丛书由一批具有丰富建设工程造价编制与教学工作经验的专家学者编写而成。参与丛书编写的主要人员有蔡中辉、李建国、王艳英、赵景琳、刘永俊、吴雪飞。此外刘素梅、王大永、田伟、卢雪峰、耿学才、李阳、刘伟、李光辉、李小撵、刘玉等参加了丛书的部分编写工作。

本套丛书在编写过程中参考和引用了有关部门、单位和个人的资料，在此表示衷心地感谢。由于编写时间仓促加之编者水平有限，书中错误及疏漏之处在所难免，敬请广大读者和有关专家批评指正。

丛书编委会

目　　录

第一章　园林工程造价的基本知识

第一节　基本建设概论

一、基本建设的概念

基本建设具体地讲，就是建造、购置和安装固定资产的活动以及与之相联系的工作，如征用土地、勘察设计、筹建机构、培训职工等。例如建设一个工厂即为基本建设，包括厂房的建造、机器设备的购置和安装以及土地征用、勘察设计、筹建机构、培训职工等工作。

基本建设的含义可以从下列四个方面来进行理解。

(1)基本建设是社会主义国家扩大再生产的重要方式，是我国进行四个现代化建设的物质技术基础。

(2)基本建设是进行固定资产生产的一种工业生产活动，而不是消费活动。基本建设产品具有商品属性。

1)基本建设产品与普通商品一样，具有使用价值和价值。所有基建产品都是有不同使用价值的固定资产，如能够生产各种使用价值产品的工厂、矿山；能够供人们居住和使用的住宅、医院等。从价值构成上看，基建产品既包含生产中的转移价值(材料、设备、施工机械耗用价值)，也包括工人在施工中新创造的价值。

2)生产基建产品的劳动同样具有二重性。形成固定资产过程中，体现了设计、施工等人员的具体劳动，同时也凝结着人们的一般劳动。

3)基建产品的价值与普通商品一样，必须遵循价值规律的要求，决定于社会必要劳动时间，按等价交换原则进行交换。

4)基建产品的价值也要以货币来衡量和表现，即表现为价格。

(3)基本建设是人们使用施工机具对建筑材料、设备进行建造、加工、安装形成固定资产的生产活动。

(4)基本建设是按照一定程序进行固定资产投资的一种经营方式。

1)基本建设主要形成固定资产投资，但是不完全是形成固定资产。

①第一套工、卡、模具、备品备件、低值易耗品和流动资金等都是由基本建设开支，但不形成固定资产。

②工程建设其他费用，如建设单位管理费、生产职工培训费、联合试运转费等均由基本建设开支，但都不形成固定资产。

2)基本建设一般有建筑安装工程和设备购置，但这些并不是基本建设投资的必要条件。例如，引进技术(软件)、改良畜种(种牛种马)等，并没有建筑安装工程和设置购置，却同样属于基本建设。

3)固定资产扩大再生产往往采用基本建设方式，但是简单再生产也要按照基本建设程序进行管理。

例如，只要是建造油田矿井，必须按照基本建设程序进行建设。但是新建的油田矿井，增加了生产能力属于固定资产扩大再生产，但是由于资源枯竭而易地建设的油田矿井，只是接续原有生产能力，属于简单再生产。

4)基本建设是固定资产投资,但不是全部的固定资产投资。

二、基本建设的特点

基本建设是社会扩大再生产,加速四个现代化的重要手段,有其特殊性,是按照自己的内在规律来实现它的固定资产增值的,它具有如下特点。

(1)它是一种消耗大、周期长的经济活动,在建设期只投入而不产出。

由于基本建设的工程整体性强,构造复杂形体庞大,建设周期长,人力、物力、财力投入大,因此整个建设过程必须有计划按步骤有序进行,亦即按基本建设程序运行,任何形式的中断、跨越、违序都意味着浪费和损失。

(2)它是一项涉及多学科的经济技术活动,具有很强的综合性。

在工程建设过程中,需要国民经济许多部门提供产品、条件和服务,才能建成,建成后还需要大量的外部条件,才能充分发挥其预期效益。

(3)建设单位(业主)要介入整个建设过程。

从项目建议、立项及方案确定、工程发包、工程质量进度、投资控制、设计管理、竣工验收,直到投产达标,建设单位都要承担直接责任,这种买方直接介入生产全过程的期货交易形式,与其他商品"一手交钱,一手交货"的交易形式完全不同。

(4)建设项目空间的不变性。

建设工程都固定在选定的地点,建成后一般不再移动,项目的固定性直接影响生产的布局,若选址不当,将长期背包袱。

(5)组织建设的复杂性。

工程多数是在露天作业,受季节、地质、气候影响,对建设条件、建设资源也要适时适量调配组织,因而使得组织规划建设工作非常复杂。

三、基本建设的组成

基本建设主要由以下几方面组成。

1. 建筑工程

建筑工程指永久性和临时性的建筑物、构筑物的土建工程,采暖、通风、给排水、照明工程,动力、电信管线的敷设工程,道路、桥涵的建设工程,农田水利工程,以及基础的建造、场地平整、清理和绿化工程等。

2. 安装工程

安装工程是指生产、动力、电信、起重、运输、医疗、实验等设备的装配工程和安装工程,以及附属于被安装设备的管线敷设、保温、防腐、调试、运转试车等工作。

3. 设备、工器具及生产用具的购置

指车间、实验室、医院、学校、宾馆、车站等生产、工作、学习所应配备的各种设备、工具、器具、家具及实验设备的购置。

4. 其他基本建设工作

包括上述内容以外的工作,如土地征用、建设用场地原有建构筑物拆迁、赔偿、建设单位设计、施工、投资管理工作、生产职工培训、生产准备等工作。

四、基本建设项目的划分

基本建设工程项目一般分为:建设项目、单项工程、单位工程、分部工程和分项工程等。

1. 建设项目

建设项目一般是指具有设计任务书和总体设计，经济上实行独立核算，行政上具有独立组织形式的基本建设单位。工业建设中，一般是以一个工厂、一座矿山为建设项目；民用建设中是以一个事业单位，如一所学校、一所医院等为建设项目。一个建设项目可以有几个甚至几十个单项工程，也可以只有一个单项工程。

2. 单项工程

单项工程也叫工程项目，是建设项目的组成部分，单项工程具有独立的设计文件，建成后可以独立发挥生产能力或效益，具有独立存在的意义。工业建设项目的单项工程，一般是指能独立生产的车间，它包括厂房建筑，设备购置及安装，以及工具、器具的购置等，非生产建设项目的单项工程，如一所学校的办公楼、图书馆、食堂、宿舍等。

3. 单位工程

单位工程是指具有单独设计，可以独立组织施工的工程，是单项工程的组成部分，它不能独立发挥生产能力。在一个单项工程中，按其构成可分为建筑及设备安装两类单位工程，每类单位工程可按专业性质分为若干单位工程。

(1)建筑工程。根据其中各组成部分的性质、作用可再分为如下几种单位工程。

1)一般土建工程。包括房屋和构筑物的各种结构工程和装饰工程等。

2)卫生工程。包括给排水管道、取暖、通风和民用煤气管道敷设工程。

3)工业管道工程。包括蒸气、压缩空气、煤气、输油管道及其他工业介质输送管道工程。此项也有的列为安装工程。

4)构筑物和特殊构筑物工程。包括各种设备基础、冶金炉基础、烟囱、水塔、桥梁、涵洞工程等。

5)电气照明工程。包括室内外照明设备的安装、线路敷设、变电与配电设备的安装工程等。

(2)设备及其安装工程。根据设备的特性，通常可分为以下两类安装工程。

1)机械设备及其安装工程。包括各种工艺设备、起重运输设备、动力设备等的购置及安装工程。

2)电气设备及其安装工程。包括传动电气设备、吊车电气设备、起重控制设备等的购置及其安装工程。

4. 分部工程

分部工程是单位工程的组成部分，它是按工程部位、设备种类和型号、使用的材料和工种等的不同而分类的。如一般土建工程的房屋(单位工程)可划分为土石方分部工程、基础分部工程、楼地面分部工程、屋面分部工程、梁板柱分部工程等。又如机械设备及其安装单位工程又可分为切削设备及安装工程、锻压设备及安装工程、起重设备及安装工程、化工设备及安装工程等。

在分部工程中影响工、料、机械消耗多少的因素仍然很多。例如同样都是砖石工程的砌基础和砌墙体，但它们所消耗的工、料、机械相差很大。所以，还必须把分部工程再分解为分项工程。

5. 分项工程

分项工程是指通过较为简单的施工能完成的工程，并且可以采用适当的计量单位进行计算的建筑设备安装工程，是确定建筑安装工程造价的最基本的工程单位，是分部工程的组成部分。例如钢筋混凝土分部工程可分为模板、钢筋、混凝土等分项工程；给排水管道安装分部工程，又可分为室外管道、室内管道、焊接钢管及铸铁管的安装，焊接管的螺纹连接及其焊接，法兰安装、管道消毒冲洗等分项工程；照明器具分部工程又分为普通灯具的安装、荧光灯具的安装、工厂用灯及防水防尘灯的安装以及电铃风扇的安装等分项工程。

五、基本建设的作用

基本建设是一种综合性的经济活动，国民经济各部门，都有基本建设的经济活动，包括建设项目的投资决策、技术决策、建设布局、环保、工艺流程的确定，设备选型、生产准备和试生产，以及对工程项目的规划、勘察、设计和施工的监督活动。

任何国家，固定资产都是国民财富的主要组成部分。衡量一个国家经济实力的雄厚与否，社会生产力发展的高低，重要的一点，就是看它拥有的固定资产的数量多少与质量的高低，因为固定资产的物资内容就是生产手段，而生产手段是生产力诸要素中最活跃的一个要素。

基本建设是扩大再生产以提高人民物质、文化生活水平和加强经济和国防实力的重要手段。具体作用是：为国民经济各部门提供生产能力；影响和改变各产业部门内部之间、各部分之间的构成和比例关系；使全局生产力配置更趋合理；用先进的技术改造国民经济；基本建设还为社会提供住宅、文化设施和市政设施，为解决社会重大问题提供物质基础。

但是应当指出，基本建设可以是扩大再生产，但它绝不是扩大再生产的惟一源泉。因为，扩大再生产分为外延与内涵两个方面，扩大外延必须增加设备，扩大厂房，耗资较大。而扩大内涵即提高生产效率只需少量耗资甚至无需耗资。所以，提高企业的经济效益与社会总效益，必须不断努力提高现有固定资产的生产效率，而不应当单纯追求扩大外延增加基本建设投资。

第二节 工程造价基础

一、工程造价的概念

工程造价，是指进行一个工程项目的建造所需要花费的全部费用，即从工程项目确定建设意向直至建成、竣工验收为止的整个建设期间所支出的总费用，这是保证工程项目建造正常进行的必要资金，是项目投资中的最主要的部分。

工程造价主要由工程费用和工程其他费用组成。

(1)工程费用。工程费用包括建筑工程费用、安装工程费用和设备及工器具购置费用。

1)建筑工程费用。主要包括各类房屋建筑工程的供水、供暖、卫生、通风、燃气等设备费用及其装设、油饰工程的费用；列入工程预算的各种管道、电力、电信和电缆导线敷设工程的费用；设备基础、支柱、工作台、烟囱、水塔、水池等建筑工程以及各种炉窨的砌筑工程和金属结构工程的费用；为施工而进行的场地平整、地质勘探，原有建筑物和障碍物的拆除以及工程完工后的场地清理，环境美化等工作的费用；矿井开凿、井卷延伸，露天矿剥离，修建铁路、公路、桥梁、水库及防洪等工程的费用等。

2)安装工程费用。主要包括生产、动力、起重、运输、传动和医疗、实验等各种需要安装的机械设备的装配费用；与设备相连的工作台、梯子、栏杆等设施的工程费用；附属于被安装设备的管线敷设工程费用；单台设备单机试运转、系统设备进行系统联动无负荷试运转工作的测试费等。

3)设备及工器具购置费用。设备、工器具购置费用是指工程项目设计范围内的需要安装及不需要安装的设备、仪器、仪表等及其必要的备品备件购置费；为保证投产初期正常生产所必需的仪器仪表、工卡量具、模具、器具及生产家具等的购置费。

(2)工程其他费用。工程建设其他费用是指未纳入以上工程费用的、由项目投资支付的、为保证工程建设顺利完成和交付使用后能够正常发挥效用而必须开支的费用。它包括建设单位管理费、土地使用费、研究试验费、勘察设计费、供配电贴费、生产准备费、引进技术和进口设备其他费、施工机构迁移费、联合试运转费、预备费、财务费用以及涉及固定资产投资的其他税费等。

二、工程造价的分类

建筑工程造价的分类因分类标准的不同而不同。

(一)按用途分类

建筑工程造价按用途分类包括:标底价格、投标价格、中标价格、直接发包价格、合同价格和竣工结算价格。

1. 标底价格

标底价格是招标人的期望价格,不是交易价格。招标人以此作为衡量投标人投标价格的一个尺度,也是招标人的一种控制投资的手段。

招标人设置标底价可有两个目的:一是在坚持最低价中标时,标底价可作为招标人自己掌握的招标底数,起参考作用,而不作评标的依据;二是为避免因标价太低而损害质量,使靠近标底的报价评为最高分,高于或低于标底的报价均递减评分,则标底价可作为评标的依据,使招标人的期望价成为价格控制的手段之一。根据哪种目的设置标底,要在招标文件中作出交代。

编制标底价可由招标人自行操作,也可由招标人委托招标代理机构操作,由招标人作出决策。

2. 投标价格

投标人为了得到工程施工承包的资格,按照招标人在招标文件中的要求进行估价,然后根据投标策略确定投标价格,以争取中标并通过工程实施取得经济效益。因此投标报价是卖方的要价,如果中标,这个价格就是合同谈判和签订合同确定工程价格的基础。

如果设有标底,投标报价时要研究招标文件中评标时如何使用标底:①以靠近标底者得分最高,这时报价就勿需追求最低标价;②标底价只作为招标人的期望,但仍要求低价中标,这时,投标人就要努力采取措施,既使标价最具竞争力(最低价),又使报价不低于成本,即能获得理想的利润。由于“既能中标,又能获利”是投标报价的原则,故投标人的报价必须有雄厚的技术和管理实力做后盾,编制出有竞争力、又能盈利的投标报价。

3. 中标价格

《招标投标法》第四十条规定:“评标委员会应当按照招标文件确定的评标标准和方法,对投标文件进行评审和比较;设有标底的,应当参考标底”。所以评标的依据一是招标文件,二是标底(如果设有标底时)。

《招标投标法》第四十一条规定,中标人的投标应符合下列两个条件之一:一是“能最大限度地满足招标文件中规定的各项综合评价标准”;二是“能够满足招标文件的实质性要求,并且经评审的投标价格最低,但是投标价低于成本的除外”。这第二项条件主要是说的投标报价。

4. 直接发包价格

直接发包价格是由发包人与指定的承包人直接接触,通过谈判达成协议签订施工合同,而不需要像招标承包定价方式那样,通过竞争定价。直接发包方式计价只适用于不宜进行招标的工程,如军事工程、保密技术工程、专利技术工程及发包人认为不宜招标而又不违反《招标投标法》第三条(招标范围)的规定的其他工程。

直接发包方式计价首先提出协商价格意见的可能是发包人或其委托的中介机构,也可能是承包人提出价格意见交发包人或其委托的中介组织进行审核。无论由哪一方提出协商价格意见,都要通过谈判协商,签订承包合同,确定为合同价。

直接发包价格是以审定的施工图预算为基础,由发包人与承包人商定增减价的方式定价。

5. 合同价格

《建筑工程施工发包与承包计价管理办法》第十二条规定："合同价可采用以下方式：(一)固定价。合同总价或者单价在合同约定的风险范围内不可调整。(二)可调价。合同总价或者单价在合同实施期内，根据合同约定的办法调整。(三)成本加酬金。"《办法》第十三条规定："发承包双方在确定合同价时，应当考虑市场环境和生产要素价格变化对合同价的影响"。现分述如下：

(1)固定合同价。合同中确定的工程合同价在实施期间不因价格变化而调整。固定合同价可分为固定合同总价和固定合同单价两种。

1)固定合同总价。它是指承包整个工程的合同价款总额已经确定，在工程实施中不再因物价上涨而变化，所以，固定合同总价应考虑价格风险因素，也须在合同中明确规定合同总价包括的范围。这类合同价可以使发包人对工程总开支做到大体心中有数，在施工过程中可以更有效地控制资金的使用。但对承包人来说，要承担较大的风险，如物价波动、气候条件恶劣、地质地基条件及其他意外困难等，因此合同价款一般会高些。

2)固定合同单价。它是指合同中确定的各项单价在工程实施期间不因价格变化而调整，而在每月(或每阶段)工程结算时，根据实际完成的工程量结算，在工程全部完成时以竣工图的工程量最终结算工程总价款。

(2)可调合同价。

1)可调总价。合同中确定的工程合同总价在实施期间可随价格变化而调整。发包人和承包人在商订合同时，以招标文件的要求及当时的物价计算出合同总价。如果在执行合同期间，由于通货膨胀引起成本增加达到某一限度时，合同总价则作相应调整。可调合同价使发包人承担了通货膨胀的风险，承包人则承担其他风险。一般适合于工期较长(如 1 年以上)的项目。

2)可调单价。合同单价可调，一般是在工程招标文件中规定。在合同中签订的单价，根据合同约定的条款，如在工程实施过程中物价发生变化等，可作调整。有的工程在招标或签约时，因某些不确定性因素而在合同中暂定某些分部分项工程的单价，在工程结算时，再根据实际情况和合同约定对合同单价进行调整，确定实际结算单价。

关于可调价格的调整方法，常用的有以下几种：

第一，按主材计算价差。发包人在招标文件中列出需要调整价差的主要材料表及其基期价格(一般采用当时当地工程造价管理机构公布的信息价或结算价)，工程竣工结算时按竣工当时当地工程造价管理机构公布的材料信息价或结算价，与招标文件中列出的基期价比较计算材料差价。

第二，主料按抽料法计算价差，其他材料按系数计算价差。主要材料按施工图预算计算的用量和竣工当月当地工程造价管理机构公布的材料结算价或信息价与基价对比计算差价。其他材料按当地工程造价管理机构公布的竣工调价系数计算方法计算差价。

第三，按工程造价管理机构公布的竣工调价系数及调价计算方法计算差价。

此外，还有调值公式法和实际价格结算法。

调值公式一般包括固定部分、材料部分和人工部分三项。当工程规模和复杂性增大时，公式也会变得复杂。调值公式一般如下：

$$P = P_0\left(a_0 + a_1\frac{A}{A_0} + a_2\frac{B}{B_0} + a_3\frac{C}{C_0} + \cdots\cdots\right)$$

式中 P——调值后的工程价格；

P_0——合同价款中工程预算进度款；

a_0——固定要素的费用在合同总价中所占比重，这部分费用在合同支付中不能调整；

a_1、a_2、a_3……——代表有关各项变动要素的费用（如人工费、钢材费用、水泥费用、运输费用等）在合同总价中所占比重，$a_0+a_1+a_2+a_3+\cdots\cdots=1$；

A_0、B_0、C_0……——签订合同时与 a_1、a_2、a_3……对应的各种费用的基期价格指数或价格；

A、B、C……——在工程结算月份与 a_1、a_2、a_3……对应的各种费用的现行价格指数或价格。

各部分费用在合同总价中所占比重在许多标书中要求承包人在投标时即提出，并在价格分析中予以论证。也有的由发包人在招标文件中规定一个允许范围，由投标人在此范围内选定。

实际价格结算法。有些地区规定对钢材、木材、水泥等三大材的价格按实际价格结算的方法，工程承包人可凭发票按实报销。此法操作方便，但也导致承包人忽视降低成本。为避免副作用，地方建设主管部门要定期公布最高结算限价，同时合同文件中应规定发包人有权要求承包人选择更廉价的供应来源。

以上几种方法究竟采用哪一种，应按工程价格管理机构的规定，经双方协商后在合同的专用条款中约定。

(3)成本加酬金确定的合同价。合同中确定的工程合同价，其工程成本部分按现行计价依据计算，酬金部分则按工程成本乘以通过竞争确定的费率计算，将两者相加，确定出合同价。一般分为以下几种形式：

1)成本加固定百分比酬金确定的合同价。这种合同价是发包人对承包人支付的人工、材料和施工机械使用费、措施费、施工管理费等按实际直接成本全部据实补偿，同时按照实际直接成本的固定百分比付给承包人一笔酬金，作为承包方的利润。其计算方法如下：

$$C = C_a(1+P)$$

式中　C——总造价；

C_a——实际发生的工程成本；

P——固定的百分数。

从算式中可以看出，总造价 C 将随工程成本 C_a 而水涨船高，显然不能鼓励承包商关心缩短工期和降低成本，因而对建设单位是不利的。现在这种承包方式已很少被采用。

2)成本加固定酬金确定的合同价。工程成本实报实销，但酬金是事先商定的一个固定数目。计算式为：

$$C = C_a + F$$

式中 F 代表酬金，通常按估算的工程成本的一定百分比确定，数额是固定不变的。这种承包方式虽然不能鼓励承包商关心降低成本；但从尽快取得酬金出发，承包商将会关心缩短工期，这是其可取之处。为了鼓励承包单位更好地工作，也有在固定酬金之外，再根据工程质量、工期和降低成本情况另加奖金的。在这种情况下，奖金所占比例的上限可大于固定酬金，以充分发挥奖励的积极作用。

3)成本加浮动酬金确定的合同价。这种承包方式要事先商定工程成本和酬金的预期水平。如果实际成本恰好等于预期水平，工程造价就是成本加固定酬金；如果实际成本低于预期水平，则增加酬金；如果实际成本高于预期水平，则减少酬金。这三种情况可用算式表示如下：

如果

$$C_a = C_0，则\ C = C_a + F$$

$$C_a < C_0，\quad C = C_a + F + \Delta F$$

$$C_a > C_0，\quad C = C_a + F - \Delta F$$

式中　C_0——预期成本；

ΔF——酬金增减部分，可以是一个百分数，也可以是一个固定的绝对数。

采用这种承包方式，通常规定，当实际成本超支而减少酬金时，以原定的固定酬金数额为减少的最高限度。也就是在最坏的情况下，承包人将得不到任何酬金，但不必承担赔偿超支的责任。

从理论上讲，这种承包方式既对承发包双方都没有太多风险，又能促使承包商关心降低成本和缩短工期；但在实践中准确地估算预期成本比较困难，所以要求当事双方具有丰富的经验并掌握充分的信息。

4)目标成本加奖罚确定的合同价。在仅有初步设计和工程说明书即迫切要求开工的情况下，可根据粗略估算的工程量和适当的单价表编制概算，作为目标成本；随着详细设计逐步具体化，工程量和目标成本可加以调整，另外规定一个百分数作为酬金；最后结算时，如果实际成本高于目标成本并超过事先商定的界限(例如5%)，则减少酬金，如果实际成本低于目标成本(也有一个幅度界限)，则加给酬金。用算式表示如下：

$$C = C_a + P_1 C_0 + P_2 (C_0 - C_a)$$

式中 C_0——目标成本；

P_1——基本酬金百分数；

P_2——奖罚百分数。

此外，还可另加工期奖罚。

这种承包方式可以促使承包商关心降低成本和缩短工期，而且目标成本是随设计的进展而加以调整才确定下来的，故建设单位和承包商双方都不会承担多大风险，这是其可取之处。当然也要求承包商和建设单位的代表都须具有比较丰富的经验和充分的信息。

在工程实践中，采用哪一种合同计价方式，是选用总价合同、单价合同还是成本加酬金合同，采用固定价还是可调价方式，应根据建设工程的特点，业主对筹建工作的设想，对工程费用、工期和质量的要求等，综合考虑后进行确定。

1)项目的复杂程度。规模大且技术复杂的工程项目，承包风险较大，各项费用不易估算准确，不宜采用固定总价合同。或者有把握的部分采用固定总价合同，估算不准的部分采用单价合同或成本加酬金合同。有时，在同一工程中采用不同的合同形式，是业主和承包商合理分担工程实施中不确定风险因素的有效办法。

2)工程设计工作的深度。工程招标时所依据的设计文件的深度，即工程范围的明确程度和预计完成工程量的准确程度，经常是选择合同计价方式时应考虑的重要因素。因为招标图纸和工程量清单的详细程度是否能让投标人合理报价，取决于已完成的设计工作的深度。

3)工程施工的难易程度。如果施工中有较大部分采用新技术和新工艺，当发包方和承包方在这方面过去都没有经验，且在国家颁布的标准、规范、定额中又没有可作为依据的标准时，为了避免投标人盲目地提高承包价格或由于对施工难度估计不足而导致承包亏损，不宜采用固定总价合同，较为保险的做法是选用成本加酬金合同。

4)工程进度要求的紧迫程度。在招标过程中，对一些紧急工程，如灾后恢复工程、要求尽快开工且工期较紧的工程等，可能仅有实施方案，还没有施工图纸，因此不可能让承包商报出合理的价格。此时，采用成本加酬金合同比较合理，可以以邀请招标的方式选择有信誉、有能力的承包商及早开工。

(二)按计价方法分类

建筑工程造价按计价方法可分为估算造价、概算造价和施工图预算造价等。关于这几类的工程造价，本书后续章节将作详细的介绍，在此不再重复。

三、工程造价的作用

1. 工程造价是项目决策的依据

建设工程投资大、生产和使用周期长等特点决定了项目决策的重要性。工程造价决定着项目的一次投资费用。投资者是否有足够的财务能力支付这笔费用，是否认为值得支付这项费用，是项目决策中要考虑的主要问题。财务能力是一个独立的投资主体必须首先解决的问题。如果工程的价格超过投资者的支付能力，就会迫使他放弃拟建的项目；如果项目投资的效果达不到预期目标，他也会自动放弃拟建的工程。因此，在项目决策阶段，工程造价就成为项目财务分析和经济评价的重要依据。

2. 工程造价是制定投资计划和控制投资的依据

工程造价在控制投资方面的作用非常明显。工程造价是通过多次性预估，最终通过竣工决算确定下来的。每一次预估的过程就是对造价的控制过程；而每一次估算对下一次估算又都是对造价严格的控制，具体讲，每一次估算都不能超过前一次估算的一定幅度。这种控制是在投资者财务能力的限度内为取得既定的投资效益所必需的。工程造价对投资的控制也表现在利用制定各类定额、标准和参数，对工程造价的计算依据进行控制。在市场经济利益风险机制的作用下，造价对投资控制作用成为投资的内部约束机制。

3. 工程造价是筹集建设资金的依据

投资体制的改革和市场经济的建立，要求项目的投资者必须有很强的筹资能力，以保证工程建设有充足的资金供应。工程造价基本决定了资金的需要量，从而为筹集资金提供了比较准确的依据。当资金来源于金融机构的贷款时，金融机构在对项目的偿贷能力进行评估的基础上，也需要依据工程造价来确定给予投资者的贷款数额。

4. 工程造价是评价投资效果的重要指标

工程造价是一个包含着多层次工程造价的体系，就一个工程项目来说，它既是项目的总造价，又包含单项工程的造价和单位工程的造价，同时也包含单位生产能力的造价，或一个平方米建筑面积的造价等。所有这些，使工程造价自身形成了一个指标体系。它能够为评价投资效果提供出多种评价指标，并能够形成新的价格信息，为今后类似项目的投资提供参照系。

5. 工程造价是合理利益分配和调节产业结构的手段

工程造价的高低，涉及到国民经济各部门和企业间的利益分配。在计划经济体制下，政府为了用有限的财政资金建成更多的工程项目，总是趋向于压低工程造价，使建设中的劳动消耗得不到完全补偿，价值不能得到完全实现。而未被实现的部分价值则被重新分配到各个投资部门，为项目投资者所占有。这种利益的再分配有利于各产业部门按照政府的投资导向加速发展，也有利于按宏观经济的要求调整产业结构。但是也会严重损害建筑企业等的利益，从而使建筑业的发展长期处于落后状态，与整个国民经济的发展不相适应。在市场经济中，工程造价也无例外地受供求状况的影响，并在围绕价值的波动中实现对建设规模、产业结构和利益分配的调节。加上政府正确的宏观调控和价格政策导向，工程造价在这方面的作用会充分发挥出来。

四、工程造价的职能

1. 预测职能

工程造价的大额性和多变性，无论是投资者或是承包商都要对拟建工程进行预先测算。投资者预先测算工程造价不仅作为项目决策依据，同时也是筹集资金、控制造价的依据。承包商对工程造价的测算，既为投标决策提供依据，也为投标报价和成本管理提供依据。

2. 控制职能

工程造价的控制职能表现在两方面：一方面是它对投资的控制，即在投资的各个阶段，根据对造价的多次性预估，对造价进行全过程、多层次的控制；另一方面，是对以承包商为代表的商品和劳务供应企业的成本控制。在价格一定的条件下，企业实际成本开支决定企业的盈利水平。成本越高，盈利越低。成本高于价格，就会危及企业的生存。

3. 评价职能

工程造价是评价总投资和分项投资合理性和投资效益的主要依据之一。评价土地价格、建筑安装产品和设备价格的合理性时，就必须利用工程造价资料；在评价建设项目偿贷能力、获利能力和宏观效益时，也要依据工程造价。

4. 调节职能

工程建设关系到经济增长，也直接关系到国家重要资源分配和资金流向，对国计民生都产生重大影响。所以，国家对建设规模、结构进行宏观调节是在任何条件下都不可缺少的，对政府投资项目进行直接调控和管理也是非常必需的。这些都要通过工程造价来对工程中的物质消耗水平、建设规模、投资方向等进行调节。

五、建筑工程造价费用的构成

(一)我国现行工程造价的构成

建设项目投资含固定资产投资和流动资产投资两部分，建设项目总投资中的固定资产投资与建设项目的工程造价在量上相等。工程造价的构成按工程项目建设过程中各类费用支出或花费的性质、途径等来确定，是通过费用划分和汇集所形成的工程造价的费用分解结构。工程造价基本构成中，包括用于购买工程项目所含各种设备的费用，用于建筑施工和安装施工所需支出的费用，用于委托工程勘察设计应支付的费用，用于购置土地所需的费用，也包括用于建设单位自身进行项目筹建和项目管理所花费费用等。总之，工程造价是工程项目按照确定的建设内容、建设规模、建设标准、功能要求和使用要求等全部建成并验收合格交付使用所需的全部费用。

我国现行工程造价的构成主要划分为设备及工、器具购置费用、建筑安装工程费用、工程建设其他费用、预备费、建设期贷款利息、固定资产投资方向调节税等几项。具体构成内容如图 1-1 所示。

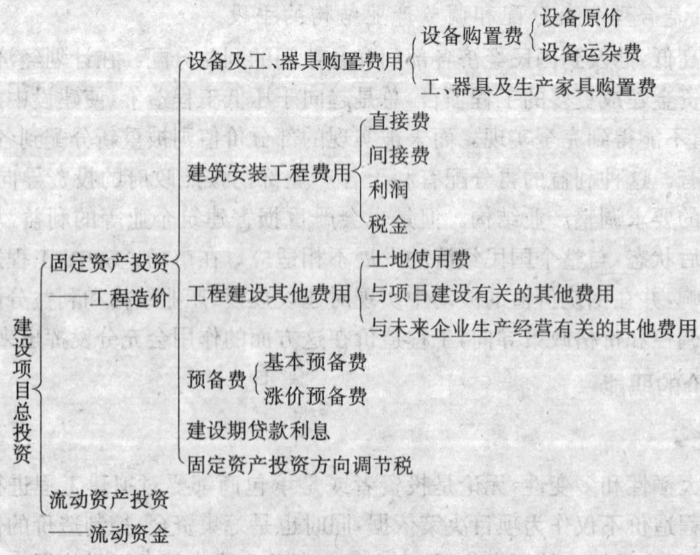

图 1-1 我国现行工程造价的构成

(二)设备及工、器具购置费的构成及计算

设备及工、器具购置费用是由设备购置费和工具、器具及生产家具购置费组成的，它是固定资产投资中的积极部分。

1. 设备购置费的构成及计算

设备购置费是指达到固定资产标准，为建设工程项目购置或自制的各种国产或进口设备及工、器具的费用。它由设备原价和设备运杂费构成。

设备购置费＝设备原价＋设备运杂费　(1-1)

上式中，设备原价指国产设备或进口设备的原价；设备运杂费指除设备原价之外的关于设备采购、运输、途中包装及仓库保管等方向支出费用的总和。

(1)国产设备原价的构成及计算。

国产设备原价一般指的是设备制造厂的交货价，或订货合同价。它一般根据生产厂或供应商的询价、报价、合同价确定，或采用一定的方法计算确定。国产设备原价分为国产标准设备原价和国产非标准设备原价。

1)国产标准设备原价。国产标准设备是指按照主管部门颁布的标准图纸和技术要求，由设备生产厂批量生产的，符合国家质量检验标准的设备。国产标准设备原价一般指的是设备制造厂的交货价，即出厂价。如设备系由设备成套公司供应，则以订货合同价为设备原价。有的设备有两种出厂价，即带有备件的出厂价和不带有备件的出厂价。在计算设备原价时，一般按带有备件的出厂价计算。

2)国产非标准设备原价。国产非标准设备是指国家尚无定型标准，各设备生产厂不可能在工艺过程中采用批量生产，只能按一次订货，并根据具体的设计图纸制造的设备。非标准设备原价有多种不同的计算方法，如成本计算估价法、系列设备插入估价法、分部组合估价法、定额估价法等。但无论采用哪种方法都应该使非标准设备计价接近实际出厂价，并且计算方法要简便。按成本计算估价法，非标准设备的原价由以下各项组成。

①材料费。其计算公式如下：

材料费＝材料净重×(1＋加工损耗系数)×每吨材料综合价　(1-2)

②加工费。包括生产工人工资和工资附加费、燃料动力费、设备折旧费、车间经费等。其计算公式如下：

加工费＝设备总重量(吨)×设备每吨加工费　(1-3)

③辅助材料费(简称辅材费)。包括焊条、焊丝、氧气、氩气、氮气、油漆、电石等费用。其计算公式如下：

辅助材料费＝设备总重量×辅助材料费指标　(1-4)

④专用工具费。按①～③项之和乘以一定百分比计算。

⑤废品损失费。按①～④项之和乘以一定百分比计算。

⑥外购配套件费。按设备设计图纸所列的外购配套件的名称、型号、规格、数量、重量，根据相应的价格加运杂费计算。

⑦包装费。按以上①～⑥项之和乘以一定百分比计算。

⑧利润。可按①～⑤项加第⑦项之和乘以一定利润率计算。

⑨税金。主要指增值税。计算公式为：

增值税＝当期销项税额－进项税额　(1-5)

其中，当期销项税额＝销售额×适用增值税率，[销售额为①～⑧项之和]。

⑩非标准设备设计费：按国家规定的设计费收费标准计算。

综上所述，单台非标准设备原价可用下面的公式表达：

单台非标准设备原价＝{[(材料费＋加工费＋辅助材料费)×(1＋专用工具费率)×(1＋废品损失费率)＋外购配套件费]×(1＋包装费率)－外购配套件费}×(1＋利润率)＋销项税金＋非标准设备设计费＋外购配套件费 (1-6)

(2)进口设备原价的构成及计算。

进口设备的原价是指进口设备的抵岸价，即抵达买方边境港口或边境车站，且交完关税等税费后形成的价格。进口设备抵岸价的构成与进口设备的交货方式有关。

1)进口设备的交货方式。进口设备的交货方式可分为内陆交货类、目的地交货类、装运港交货类(表1-1)。

表1-1 进口设备的交货类别

序号	交货类别	说明
1	内陆交货类	内陆交货类即卖方在出口国内陆的某个地点交货。在交货地点，卖方及时提交合同规定的货物和有关凭证，并负担交货前的一切费用和风险；买方按时接受货物，交付货款，负担接货后的一切费用和风险，并自行办理出口手续和装运出口。货物的所有权也在交货后由卖方转移给买方
2	目的地交货类	目的地交货类即卖方在进口国的港口或内地交货，有目的港船上交货价、目的港船边交货价(FOS)和目的港码头交货价(关税已付)及完税后交货价(进口国的指定地点)等几种交货价。它们的特点是：买卖双方承担的责任、费用和风险是以目的地约定交货点为分界线，只有当卖方在交货点将货物置于买方控制下才算交货，才能向买方收取货款。这种交货类别对卖方来说承担的风险较大，在国际贸易中卖方一般不愿采用
3	装运港交货类	装运港交货类即卖方在出口国装运港交货，主要有装运港船上交货价(FOB)，习惯称离岸价格，运费在内价(C&F)和运费、保险费在内价(CIF)，习惯称到岸价格。它们的特点是：卖方按照约定的时间在装运港交货，只要卖方把合同规定的货物装船后提供货运单据便完成交货任务，可凭单据收回货款。 装运港船上交货价(FOB)是我国进口设备采用最多的一种货价。采用船上交货价时卖方的责任是：在规定的期限内，负责在合同规定的装运港口将货物装上买方指定的船只，并及时通知买方；负担货物装船前的一切费用和风险，负责办理出口手续；提供出口国政府或有关方面签发的证件；负责提供有关装运单据。买方的责任是：负责租船或订舱，支付运费，并将船期、船名通知卖方；负担货物装船后的一切费用和风险；负责办理保险及支付保险费，办理在目的港的进口和收货手续；接受卖方提供的有关装运单据，并按合同规定支付货款

2)进口设备原价的构成及计算。进口设备采用最多的是装运港船上交货价(FOB)，其抵岸价的构成可概括为：

$$\text{进口设备原价}=\text{货价}+\text{国际运费}+\text{运输保险费}+\text{银行财务费}+\text{外贸手续费}+\text{关税}+\text{增值税}+\text{消费税}+\text{海关监管手续费}+\text{车辆购置附加费} \quad (1\text{-}7)$$

①货价。一般指装运港船上交货价(FOB)。设备货价分为原币货价和人民币货价，原币货价一律折算为美元表示，人民币货价按原币货价乘以外汇市场美元兑换人民币中间价确定。进口设备货价按有关生产厂商询价、报价、订货合同价计算。

②国际运费。即从装运港(站)到达我国抵达港(站)的运费。我国进口设备大部分采用海洋运输，小部分采用铁路运输，个别采用航空运输。进口设备国际运费计算公式为：

$$国际运费(海、陆、空)=原币货价(FOB)\times 运费率 \quad (1\text{-}8)$$

$$国际运费(海、陆、空)=运量\times 单位运价 \quad (1\text{-}9)$$

其中，运费率或单位运价参照有关部门或进出口公司的规定执行。

③运输保险费。对外贸易货物运输保险是由保险人（保险公司）与被保险人（出口人或进口人）订立保险契约，在被保险人交付议定的保险费后，保险人根据保险契约的规定对货物在运输过程中发生的承保责任范围内的损失给予经济上的补偿。这是一种财产保险。计算公式为：

$$运输保险费=\frac{原币货价(FOB)+国外运费}{1-保险费率}\times 保险费率 \quad (1\text{-}10)$$

其中，保险费率按保险公司规定的进口货物保险费率计算。

④银行财务费。一般是指中国银行手续费，可按下式简化计算：

$$银行财务费=人民币货价(FOB)\times 银行财务费率 \quad (1\text{-}11)$$

⑤外贸手续费。指按对外经济贸易部规定的外贸手续费率计取的费用，外贸手续费率一般取1.5%。计算公式为：

$$外贸手续费=[装运港船上交货价(FOB)+国际运费+运输保险费]\times 外贸手续费率 \quad (1\text{-}12)$$

⑥关税。由海关对进出国境或关境的货物和物品征收的一种税。计算公式为：

$$关税=到岸价格(CIF)\times 进口关税税率 \quad (1\text{-}13)$$

其中，到岸价格（CIF）包括离岸价格（FOB）、国际运费、运输保险费等费用，它作为关税完税价格。进口关税税率分为优惠和普通两种。优惠税率适用于与我国签订有关税互惠条款的贸易条约或协定的国家的进口设备；普通税率适用于与我国未订有关税互惠条款的贸易条约或协定的国家的进口设备。进口关税税率按我国海关总署发布的进口关税税率计算。

⑦增值税。是对从事进口贸易的单位和个人，在进口商品报关进口后征收的税种。我国增值税条例规定，进口应税产品均按组成计税价格和增值税税率直接计算应纳税额。即：

$$进口产品增值税额=组成计税价格\times 增值税税率 \quad (1\text{-}14)$$

$$组成计税价格=关税完税价格+关税+消费税 \quad (1\text{-}15)$$

增值税税率根据规定的税率计算。

⑧消费税。对部分进口设备（如轿车、摩托车等）征收，一般计算公式为：

$$应纳消费税额=\frac{到岸价+关税}{1-消费税税率}\times 消费税税率 \quad (1\text{-}16)$$

其中，消费税税率根据规定的税率计算。

⑨海关监管手续费。指海关对进口减税、免税、保税货物实施监督、管理、提供服务的手续费。对于全额征收进口关税的货物不计本项费用。其公式如下：

$$海关监管手续费=到岸价\times 海关监管手续费率 \quad (1\text{-}17)$$

⑩车辆购置附加费：进口车辆需缴进口车辆购置附加费。其公式如下：

$$进口车辆购置附加费=(到岸价+关税+消费税+增值税)\times 进口车辆购置附加费率 \quad (1\text{-}18)$$

(3)设备运杂费的构成和计算。

设备运杂费按设备原价乘以设备运杂费率计算，其公式为：

$$设备运杂费=设备原价\times 设备运杂费率 \quad (1\text{-}19)$$

其中，设备运杂费率按各部门及省、市等的规定计取。

设备运杂费通常由下列各项构成：

1)国产标准设备由设备制造厂交货地点起至工地仓库(或施工组织设计指定的需要安装设备的堆放地点)止所发生的运费和装卸费。

进口设备则由我国到岸港口、边境车站起至工地仓库(或施工组织设计指定的需要安装设备的堆放地点)止所发生的运费和装卸费。

2)在设备出厂价格中没有包含的设备包装和包装材料器具费；在设备出厂价或进口设备价格中如已包括了此项费用，则不应重复计算。

3)供销部门的手续费，按有关部门规定的统一费率计算。

4)建设单位(或工程承包公司)的采购与仓库保管费，是指采购、验收、保管和收发设备所发生的各种费用，包括设备采购、保管和管理人员工资、工资附加费、办公费、差旅交通费、设备供应部门办公和仓库所占固定资产使用费、工具用具使用费、劳动保护费、检验试验费等。这些费用可按主管部门规定的采购保管费率计算。

一般来讲，沿海和交通便利的地区，设备运杂费率相对低一些；内地和交通不很便利的地区就要相对高一些，边远省份则要更高一些。对于非标准设备来讲，应尽量就近委托设备制造厂，以大幅度降低设备运杂费。进口设备由于原价较高，国内运距较短，因而运杂费比率应适当降低。

2. 工、器具及生产家具购置费的构成及计算

工具、器具及生产家具购置费，是指新建或扩建项目初步设计规定的，保证初期正常生产必须购置的没有达到固定资产标准的设备、仪器、工卡模具、器具、生产家具和备品备件等的购置费用。一般以设备购置费为计算基数，按照部门或行业规定的工具、器具及生产家具费率计算。计算公式为：

$$\text{工具、器具及生产家具购置费}=\text{设备购置费}\times\text{定额费率} \tag{1-20}$$

(三)建筑安装工程费用构成及计算

1. 直接费的构成及计算

直接费由直接工程费和措施费组成。

(1)直接工程费。

直接工程费是指施工过程中耗费的构成工程实体的各项费用，包括人工费、材料费、施工机械使用费。

$$\text{直接工程费}=\text{人工费}+\text{材料费}+\text{施工机械使用费} \tag{1-21}$$

1)人工费。人工费是指直接从事建筑安装工程施工的生产工人开支的各项费用。

①基本工资：是指发放给生产工人的基本工资。

②工资性补贴：是指按规定标准发放的物价补贴，煤、燃气补贴，交通补贴，住房补贴，流动施工津贴等。

③生产工人辅助工资：是指生产工人年有效施工天数以外非作业天数的工资，包括职工学习、培训期间的工资，调动工作、探亲、休假期间的工资，因气候影响的停工工资，女工哺乳时间的工资，病假在六个月以内的工资及产、婚、丧假期的工资。

④职工福利费：是指按规定标准计提的职工福利费。

⑤生产工人劳动保护费：是指按规定标准发放的劳动保护用品的购置费及修理费，徒工服装补贴，防暑降温费，在有碍身体健康环境中施工的保健费用等。

$$\text{人工费}=\sum(\text{工日消耗量}\times\text{日工资单价}) \tag{1-22}$$

式中，日工资单价$(G)=\sum_1^5 G$。

a. 基本工资：

$$基本工资(G_1)=\frac{生产工人平均月工资}{年平均每月法定工作日} \tag{1-23}$$

b. 工资性补贴：

$$工资性补贴(G_2)=\frac{\sum 年发放标准}{全年日历日-法定假日}+\frac{\sum 月发放标准}{年平均每月法定工作日}+每工作日发放标准 \tag{1-24}$$

c. 生产工人辅助工资：

$$生产工人辅助工资(G_3)=\frac{全年无效工作日\times(G_1+G_2)}{全年日历日-法定假日} \tag{1-25}$$

d. 职工福利费：

$$职工福利费(G_4)=(G_1+G_2+G_3)\times 福利费计提比例(\%) \tag{1-26}$$

e. 生产工人劳动保护费：

$$生产工人劳动保护费(G_5)=\frac{生产工人年平均支出劳动保护费}{全年日历日-法定假日} \tag{1-27}$$

2)材料费。材料费是指施工过程中耗费的构成工程实体的原材料、辅助材料、构配件、零件、半成品的费用。

①材料原价(或供应价格)。

②材料运杂费：是指材料自来源地运至工地仓库或指定堆放地点所发生的全部费用。

③运输损耗费：是指材料在运输装卸过程中不可避免的损耗。

④采购及保管费：是指为组织采购、供应和保管材料过程中所需要的各项费用。包括：采购费、仓储费、工地保管费、仓储损耗。

⑤检验试验费：是指对建筑材料、构件和建筑安装物进行一般鉴定、检查所发生的费用，包括自设试验室进行试验所耗用的材料和化学药品等费用。不包括新结构、新材料的试验费和建设单位对具有出厂合格证明的材料进行检验，对构件做破坏性试验及其他特殊要求检验试验的费用。

$$材料费=\sum(材料消耗量\times 材料基价)+检验试验费 \tag{1-28}$$

式中

$$材料基价=\{(供应价格+运杂费)\times[1+运输损耗率(\%)]\}\times[1+采购保管费率(\%)] \tag{1-29}$$

$$检验试验费=\sum(单位材料量检验试验费\times 材料消耗量) \tag{1-30}$$

3)施工机械使用费。施工机械使用费是指施工机械作业所发生的机械使用费以及机械安拆费和场外运费。施工机械台班单价应由下列七项费用组成。

①折旧费：指施工机械在规定的使用年限内，陆续收回其原值及购置资金的时间价值。

②大修理费：指施工机械按规定的大修理间隔台班进行必要的大修理，以恢复其正常功能所需的费用。

③经常修理费：指施工机械除大修理以外的各级保养和临时故障排除所需的费用。包括为保障机械正常运转所需替换设备与随机配备工具附具的摊销和维护费用，机械运转中日常保养所需润滑与擦拭的材料费用及机械停滞期间的维护和保养费用等。

④安拆费及场外运费：安拆费指施工机械在现场进行安装与拆卸所需的人工、材料、机械和试运转费用以及机械辅助设施的折旧、搭设、拆除等费用；场外运费指施工机械整体或分体自停放地点运至施工现场或由一施工地点运至另一施工地点的运输、装卸、辅助材料及架线等

费用。

⑤人工费：指机上司机（司炉）和其他操作人员的工作日人工费及上述人员在施工机械规定的年工作台班以外的人工费。

⑥燃料动力费：指施工机械在运转作业中所消耗的固体燃料（煤、木柴）、液体燃料（汽油、柴油）及水、电等。

⑦养路费及车船使用税：指施工机械按照国家规定和有关部门规定应缴纳的养路费、车船使用税、保险费及年检费等。

$$\text{施工机械使用费}=\sum(\text{施工机械台班消耗量}\times\text{机械台班单价}) \tag{1-31}$$

式中，台班单价＝台班折旧费＋台班大修费＋台班经常修理费＋台班安拆费及场外运费＋台班人工费＋台班燃料动力费＋台班养路费及车船使用税　　(1-32)

(2)措施费。

1)措施费的概念及内容。措施费是指为完成工程项目施工，发生于该工程施工前和施工过程中非工程实体项目的费用。

①环境保护费：是指施工现场为达到环保部门要求所需要的各项费用。

②文明施工费：是指施工现场文明施工所需要的各项费用。

③安全施工费：是指施工现场安全施工所需要的各项费用。

④临时设施费：是指施工企业为进行建筑工程施工所必须搭设的生活和生产用的临时建筑物、构筑物和其他临时设施费用等。

临时设施包括：临时宿舍、文化福利及公用事业房屋与构筑物，仓库、办公室、加工厂以及规定范围内道路、水、电、管线等临时设施和小型临时设施。

临时设施费用包括：临时设施的搭设、维修、拆除费或摊销费。

⑤夜间施工费：是指因夜间施工所发生的夜班补助费、夜间施工降效、夜间施工照明设备摊销及照明用电等费用。

⑥二次搬运费：是指因施工场地狭小等特殊情况而发生的二次搬运费用。

⑦大型机械设备进出场及安拆费：是指机械整体或分体自停放场地运至施工现场或由一个施工地点运至另一个施工地点，所发生的机械进出场运输及转移费用及机械在施工现场进行安装、拆卸所需的人工费、材料费、机械费、试运转费和安装所需的辅助设施的费用。

⑧混凝土、钢筋混凝土模板及支架费：是指混凝土施工过程中需要的各种钢模板、木模板、支架等的支、拆、运输费用及模板、支架的摊销（或租赁）费用。

⑨脚手架费：是指施工需要的各种脚手架搭、拆、运输费用及脚手架的摊销（或租赁）费用。

⑩已完工程及设备保护费：是指竣工验收前，对已完工程及设备进行保护所需费用。

⑪施工排水、降水费：是指为确保工程在正常条件下施工，采取各种排水、降水措施所发生的各种费用。

2)措施费的计算。对于措施费的计算，本处中只列通用措施费项目的计算方法，各专业工程的专用措施费项目的计算方法由各地区或国务院有关专业主管部门的工程造价管理机构自行制定。

①环境保护费：

$$\text{环境保护费}=\text{直接工程费}\times\text{环境保护费费率}(\%) \tag{1-33}$$

$$\text{环境保护费费率}(\%)=\frac{\text{本项费用年度平均支出}}{\text{全年建安产值}\times\text{直接工程费占总造价比例}(\%)} \tag{1-34}$$

②文明施工费：

$$文明施工费=直接工程费\times文明施工费费率(\%) \tag{1-35}$$

$$文明施工费费率(\%)=\frac{本项费用年度平均支出}{全年建安产值\times直接工程费占总造价比例(\%)} \tag{1-36}$$

③安全施工费：

$$安全施工费=直接工程费\times安全施工费费率(\%) \tag{1-37}$$

$$安全施工费费率(\%)=\frac{本项费用年度平均支出}{全年建安产值\times直接工程费占总造价比例(\%)} \tag{1-38}$$

④临时设施费。临时设施费有以下三部分组成：

a. 周转使用临建(如,活动房屋)；

b. 一次性使用临建(如,简易建筑)；

c. 其他临时设施(如,临时管线)。

$$\begin{aligned}临时设施费=&(周转使用临建费+一次性使用临建费)\\&\times[1+其他临时设施所占比例(\%)]\end{aligned} \tag{1-39}$$

其中

a. 周转使用临建费：

$$\begin{aligned}周转使用临建费=&\sum\left[\frac{临建面积\times每平方米造价}{使用年限\times365\times利用率(\%)}\times工期(天)\right]\\&+一次性拆除费\end{aligned} \tag{1-40}$$

b. 一次性使用临建费：

$$\begin{aligned}一次性使用临建费=&\sum临建面积\times每平方米造价\times[1-残值率(\%)]\\&+一次性拆除费\end{aligned} \tag{1-41}$$

c. 其他临时设施在临时设施费中所占比例,可由各地区造价管理部门依据典型施工企业的成本资料经分析后综合测定。

⑤夜间施工增加费：

$$\begin{aligned}夜间施工增加费=&\left(1-\frac{合同工期}{定额工期}\right)\times\frac{直接工程费中的人工费合计}{平均日工资单价}\\&\times每工日夜间施工费开支\end{aligned} \tag{1-42}$$

⑥二次搬运费：

$$二次搬运费=直接工程费\times二次搬运费费率(\%) \tag{1-43}$$

$$二次搬运费费率(\%)=\frac{年平均二次搬运费开支额}{全年建安产值\times直接工程费占总造价的比例(\%)} \tag{1-44}$$

⑦大型机械进出场及安拆费：

$$大型机械进出场及安拆费=\frac{一次进出场及安拆费\times年平均安拆次数}{年工作台班} \tag{1-45}$$

⑧混凝土、钢筋混凝土模板及支架费：

a. 模板及支架费＝模板摊销量×模板价格＋支、拆、运输费　(1-46)

其中,摊销量＝一次使用量×(1＋施工损耗)×[1＋(周转次数－1)

×补损率/周转次数－(1－补损率)50%/周转次数]　(1-47)

b. 租赁费＝模板使用量×使用日期×租赁价格＋支、拆、运输费　(1-48)

⑨脚手架搭拆费：

a. 脚手架搭拆费＝脚手架摊销量×脚手架价格＋搭、拆、运输费　(1-49)

$$其中,脚手架摊销量=\frac{单位一次使用量\times(1-残值率)}{耐用期\div一次使用期} \tag{1-50}$$

b. 租赁费＝脚手架每日租金×搭设周期＋搭、拆、运输费 (1-51)

⑩已完工程及设备保护费

$$已完工程及设备保护费＝成品保护所需机械费＋材料费＋人工费 \quad (1-52)$$

⑪施工排水、降水费：

$$排水降水费＝\sum排水降水机械台班费×排水降水周期＋排水降水使用材料费、人工费 \quad (1-53)$$

2. 间接费的构成及计算

(1)间接费的组成。

间接费由规费、企业管理费组成。

1)规费。规费是指政府和有关权力部门规定必须缴纳的费用(简称规费)。

①工程排污费：是指施工现场按规定缴纳的工程排污费。

②工程定额测定费：是指按规定支付工程造价(定额)管理部门的定额测定费。

③社会保障费，社会保障费包括：

a. 养老保险费：是指企业按规定标准为职工缴纳的基本养老保险费。

b. 失业保险费：是指企业按照国家规定标准为职工缴纳的失业保险费。

c. 医疗保险费：是指企业按照规定标准为职工缴纳的基本医疗保险费。

④住房公积金：是指企业按规定标准为职工缴纳的住房公积金。

⑤危险作业意外伤害保险：是指按照建筑法规定，企业为从事危险作业的建筑安装施工人员支付的意外伤害保险费。

2)企业管理费。企业管理费是指建筑安装企业组织施工生产和经营管理所需费用。

①管理人员工资：是指管理人员的基本工资、工资性补贴、职工福利费、劳动保护费等。

②办公费：是指企业管理办公用的文具、纸张、账表、印刷、邮电、书报、会议、水电、烧水和集体取暖(包括现场临时宿舍取暖)用煤等费用。

③差旅交通费：是指职工因公出差、调动工作的差旅费、住勤补助费，市内交通费和误餐补助费，职工探亲路费，劳动力招募费，职工离退休、退职一次性路费，工伤人员就医路费，工地转移费以及管理部门使用的交通工具的油料、燃料、养路费及牌照费。

④固定资产使用费：是指管理和试验部门及附属生产单位使用的属于固定资产的房屋、设备仪器等的折旧、大修、维修或租赁费。

⑤工具用具使用费：是指管理使用的不属于固定资产的生产工具、器具、家具、交通工具和检验、试验、测绘、消防用具等的购置、维修和摊销费。

⑥劳动保险费：是指由企业支付离退休职工的易地安家补助费、职工退职金、六个月以上的病假人员工资、职工死亡丧葬补助费、抚恤费、按规定支付给离休干部的各项经费。

⑦工会经费：是指企业按职工工资总额计提的工会经费。

⑧职工教育经费：是指企业为职工学习先进技术和提高文化水平，按职工工资总额计提的费用。

⑨财产保险费：是指施工管理用财产、车辆保险。

⑩财务费：是指企业为筹集资金而发生的各种费用。

⑪税金：是指企业按规定缴纳的房产税、车船使用税、土地使用税、印花税等。

⑫其他：包括技术转让费、技术开发费、业务招待费、绿化费、广告费、公证费、法律顾问费、审计费、咨询费等。

(2)间接费的计算方法。

间接费的计算方法按取费基数的不同分为以下三种。

1)以直接费为计算基础：

$$间接费=直接费合计\times间接费费率(\%) \tag{1-54}$$

2)以人工费和机械费合计为计算基础：

$$间接费=人工费和机械费合计\times间接费费率(\%) \tag{1-55}$$

$$间接费费率(\%)=规费费率(\%)+企业管理费费率(\%) \tag{1-56}$$

3)以人工费为计算基础：

$$间接费=人工费合计\times间接费费率(\%) \tag{1-57}$$

(3)规费费率和企业管理费费率。

规费费率和企业管理费费率的确定按如下公式进行。

1)规费费率。根据本地区典型工程发承包价的分析资料综合取定规费计算中所需数据：

①每万元发承包价中人工费含量和机械费含量。

②人工费占直接费的比例。

③每万元发承包价中所含规费缴纳标准的各项基数。

规费费率的计算公式

①以直接费为计算基础：

$$规费费率(\%)=\frac{\sum 规费缴纳标准\times每万元发承包价计算基数}{每万元发承包价中的人工费含量}\times人工费占直接费的比例(\%) \tag{1-58}$$

②以人工费和机械费合计为计算基础：

$$规费费率(\%)=\frac{\sum 规费缴纳标准\times每万元发承包价计算基数}{每万元发承包价中的人工费含量和机械费含量}\times100\% \tag{1-59}$$

③以人工费为计算基础：

$$规费费率(\%)=\frac{\sum 规费缴纳标准\times每万元发承包价计算基数}{每万元发承包价中的人工费含量}\times100\% \tag{1-60}$$

2)企业管理费费率。企业管理费费率计算公式：

①以直接费为计算基础：

$$企业管理费费率(\%)=\frac{生产工人年平均管理费}{年有效施工天数\times人工单价}\times人工费占直接费比例(\%) \tag{1-61}$$

②以人工费和机械费合计为计算基础：

$$企业管理费费率(\%)=\frac{生产工人年平均管理费}{年有效施工天数\times(人工单价+每一工日机械使用费)}\times100\% \tag{1-62}$$

③以人工费为计算基础：

$$企业管理费费率(\%)=\frac{生产工人年平均管理费}{年有效施工天数\times人工单价}\times100\% \tag{1-63}$$

3. 利润计算

利润是指施工企业完成所承包工程获得的盈利。利润的计算公式参见下述“5. 建筑安装工程计价程序”中相应部分。

4. 税金计算

税金是指国家税法规定的应计入建筑安装工程造价内的营业税、城市维护建设税及教育费附加等。

营业税的税额为营业额的3%。根据1994年1月1日起执行的《中华人民共和国营业税暂行条例》规定，营业额是指纳税人从事建筑、安装、修缮、装饰及其他工程作业收取的全部收入，还包括建筑、修缮、装饰工程所用原材料及其他物质和动力的价款在内，当安装的设备的价值作为安装工程产值时，也包括所安装设备的价款。但建筑业的总承包人将工程分包或转包给他人的，以工程的全部承包额减去付给分包人或转包人的价款后的余额作为营业额。

城市建设维护税。纳税人所在地为市区的，按营业税的7%征收；纳税人所在地为县城镇，按营业税的5%征收；纳税人所在地不为市区县城镇的，按营业税的1%征收，并与营业税同时交纳。

教育费附加，一律按营业税的3%征收，也同营业税同时交纳。即使办有职工子弟学校的建筑安装企业，也应当先交纳教育费附加，教育部门可根据企业的办学情况，酌情返还给办学单位，作为对办学经费的补贴。

根据上述规定，现行应缴纳的税金计算式如下：

$$税金=(税前造价+利润)\times税率(\%)$$

税率的计算为：

(1)纳税地点在市区的企业：

$$税率(\%)=\frac{1}{1-3\%-(3\%\times7\%)-(3\%\times3\%)}-1 \tag{1-64}$$

(2)纳税地点在县城、镇的企业：

$$税率(\%)=\frac{1}{1-3\%-(3\%\times5\%)-(3\%\times3\%)}-1 \tag{1-65}$$

(3)纳税地点不在市区、县城、镇的企业

$$税率(\%)=\frac{1}{1-3\%-(3\%\times1\%)-(3\%\times3\%)}-1 \tag{1-66}$$

5. 建筑安装工程计价程序

根据原建设部第107号部令《建筑工程施工发包与承包计价管理办法》的规定，发包与承包价的计算方法分为工料单价法和综合单价法，计价程序如下。

(1)工料单价法计价程序。工料单价法是以分部分项工程量乘以单价后的合计为直接工程费，直接工程费以人工、材料、机械的消耗量及其相应价格确定。直接工程费汇总后另加间接费、利润、税金生成工程发承包价，其计算程序分为三种。

1)以直接费为计算基础(表1-2)。

表1-2　以直接费为基础的工料单价法计价程序

序号	费用项目	计算方法	备注
1	直接工程费	按预算表	
2	措施费	按规定标准计算	
3	小计	1+2	
4	间接费	3×相应费率	
5	利润	(3+4)×相应利润率	
6	合计	3+4+5	
7	含税造价	6×(1+相应税率)	

2)以人工费和机械费为计算基础(表1-3)。

表 1-3 以人工费和机械费为基础的工料单价法计价程序

序号	费用项目	计算方法	备注
1	直接工程费	按预算表	
2	其中人工费和机械费	按预算表	
3	措施费	按规定标准计算	
4	其中人工费和机械费	按规定标准计算	
5	小计	1+3	
6	人工费和机械费小计	2+4	
7	间接费	6×相应费率	
8	利润	6×相应利润率	
9	合计	5+7+8	
10	含税造价	9×(1+相应税率)	

3)以人工费为计算基础(表 1-4)。

表 1-4 以人工费为基础的工料单价法的计价程序

序号	费用项目	计算方法	备注
1	直接工程费	按预算表	
2	直接工程费中人工费	按预算表	
3	措施费	按规定标准计算	
4	措施费中人工费	按规定标准计算	
5	小计	1+3	
6	人工费小计	2+4	
7	间接费	6×相应费率	
8	利润	6×相应利润率	
9	合计	5+7+8	
10	含税造价	9×(1+相应税率)	

(2)综合单价法计价程序。综合单价法是分部分项工程单价为全费用单价,全费用单价经综合计算后生成,其内容包括直接工程费、间接费、利润和税金(措施费也可按此方法生成全费用价格)。

各分项工程量乘以综合单价的合价汇总后,生成工程发承包价。

由于各分部分项工程中的人工、材料、机械含量的比例不同,各分项工程可根据其材料费占人工费、材料费、机械费合计的比例(以字母 C 代表该项比值)在以下三种计算程序中选择一种计算其综合单价。

1)当 $C>C_0$(C_0 为本地区原费用定额测算所选典型工程材料费占人工费、材料费、和机械费合计的比例)时,可采用以人工费、材料费、机械费合计为基数计算该分项的间接费和利润

(表 1-5)。

表 1-5　以直接费为基础的综合单价法计价程序

序号	费用项目	计算方法	备注
1	分项直接工程费	人工费＋材料费＋机械费	
2	间接费	1×相应费率	
3	利润	(1＋2)×相应利润率	
4	合计	1＋2＋3	
5	含税造价	4×(1＋相应税率)	

2)当 $C<C_0$ 值的下限时,可采用以人工费和机械费合计为基数计算该分项的间接费和利润(表 1-6)。

表 1-6　以人工费和机械费为基础的综合单价计价程序

序号	费用项目	计算方法	备注
1	分项直接工程费	人工费＋材料费＋机械费	
2	其中人工费和机械费	人工费＋机械费	
3	间接费	2×相应费率	
4	利润	2×相应利润率	
5	合计	1＋3＋4	
6	含税造价	5×(1＋相应税率)	

3)如该分项的直接费仅为人工费,无材料费和机械费时,可采用以人工费为基数计算该分项的间接费和利润(表 1-7)。

表 1-7　以人工费为基础的综合单价计价程序

序号	费用项目	计算方法	备注
1	分项直接工程费	人工费＋材料费＋机械费	
2	直接工程费中人工费	人工费	
3	间接费	2×相应费率	
4	利润	2×相应利润率	
5	合计	1＋3＋4	
6	含税造价	5×(1＋相应税率)	

(四)工程建设其他费用的构成

工程建设其他费用是指从工程筹建到工程竣工验收交付使用止的整个建设期间,除建筑安装工程费用和设备、工器具购置费以外的,为保证工程建设顺利完成和交付使用后能够正常发挥效用而发生的一些费用。

工程建设其他费用,按其内容大体可分为三类。第一类为土地使用费,由于工程项目固定于一定地点与地面相连接,必须占用一定量的土地,也就必然要发生为获得建设用地而支付的费用;第二类是与项目建设有关的费用;第三类是与未来企业生产和经营活动有关的费用。

1. 土地使用费

任何一个建设项目都固定于一定地点与地面相连接，必须占用一定量的土地，也就必然要发生为获得建设用地而支付的费用，这就是土地使用费。它是指通过划拨方式取得土地使用权而支付的土地征用及迁移补偿费，或者通过土地使用权出让方式取得土地使用权而支付的土地使用权出让金。

(1)土地征用及迁移补偿费。土地征用及迁移补偿费，是指建设项目通过划拨方式取得无限期的土地使用权，依照《中华人民共和国土地管理法》等规定所支付的费用。其总和一般不得超过被征土地年产值的20倍，土地年产值则按该地被征用前3年的平均产量和国家规定的价格计算。其内容包括：

1)土地补偿费。征用耕地(包括菜地)的补偿标准，按政府规定，为该耕地年产值的若干倍，具体补偿标准由省、自治区、直辖市人民政府在此范围内制定。征用园地、鱼塘、藕塘、苇塘、宅基地、林地、牧场、草原等的补偿标准，由省、自治区、直辖市人民政府制定。征收无收益的土地，不予补偿。

2)青苗补偿费和被征用土地上的房屋、水井、树木等附着物补偿费。这些补偿费的标准由省、自治区、直辖市人民政府制定。征用城市郊区的菜地时，还应按照有关规定向国家缴纳新菜地开发建设基金。

3)安置补助费。征用耕地、菜地的，每个农业人口的安置补助费为该地每亩年产值的2～3倍，每亩耕地的安置补助费最高不得超过其年产值的10倍。

4)缴纳的耕地占用税或城镇土地使用税、土地登记费及征地管理费等。县市土地管理机关从征地费中提取土地管理费的比率，要按征地工作量大小，视不同情况，在1%～4%幅度内提取。

5)征地动迁费。包括征用土地上的房屋及附属构筑物、城市公共设施等拆除、迁建补偿费、搬迁运输费，企业单位因搬迁造成的减产、停工损失补贴费，拆迁管理费等。

6)水利水电工程水库淹没处理补偿费。包括农村移民安置迁建费，城市迁建补偿费，库区工矿企业、交通、电力、通信、广播、管网、水利等的恢复、迁建补偿费，库底清理费，防护工程费，环境影响补偿费用等。

(2)取得国有土地使用费。取得国有土地使用费包括：土地使用权出让金、城市建设配套费、拆迁补偿与临时安置补助费等。

1)土地使用权出让金。是指建设工程通过土地使用权出让方式，取得有限期的土地使用权，依照《中华人民共和国城镇国有土地使用权出让和转让暂行条例》规定，支付的土地使用权出让金。

①明确国家是城市土地的惟一所有者，并分层次、有偿、有限期地出让、转让城市土地。第一层次是城市政府将国有土地使用权出让给用地者，该层次由城市政府垄断经营。出让对象可以是有法人资格的企事业单位，也可以是外商。第二层次及以下层次的转让则发生在使用者之间。

②城市土地的出让和转让可采用协议、招标、公开拍卖等方式。

a. 协议方式是由用地单位申请，经市政府批准同意后双方洽谈具体地块及地价。该方式适用于市政工程、公益事业用地以及需要减免地价的机关、部队用地和需要重点扶持、优先发展的产业用地。

b. 招标方式是在规定的期限内，由用地单位以书面形式投标，市政府根据投标报价、所提供的规划方案以及企业信誉综合考虑，择优而取。该方式适用于一般工程建设用地。

c. 公开拍卖是指在指定的地点和时间，由申请用地者叫价应价，价高者得。这完全是由市场竞争决定，适用于盈利高的行业用地。

③在有偿出让和转让土地时，政府对地价不作统一规定，但应坚持以下原则：

a. 地价对目前的投资环境不产生大的影响。

b. 地价与当地的社会经济承受能力相适应。

c. 地价要考虑已投入的土地开发费用、土地市场供求关系、土地用途和使用年限。

④关于政府有偿出让土地使用权的年限，各地可根据时间、区位等各种条件作不同的规定，一般可在30～99年之间。按照地面附属建筑物的折旧年限来看，以50年为宜。

⑤土地有偿出让和转让，土地使用者和所有者要签约，明确使用者对土地享有的权利和对土地所有者应承担的义务。

a. 有偿出让和转让使用权，要向土地受让者征收契税。

b. 转让土地如有增值，要向转让者征收土地增值税。

c. 在土地转让期间，国家要区别不同地段、不同用途向土地使用者收取土地占用费。

2)城市建设配套费。是指因进行城市公共设施的建设而分摊的费用。

3)拆迁补偿与临时安置补助费。此项费用由两部分构成，即拆迁补偿费和临时安置补助费或搬迁补助费。拆迁补偿费是指拆迁人对被拆迁人，按照有关规定予以补偿所需的费用。拆迁补偿的形式可分为产权调换和货币补偿两种形式。产权调换的面积按照所拆迁房屋的建筑面积计算；货币补偿的金额按照被拆迁人或者房屋承租人支付搬迁补助费。在过渡期内，被拆迁人或者房屋承租人自行安排住处的，拆迁人应当支付临时安置补助费。

2. 与项目建设有关的其他费用

根据项目的不同，与项目建设有关的其他费用的构成也不尽相同，一般包括以下各项。在进行工程估算及概算中可根据实际情况进行计算。

(1)建设单位管理费。建设单位管理费是指建设项目从立项、筹建、建设、联合试运转、竣工验收、交付使用及后评估等全过程管理所需的费用。内容包括：

1)建设单位开办费。指新建项目为保证筹建和建设工作正常进行所需办公设备、生活家具、用具、交通工具等购置费用。

2)建设单位经费。包括工作人员的基本工资、工资性补贴、职工福利费、劳动保护费、劳动保险费、办公费、差旅交通费、工会经费、职工教育经费、固定资产使用费、工具用具使用费、技术图书资料费、生产人员招募费、工程招标费、合同契约公证费、工程质量监督检测费、工程咨询费、法律顾问费、审计费、业务招待费、排污费、竣工交付使用清理及竣工验收费、后评估等费用。不包括应计入设备、材料预算价格的建设单位采购及保管设备材料所需的费用。

建设单位管理费按照单项工程费用之和(包括设备工、器具购置费和建筑安装工程费用)乘以建设单位管理费率计算。

建设单位管理费率按照建设项目的不同性质、不同规模确定。有的建设项目按照建设工期和规定的金额计算建设单位管理费。

(2)勘察设计费。勘察设计费是指为本建设项目提供项目建议书、可行性研究报告及设计文件等所需费用，内容包括：

1)编制项目建议书、可行性研究报告及投资估算、工程咨询、评价以及为编制上述文件所进行勘察、设计、研究试验等所需费用。

2)委托勘察、设计单位进行初步设计、施工图设计及概预算编制等所需费用。

3)在规定范围内由建设单位自行完成的勘察、设计工作所需费用。

勘察设计费中，项目建议书、可行性研究报告按国家颁布的收费标准计算，设计费按国家颁布的工程设计收费标准计算；勘察费一般民用建筑6层以下的按3～5元/m^2计算，高层建筑按8～10元/m^2计算，工业建筑按10～12元/m^2计算。

(3)研究试验费。研究试验费是指为建设项目提供和验证设计参数、数据、资料等所进行的必要的试验费用以及设计规定在施工中必须进行试验、验证所需费用。包括自行或委托其他部门研究试验所需人工费、材料费、试验设备及仪器使用费等。这项费用按照设计单位根据本工程项目的的需要提出的研究试验内容和要求计算。

(4)建设单位临时设施费。建设单位临时设施费是指建设期间建设单位所需临时设施的搭设、维修、摊销费用或租赁费用。

临时设施包括临时宿舍、文化福利及公用事业房屋与构筑物、仓库、办公室、加工厂以及规定范围内的道路、水、电、管线等临时设施和小型临时设施。

(5)工程监理费。工程监理费是指建设单位委托工程监理单位对工程实施监理工作所需费用。根据原国家物价局、原建设部《关于发布工程建设监理费用有关规定的通知》([1992]价费字479号)等文件规定，选择下列方法之一计算：

1)一般情况应按工程建设监理收费标准计算，即按所监理工程概算或预算的百分比计算。

2)对于单工种或临时性项目可根据参与监理的年度平均人数按3.5～5万元/(人·年)计算。

(6)工程保险费。工程保险费是指建设项目在建设期间根据需要实施工程保险所需的费用。包括以各种建筑工程及其在施工过程中的物料、机器设备为保险标的的建筑工程一切险，以安装工程中的各种机器、机械设备为保险标的的安装工程一切险，以及机器损坏保险等。根据不同的工程类别，分别以其建筑、安装工程费乘以建筑、安装工程保险费率计算。民用建筑(住宅楼、综合性大楼、商场、旅馆、医院、学校)占建筑工程费的2‰～4‰；其他建筑(工业厂房、仓库、道路、码头、水坝、隧道、桥梁、管道等)占建筑工程费的3‰～6‰；安装工程(农业、工业、机械、电子、电器、纺织、矿山、石油、化学及钢铁工业、钢结构桥梁)占建筑工程费的3‰～6‰。

(7)引进技术和进口设备其他费用。引进技术及进口设备其他费用，包括出国人员费用、国外工程技术人员来华费用、技术引进费、分期或延期付款利息、担保费以及进口设备检验鉴定费。

1)出国人员费用。指为引进技术和进口设备派出人员在国外培训和进行设计联络，设备检验等的差旅费、制装费、生活费等。这项费用根据设计规定的出国培训和工作的人数、时间及派往国家，按财政部、外交部规定的临时出国人员费用开支标准及中国民用航空公司现行国际航线票价等进行计算，其中使用外汇部分应计算银行财务费用。

2)国外工程技术人员来华费用。指为安装进口设备，引进国外技术等聘用外国工程技术人员进行技术指导工作所发生的费用。包括技术服务费、外国技术人员的在华工资、生活补贴、差旅费、医药费、住宿费、交通费、宴请费、参观游览等招待费用。这项费用按每人每月费用指标计算。

3)技术引进费。指为引进国外先进技术而支付的费用。包括专利费、专有技术费(技术保密费)、国外设计及技术资料费、计算机软件费等。这项费用根据合同或协议的价格计算。

4)分期或延期付款利息。指利用出口信贷引进技术或进口设备采取分期或延期付款的办法所支付的利息。

5)担保费。指国内金融机构为买方出具保函的担保费。这项费用按有关金融机构规定的担保费率计算(一般可按承保金额的5‰计算)。

6)进口设备检验鉴定费用。指进口设备按规定付给商品检验部门的进口设备检验鉴定费。这项费用按进口设备货价的3‰～5‰计算。

(8)工程承包费。工程承包费是指具有总承包条件的工程公司,对工程建设项目从开始建设至竣工投产全过程的总承包所需的管理费用。具体内容包括组织勘察设计、设备材料采购、非标设备设计制造与销售、施工招标、发包、工程预决算、项目管理、施工质量监督、隐蔽工程检查、验收和试车直至竣工投产的各种管理费用。该费用按国家主管部门或省、自治区、直辖市协调规定的工程总承包费取费标准计算。如无规定时,一般工业建设项目为投资估算的6%～8%,民用建筑(包括住宅建设)和市政项目为4%～6%。不实行工程承包的项目不计算本项费用。

3. 与未来企业生产经营有关的其他费用

(1)联合试运转费。联合试运转是指新建企业或改扩建企业在工程竣工验收前,按照设计的生产工艺流程和质量标准对整个企业进行联合试运转所发生的费用支出与联合试运转期间的收入部分的差额部分。联合试运转费用一般根据不同性质的项目按需进行试运转的工艺设备购置费的百分比计算。

(2)生产准备费。生产准备费是指新建企业或新增生产能力的企业,为保证竣工交付使用进行必要的生产准备所发生的费用。费用内容包括:

1)生产人员培训费,包括自行培训、委托其他单位培训的人员的工资、工资性补贴、职工福利费、差旅交通费、学习资料费、学习费、劳动保护费等。

2)生产单位提前进厂参加施工、设备安装、调试等以及熟悉工艺流程及设备性能等人员的工资、工资性补贴、职工福利费、差旅交通费、劳动保护费等。

生产准备费一般根据需要培训和提前进厂人员的人数及培训时间,按生产准备费指标进行估算。

应该指出,生产准备费在实际执行中是一笔在时间上、人数上、培训深度上很难划分的、活口很大的支出,尤其要严格掌握。

(3)办公和生活家具购置费。办公和生活家具购置费是指为保证新建、改建、扩建项目初期正常生产、使用和管理所必须购置的办公和生活家具、用具的费用。改、扩建项目所需的办公和生活用具购置费,应低于新建项目。其范围包括办公室、会议室、资料档案室、阅览室、文娱室、食堂、浴室、理发室、单身宿舍和设计规定必须建设的托儿所、卫生所、招待所、中小学校等家具用具购置费。这项费用按照设计定员人数乘以综合指标计算,一般为600～800元/人。

(五)预备费、建设期贷款利息、固定资产投资方向调节税和铺底流动资金

1. 预备费

按我国现行规定,预备费包括基本预备费和涨价预备费。

(1)基本预备费。基本预备费是指在初步设计及概算内难以预料的工程费用,费用内容包括:

1)在批准的初步设计范围内,技术设计、施工图设计及施工过程中所增加的工程费用;设计变更、局部地基处理等增加的费用。

2)一般自然灾害造成的损失和预防自然灾害所采取的措施费用。实行工程保险的工程项目费用应适当降低。

3)竣工验收时为鉴定工程质量对隐蔽工程进行必要的挖掘和修复费用。

基本预备费是按设备及工、器具购置费,建筑安装工程费用和工程建设其他费用三者之和为计取基础,乘以基本预备费率进行计算。

$$基本预备费=(设备及工、器具购置费+建筑安装工程费用+工程建设其他费用)\times 基本预备费率 \tag{1-67}$$

基本预备费率的取值应执行国家及部门的有关规定。

(2)涨价预备费。涨价预备费是指建设项目在建设期间内由于价格等变化引起工程造价变化的预测预留费用。费用内容包括:人工、设备、材料、施工机械的价差费,建筑安装工程费及工程建设其他费用调整,利率、汇率调整等增加的费用。

涨价预备费的测算方法,一般根据国家规定的投资综合价格指数,按估算年份价格水平的投资额为基数,采用复利方法计算。计算公式为:

$$PF=\sum_{t=1}^{n}I_t[(1+f)^t-1] \tag{1-68}$$

式中 PF——涨价预备费;

n——建设期年份数;

I_t——建设期中第 t 年的投资计划额,包括设备及工器具购置费、建筑安装工程费、工程建设其他费用及基本预备费;

f——年均投资价格上涨率。

2. 固定资产投资方向调节税

为了贯彻国家产业政策,控制投资规模,引导投资方向,调整投资结构,加强重点建设,促进国民经济持续稳定协调发展,国家将根据国民经济的运行趋势和全社会固定资产投资的状况,对进行固定资产投资的单位和个人开征或暂缓征收固定资产投资方的调节税(该税征收对象不含中外合资经营企业、中外合作经营企业和外资企业)。

投资方向调节税根据国家产业政策和项目经济规模实行差别税率,税率分为0%、5%、10%、15%、30%五个档次,各固定资产投资项目按其单位工程分别确定适用的税率。计税依据为固定资产投资项目实际完成的投资额,其中更新改造项目为建筑工程实际完成的投资额。投资方向调节税按固定资产投资项目的单位工程年度计划投资额预缴。年度终了后,按年度实际投资结算,多退少补。项目竣工后按全部实际投资进行清算,多退少补。

(1)基本建设项目投资适用的税率。

1)国家急需发展的项目投资,如农业、林业、水利、能源、交通、通讯、原材料,科教、地质、勘探、矿山开采等基础产业和薄弱环节的部门项目投资,适用零税率。

2)对国家鼓励发展但受能源、交通等制约的项目投资,如钢铁、化工、石油、水泥等部分重要原材料项目,以及一些重要机械、电子、轻工工业和新型建材的项目,实行5%的税率。

3)为配合住房制度改革,对城乡个人修建、购买住宅的投资实行零税率;对单位修建、购买一般性住宅投资,实行5%的低税率;对单位用公款修建、购买高标准独门独院、别墅式住宅投资,实行30%的高税率。

4)对楼堂馆所以及国家严格限制发展的项目投资,课以重税,税率为30%。

5)对不属于上述四类的其他项目投资,实行中等税负政策,税率15%。

(2)更新改造项目投资适用的税率。

1)为了鼓励企事业单位进行设备更新和技术改造,促进技术进步,对国家急需发展的项目投资,予以扶持,适用零税率;对单纯工艺改造和设备更新的项目投资,适用零税率。

2)对不属于上述提到的其他更新改造项目投资,一律适用10%的税率。

(3)注意事项。

为贯彻国家宏观调控政策,扩大内需,鼓励投资,根据国务院的决定,对《中华人民共和国固定资产投资方向调节税暂行条例》规定的纳税义务人,其固定资产投资应税项目自2000年1月1日起新发生的投资额,暂停征收固定资产投资方向调节税。但该税种并未取消。

3. 建设期贷款利息

为了筹措建设项目资金所发生的各项费用,包括工程建设期间投资贷款利息、企业债券发行费、国外借款手续费和承诺费、汇兑净损失及调整外汇手续费、金融机构手续费以及为筹措建设资金发生的其他财务费用等,统称财务费。其中,最主要的是在工程项目建设期投资贷款而产生的利息。

建设期投资贷款利息是指建设项目使用银行或其他金融机构的贷款,在建设期应归还的借款的利息。建设项目筹建期间借款的利息,按规定可以计入购建资产的价值或开办费。贷款机构在贷出款项时,一般都是按复利考虑的。作为投资者来说,在项目建设期间,投资项目一般没有还本付息的资金来源,即使按要求还款,其资金也可能是通过再申请借款来支付。当项目建设期长于一年时,为简化计算,可假定借款发生当年均在年中支用,按半年计息,年初欠款按全年计息,这样,建设期投资贷款的利息可按下式计算:

$$q_j = \left(P_{j-1} + \frac{1}{2}A_j\right) \cdot i \tag{1-69}$$

式中 q_j——建设期第 j 年应计利息;

P_{j-1}——建设期第($j-1$)年末贷款累计金额与利息累计金额之和;

A_j——建设期第 j 年贷款金额;

i——年利率。

4. 铺底流动资金

流动资金是指生产经营性项目投产后,为进行正常生产运营,用于购买原材料、燃料,支付工资及其他经营费用等所需的周转资金。流动资金估算一般是参照现有同类企业的状况采用分项详细估算法,个别情况或者小型项目可采用扩大指标法。

(1)分项详细估算法。对计算流动资金需要掌握的流动资产和流动负债这两类因素应分别进行估算。在可行性研究中,为简化计算,仅对存货、现金、应收账款这三项流动资产和应付账款这项流动负债进行估算。

(2)扩大指标估算法。

1)按建设投资的一定比例估算。例如,国外化工企业的流动资金,一般是按建设投资的15%～20%计算。

2)按经营成本的一定比例估算。

3)按年销售收入的一定比例估算。

4)按单位产量占用流动资金的比例估算。

流动资金一般在投产前开始筹措。在投产第一年开始按生产负荷进行安排,其借款部分按全年计算利息。流动资金利息应计入财务费用。项目计算期末回收全部流动资金。

第三节 园林绿化工程工程量计算的原则与依据

一、工程量计算的原则

园林绿化工程工程量的计算,一般要遵循以下原则:

(1)工程量计算规则要一致。工程量计算必须与定额中规定的工程量计算规则(或计算方法)相一致,才符合定额的要求。预算定额中对分项工程的工程量计算规则和计算方法都作了具体规定,计算时必须严格按规定执行。

按施工图纸计算工程量采用的计算规则，必须与本地区现行预算定额计算规则相一致。

各省、自治区、直辖市预算定额的工程量计算规则，其主要内容基本相同，差异不大。在计算工程量时，应按工程所在地预算定额规定的工程量计算规则进行计算。

(2)计算口径要一致。计算工程量时，根据施工图纸列出的工程子目的口径(指工程子目所包括的工作内容)，必须与预算定额中相应的工程子目的口径相一致。不能将定额子目中已包含了的工作内容拿出来另列子目计算。

(3)计量单位要一致。各分项工程量的计算单位，必须与预算定额中相应项目的计量单位一致。例如，预算定额中，栽植绿篱分项工程的计量单位是10延长米，而不是株数，则工程量单位也是10延长米。

(4)计算尺寸的取定要准确。计算工程量时，首先要对施工图尺寸进行核对，并对各子目计算尺寸的取定要准确。

(5)计算的顺序要统一。要遵循一定的顺序进行计算。计算工程量时要遵循一定的计算顺序，依次进行计算，这是为避免发生漏算或重算的重要措施。

(6)计算精确度要统一。工程量的数字计算要准确，一般应精确到小数点后三位，汇总时，其准确度取值要达到：

1)立方米(m^3)、平方米(m^2)及米(m)以下取两位小数。

2)吨(t)以下取三位小数。

3)千克(kg)、件等取整数。

4)建筑面积一般取整数。

二、工程量计算的依据

园林绿化工程工程量计算的依据主要有：

(1)经审定的施工设计图纸及设计说明。设计施工图是计算工程量的基础资料，因为施工图纸反映工程的构造和各部位尺寸，是计算工程量的基本依据。在取得施工图和设计说明等资料后，必须全面、细致地熟悉和核对有关图纸和资料，检查图纸是否齐全、正确。如果发现设计图纸有错漏或相互间有矛盾，应及时向设计人员提出修正意见，予以更正。经过审核、修正后的施工图才能作为计算工程量的依据。

(2)园林工程概预算定额。

(3)经审定的施工组织设计或施工技术措施方案。计算工程量时，还必须参照施工组织设计或施工技术措施方案进行。例如计算土方工程量仅仅依据施工图是不够的，因为施工图上并未标明实际施工场地土壤的类别以及施工中是否采取放坡或是否用挡土板的方式进行。对这类问题就需要借助于施工组织设计或者施工技术措施予以解决。

计算工程量中有时还要结合施工现场的实际情况进行。例如平整场地和余土外运工程量，一般在施工图纸上是不反映的，应根据建设基地的具体情况予以计算确定。

(4)经确定的其他技术经济文件。

三、工程建筑面积的计算

1. 建筑面积计算的作用

(1)建筑面积是一项重要的技术经济指标。在国民经济一定时期内，完成建筑面积的多少，也标志着一个国家的工农业生产发展状况、人民生活居住条件的改善和文化生活福利设施发展的程度。

(2)建筑面积是计算结构工程量或用于确定某些费用指标的基础。如计算出建筑面积之后，利用这个基数，就可以计算地面抹灰、室内填土、地面垫层、平整场地、脚手架工程等项目的预算价值。为了简化预算的编制和某些费用的计算，有些取费指标的取定，如中小型机械费、生产工具使用费、检验试验费、成品保护增加费等也是以建筑面积为基数确定的。

(3)建筑面积作为结构工程量的计算基础，不仅重要，而且也是一项需要认真对待和细心计算的工作，任何粗心大意都会造成计算上的错误，不但会造成结构工程量计算上的偏差，也会直接影响概预算造价的准确性，造成人力、物力和国家建设资金的浪费及大量建筑材料的积压。

(4)建筑面积与使用面积、辅助面积、结构面积之间存在着一定的比例关系。设计人员在进行建筑或结构设计时，都应在计算建筑面积的基础上再分别计算出结构面积、有效面积及诸如平面系数、土地利用系数等技术经济指标。有了建筑面积，才有可能计算单位建筑面积的技术经济指标。

(5)建筑面积的计算对于建筑施工企业实行内部经济承包责任制、投标报价、编制施工组织设计、配备施工力量、成本核算及物资供应等，都具有重要的意义。

2. 计算建筑面积的项目

《建筑工程建筑面积计算规范》(GB/T 50353—2005)对建筑工程建筑面积的计算做出了具体的规定和要求，其主要内容包括：

(1)单层建筑物的建筑面积，应按其外墙勒脚以上结构外围水平面积计算，并应符合下列规定：

1)单层建筑物高度在 2.20m 及以上者应计算全面面积；高度不足 2.20m 者应计算 1/2 面积。

2)利用坡屋顶内空间时净高超过 2.10m 的部位应计算全面积；净高在 1.20～2.10m 的部位应计算 1/2 面积；净高不足 1.20m 的部位不应计算面积。

注：建筑面积的计算是以勒脚以上外墙结构外边线计算，勒脚是墙根部很矮的一部分墙体加厚，不能代表整个外墙结构，因此要扣除勒脚墙体加厚的部分。

(2)单层建筑物内设有局部楼层者，局部楼层的二层及以上楼层，有围护结构的应按其围护结构外围水平面积计算，无围护结构的应按其结构底板水平面积计算。层高在 2.20m 及以上者应计算全面积；层高不足 2.20m 者应计算 1/2 面积。

注：1. 单层建筑物应按不同的高度确定其面积的计算。其高度指室内地面标高至屋面板板面结构标高之间的垂直距离。遇有以屋面板找坡的平屋顶单层建筑物，其高度指室内地面标高至屋面板最低处板面结构标高之间的垂直距离。

2. 坡屋顶内空间建筑面积计算，可参照《住宅设计规范》的有关规定，将坡屋顶的建筑按不同净高确定其面积的计算。净高指楼面或地面至上部楼板底面或吊顶底面之间的垂直距离。

(3)多层建筑物首层应按其外墙勒脚以上结构外围水平面积计算；二层及以上楼层应按其外墙结构外围水平面积计算。层高在 2.20m 及以上者应计算全面积；层高不足 2.20m 者应计算 1/2面积。

注：多层建筑物的建筑面积应按不同的层高分别计算。层高是指上下两层楼面结构标高之间的垂直距离。建筑物最底层的层高，有基础底板的指基础底板上表面结构标高至上层楼面的结构标高之间的垂直距离；没有基础底板的指地面标高至上层楼面结构标高之间的垂直距离。最上一层的层高是指楼面结构标高至屋面板板面结构标高之间的垂直距离，遇有以屋面板找坡的屋面，层高指楼面结构标高至屋面板最低处板面结构标高之间的垂直距离。

(4)多层建筑坡屋顶内和场馆看台下，当设计加以利用时净高超过 2.10m 的部位应计算全面积；净高在 1.20～2.10m 的部位应计算 1/2 面积；当设计不利用或室内净高不足 1.20m 时不应计算面积。

注：多层建筑坡屋顶内和场馆看台下的空间应视为坡屋顶内的空间，设计加以利用时，应按其净高确定其面积的计

算。设计不利用的空间，不应计算建筑面积。

(5)地下室、半地下室(车间、商店、车站、车库、仓库等)，包括相应的有永久性顶盖的出入口，应按其外墙上口(不包括采光井、外墙防潮层及其保护墙)外边线所围水平面积计算。层高在2.20m及以上者应计算全面积；层高不足2.20m者应计算1/2面积。

注：地下室、半地下室应以其外墙上口外边线所围水平面积计算。原计算规则规定按地下室、半地下室上口外墙外围水平面积计算，文字上不甚严密，"上口外墙"容易理解为地下室、半地下室的上一层建筑的外墙。由于上一层建筑外墙与地下室墙的中心线不一定完全重叠，多数情况是凸出或凹进地下室外墙中心线。

(6)坡地的建筑物吊脚架空层(图1-2)、深基础架空层，设计加以利用并有围护结构的，层高在2.20m及以上的部位应计算全面积；层高不足2.20m的部位应计算1/2面积。设计加以利用、无围护结构的建筑吊脚架空层，应按其利用部位水平面积的1/2计算；设计不利用的深基础架空层、坡地吊脚架空层、多层建筑坡屋顶内、场馆看台下的空间不应计算面积。

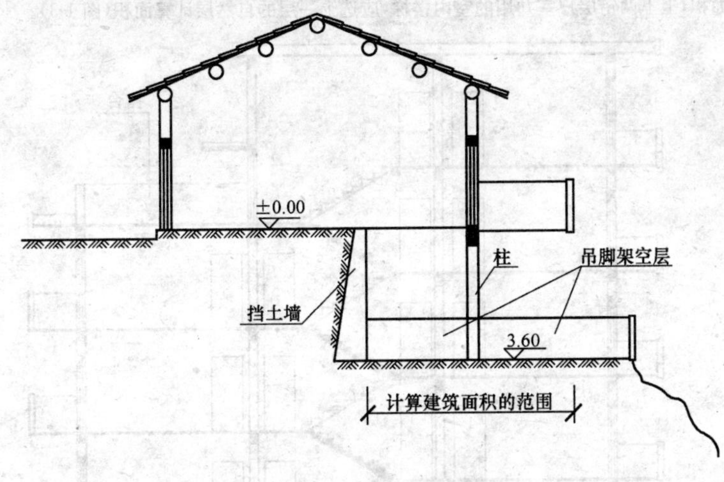

图1-2　坡地建筑吊脚架空层

(7)建筑物的门厅、大厅按一层计算建筑面积。门厅、大厅内设有回廊时，应按其结构底板水平面积计算。层高在2.20m及以上者应计算全面积；层高不足2.20m者应计算1/2面积。

(8)建筑物间有围护结构的架空走廊，应按其围护结构外围水平面积计算。层高在2.20m及以上者应计算全面积；层高不足2.20m者应计算1/2面积。有永久性顶盖无围护结构的应按其结构底板水平面积的1/2计算。

(9)立体书库、立体仓库、立体车库，无结构层的应按一层计算，有结构层的应按其结构层面积分别计算。层高在2.20m及以上者应计算全面积；层高不足2.20m者应计算1/2面积。

注：立体车库、立体仓库、立体书库不规定是否有围护结构，均按是否有结构层，应区分不同的层高确定建筑面积计算的范围，改变过去按书架层和货架层计算面积的规定。

(10)有围护结构的舞台灯光控制室，应按其围护结构外围水平面积计算。层高在2.20m及以上者应计算全面积；层高不足2.20m者应计算1/2面积。

(11)建筑物外有围护结构的落地橱窗、门斗、挑廊、走廊、檐廊，应按其围护结构外围水平面积计算。层高在2.20m及以上者应计算全面积；层高不足2.20m者应计算1/2面积。有永久性顶盖无围护结构的应按其结构底板水平面积的1/2计算。

(12)有永久性顶盖无围护结构的场馆看台应按其顶盖水平投影面积的1/2计算。

注："场馆"实质上是指"场"(如：足球场、网球场等)看台上有永久性顶盖部分。"馆"应是有永久性顶盖和围护结构

的，应按单层或多层建筑相关规定计算面积。

(13)建筑物顶部有围护结构的楼梯间、水箱间、电梯机房等，层高在 2.20m 及以上者应计算全面积；层高不足 2.20m 者应计算 1/2 面积。

注：如遇建筑物屋顶的楼梯间是坡屋顶，应按坡屋顶的相关规定计算面积。

(14)设有围护结构不垂直于水平面而超出底板外沿的建筑物，应按其底板面的外围水平面积计算。层高在 2.20m 及以上者应计算全面积；层高不足 2.20m 者应计算 1/2 面积。

注：设有围护结构不垂直于水平面而超出底板外沿的建筑物是指向建筑物外倾斜的墙体，若遇有向建筑物内倾斜的墙体，应视为坡屋顶，应按坡屋顶有关规定计算面积。

(15)建筑物内的室内楼梯间、电梯井、观光电梯井、提物井、管道井、通风排气竖井、垃圾道、附墙烟囱应按建筑物的自然层计算。

注：室内楼梯间的面积计算，应按楼梯依附的建筑物的自然层数计算并在建筑物面积内。遇跃层建筑，其共用的室内楼梯应按自然层计算面积；上下两错层户室共用的室内楼梯，应选上一层的自然层计算面积(图 1-3)。

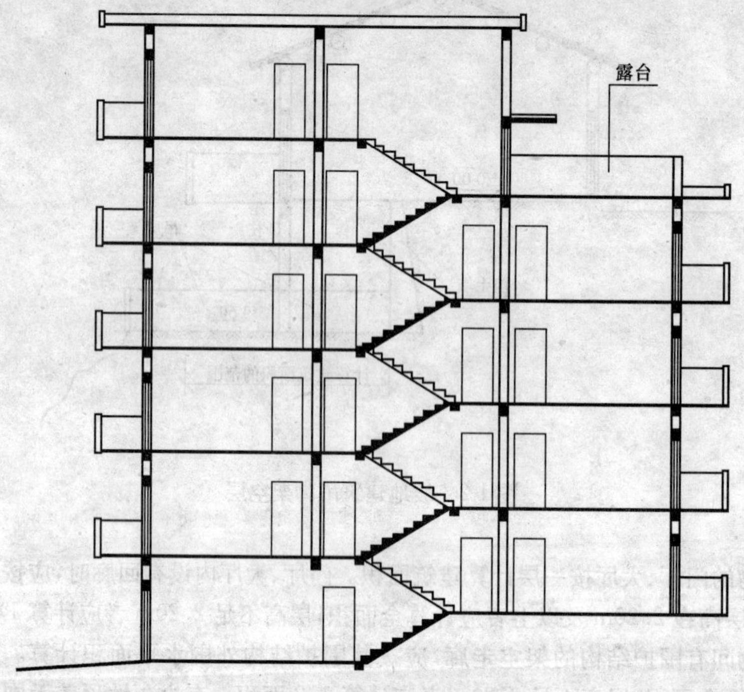

图 1-3　户室错层剖面示意图

(16)雨篷结构的外边线至外墙结构外边线的宽度超过 2.10m 者，应按雨篷结构板的水平投影面积的 1/2 计算。

注：雨篷均以其宽度超过 2.10m 或不超过 2.10m 衡量，超过 2.10m 者应按雨篷的结构板水平投影面积的 1/2 计算。有柱雨篷和无柱雨篷计算应一致。

(17)有永久性顶盖的室外楼梯，应按建筑物自然层的水平投影面积的 1/2 计算。

注：室外楼梯，最上层楼梯无永久性顶盖，或不能完全遮盖楼梯的雨篷，上层楼梯不计算面积，上层楼梯可视为下层楼梯的永久性顶盖，下层楼梯应计算面积。

(18)建筑物的阳台均应按其水平投影面积的 1/2 计算。

注：建筑物的阳台，不论是凹阳台、挑阳台、封闭阳台、不封闭阳台均按其水平投影面积的一半计算。

(19)有永久性顶盖无围护结构的车棚、货棚、站台、加油站、收费站等，应按其顶盖水平投影面积的 1/2 计算。

注：车棚、货棚、站台、加油站、收费站等的面积计算。由于建筑技术的发展，出现许多新型结构，如柱不再是单纯的直立的柱，而出现正Ⅴ形柱、倒∧形柱等不同类型的柱，给面积计算带来许多争议，为此，《建筑工程建筑面积计算规范》中不以柱来确定面积的计算，而依据顶盖的水平投影面积计算。在车棚、货棚、站台、加油站、收费站内设有有围护结构的管理室、休息室等，另按相关规定计算面积。

(20)高低联跨的建筑物，应以高跨结构外边线为界分别计算建筑面积；其高低跨内部连通时，其变形缝应计算在低跨面积内。

(21)以幕墙作为围护结构的建筑物，应按幕墙外边线计算建筑面积。

(22)建筑物外墙外侧有保温隔热层的，应按保温隔热层外边线计算建筑面积。

(23)建筑物内的变形缝，应按其自然层合并在建筑物面积内计算。

注：此处所指建筑物内的变形缝是与建筑物相连通的变形缝，即暴露在建筑物内，在建筑物内可以看得见的变形缝。

3. 不应计算建筑面积的项目

(1)建筑物通道(骑楼、过街楼的底层)。

(2)建筑物内的设备管道夹层。

(3)建筑物内分隔的单层房间，舞台及后台悬挂幕布、布景的天桥、挑台等。

(4)屋顶水箱、花架、凉棚、露台、露天游泳池。

(5)建筑物内的操作平台、上料平台、安装箱和罐体的平台。

(6)勒脚、附墙柱、垛、台阶、墙面抹灰、装饰面、镶贴块料面层、装饰性幕墙、空调室外机搁板(箱)、飘窗、构件、配件、宽度在2.10m及以内的雨篷以及与建筑物内不相连通的装饰性阳台、挑廊。

注：突出墙外的勒脚、附墙柱垛、台阶、墙面抹灰、装饰面、镶贴块料面层、装饰性幕墙、空调室外机搁板(箱)、飘窗、构件、配件、宽度在2.10m及以内的雨篷以及与建筑物内不相连通的装饰性阳台、挑廊等均不属于建筑结构，不应计算建筑面积。

(7)无永久性顶盖的架空走廊、室外楼梯和用于检修、消防等的室外钢楼梯、爬梯。

(8)自动扶梯、自动人行道。

注：自动扶梯(斜步道滚梯)，除两端固定在楼层板或梁之外，扶梯本身属于设备，为此扶梯不宜计算建筑面积。水平步道(滚梯)属于安装在楼板上的设备，不应单独计算建筑面积。

(9)独立烟囱、烟道、地沟、油(水)罐、气柜、水塔、贮油(水)池、贮仓、栈桥、地下人防通道、地铁隧道。

第四节　园林绿化工程分部分项工程划分

园林绿化工程分为三个分部工程：绿化工程；园路、园桥、假山工程；园林景观工程。每个分部工程又分为若干个子分部工程。每个子分部工程中又分为若干个分项工程。每个分项工程有一个项目编码。

园林绿化工程的分部工程名称、子分部工程名称、分项工程名称列于表1-8。

表1-8　园林绿化工程分部分项工程名称

分部工程	子分部工程	分项工程
绿化工程	绿地管理	伐树、挖树根；砍挖灌木丛；挖竹根；挖芦苇根；清除草皮；整理绿化用地；屋顶花园基底处理
	栽植花木	栽植乔木；栽植竹类；栽植棕榈类；栽植灌木；栽植绿篱；栽植攀援植物；栽植色带；栽植花卉；栽植水生植物；铺种草皮；喷播植草
	绿地喷灌	喷灌设施

续表

分部工程	子分部工程	分项工程
园路、园桥、假山工程	园路桥工程	园路；路牙铺设；树池围牙、盖板；嵌草砖铺装；石桥基础；石桥墩、石桥台；拱旋石制作、安装；石旋脸制作、安装；金刚墙砌筑；石桥面铺筑；石桥面檐板；仰天石、地伏石；石望柱；栏杆、扶手；栏板、撑鼓；木制步桥
	堆塑假山	堆筑土山丘；堆砌石假山；塑假山；石笋；点风景石；池石、盆景山；山石护角；山坡石台阶
	驳岸	石砌驳岸；原木桩驳岸；散铺砂卵石护岸(自然护岸)
园林景观工程	原木、竹构件	原木(带树皮)柱、梁、檩、椽、原木(带树皮)墙；树枝吊挂楣子；竹柱、梁、檩、椽；竹编墙
	亭廊屋面	草屋面；竹屋面；树皮屋面；现浇混凝土斜屋面板；现浇混凝土攒尖亭屋面板；就位预制混凝土攒尖亭屋面板；就位预制混凝土穹顶；彩色压型钢板(夹芯板)攒尖亭屋面板；彩色压型钢板(夹芯板)穹顶
	花架	现浇混凝土花架柱、梁；预制混凝土花架柱、梁；木花架柱、梁；金属花架柱、梁
	园林桌椅	木制飞来椅；钢筋混凝土飞来椅；竹制飞来椅；现浇混凝土桌凳；预制混凝土桌凳；石桌石凳；塑树根桌凳；塑树节椅；塑料、铁艺、金属椅
	喷泉安装	喷泉管道；喷泉电缆；水下艺术装饰灯具；电气控制柜
	杂项	石灯；塑仿石音响；塑树皮梁、柱；塑竹梁、柱；花坛铁艺栏杆；标志牌；石浮雕、石镌字；砖石砌小摆设(砌筑果皮箱、放置盆景的须弥座等)

第五节　园林绿化工程造价常用术语

1. 定额

在社会生产中，为了生产某一合格产品或完成某一工作成果，都要消耗一定数量的人力、物力和财力。从个别的生产工作过程来考察，这种消耗数量，受各种生产工作条件的影响，是各自不同的。从总体的生产工作过程来考察，规定出社会平均必须的消耗数量标准，这种标准就称为定额。

2. 建筑安装工程定额

在建筑安装工程施工生产过程中，为完成某项工程或某项结构构件，都必须消耗一定数量的劳动力、材料和机具。在社会平均生产条件下，把科学的方法和实践经验相结合，制定为生产质量合格的单位工程产品所必需的人工、材料、机械数量标准，就称为建筑安装工程定额，或简称为工程定额。

3. 消耗量定额

由建设行政主管部门根据合理的施工组织设计，按照正常施工条件下制定的，生产一个规定计量单位工程合格产品所需人工、材料、机械台班的社会平均消耗量。

4. 企业定额

施工企业根据本企业的施工技术和管理水平以及有关工程造价资料制定的，并供本企业使用的人工、材料和机械台班消耗量。

5. 园林绿化工程预算定额

园林工程预算定额，是指在正常的施工技术和组织条件下，规定完成园林工程一定计量单位的分项工程或结构构件所必需的人工（工日）、材料、机械（台班）以及资金合理消耗的量、价合一的计价标准。

园林工程预算定额是由国家主管机关或被授权单位组织编制并颁发的一种法令性指标，它规定了行业平均先进的必要劳动量，工程内容、质量和安全要求，是一项重要的经济法规。定额中的各项指标，反映了国家对完成单位产品基本构造要素（即每一单位分项工程或结构构件）所规定的人工、材料、机械台班等消耗的数量限额。

目前，园林工程预算定额主要有：全国统一的园林工程定额，如全国统一《仿古建筑及园林工程预算定额》，其中的第四册为园林绿化工程定额；各省、直辖市、自治区地方园林定额，如《北京市仿古建筑及园林工程预算基价》。

6. 工程建设

过去通常称为基本建设，是指固定资产扩大再生产的新建、扩建、改建、恢复工程及与之相连带的其他工作。它是指一定的资金、建筑材料、机械设备等，通过购置、建造与安装等活动，转化为固定资产的过程以及与之相联系的工作（如征用土地、勘察设计、培训生产职工等）。固定资产是指使用年限在1年以上且单位价值在规定限额以上的劳动资料和消费资料。凡不符合上述使用年限和单位价值限额两项条件的，一般称为低值易耗品。低值易耗品与劳动对象统称为流动资产。

7. 综合单价

完成规定计量单位项目所需的人工费、材料费、机械使用费、管理费和利润，并考虑风险因素。

8. 直接费

由直接工程费和措施费组成。其中，直接工程费包括人工费、材料费（消耗的材料费总和）和施工机械使用费。

9. 间接费

包括规费和施工管理费。

10. 直接成本

施工过程中耗用的构成工程实体和有助于工程形成的各种费用。它由人工费、材料费、施工机械使用费组成。

11. 人工费

直接从事建设工程施工的生产工人的开支和各项费用。

12. 材料费

施工过程中耗用的构成工程实体的原材料、辅助材料、构配件、零件、半成品的费用和周转使用材料的摊销（或租赁）费用。

13. 施工机械使用费

使用施工机械作业所发生的机械使用费以及机械安装、拆除和进出场费用。

14. 间接成本

施工企业为施工准备、组织施工生产和经营管理而发生在现场和企业的各项费用。它由管理费、规费和其他费用组成。

15. 管理费

施工企业为组织施工生产而发生在现场和企业的各项管理费用。

16. 规费

按照国家或省、自治区、直辖市人民政府规定，允许计入工程造价的各项税费之和。

17. 其他费用

根据施工现场和工程实际需要，为保证正常施工及工程质量而发生的各项费用。

18. 利润

施工企业在生产经营收入中所获得的不属于直接成本、间接成本的部分。

19. 税金

国家规定应计入工程造价内的营业税、城乡维护建设税及教育费附加。

20. 工程量清单

建设工程的分部分项工程项目、措施项目、其他项目、规费项目和税金项目名称和相应数量等的明细清单。

21. 工程量清单计价

建设工程招标投标工作中，招标人按照国家统一的工程量计算规则提供工程数量，由投标人依据工程量清单自主报价，并按照经评审低价中标的工程造价计价方式。

22. 项目编码

采用12位阿拉伯数字表示。1～9位为统一编码，其中1、2位为附录顺序号，3、4位为专业工程顺序码，5、6位为分部工程顺序码，7～9位为分项工程项目名称顺序码，10～12位为清单项目名称顺序码。

23. 综合单价

完成一个规定计量单位的分部分项工程量清单项目或措施清单项目所需的人工费、材料费、施工机械使用费和企业管理费与利润，以及一定范围内的风险费用。

24. 措施项目

为完成工程项目施工，发生于该工程施工准备和施工过程中的技术、生活、安全、环境保护等方面的非工程实体项目。

25. 暂列金额

招标人在工程量清单中暂定并包括在合同价款的一笔款项。用于施工合同签订时尚未确定或者不可预见的所需材料、设备、服务的采购，施工中可能发生的工程变更、合同约定调整因素出现时的工程价款调整以及发生的索赔、现场签证确认等的费用。

26. 暂估价

招标人在工程量清单中提供的用于支付必然发生但暂时不能确定价格的材料的单价以及专业工程的金额。

27. 计日工

在施工过程中，完成发包人提出的施工图纸以外的零星项目或工作，按合同中约定的综合单价计价。

28. 总承包服务费

总承包人为配合协调发包人进行的工程分包自行采购的设备、材料等进行管理、服务以及施工现场管理、竣工资料汇总整理等服务所需的费用。

29. 竣工结算

建设项目完成，并经建设单位、监理单位和有关部门验收以后，由施工单位依照有关规定，向建设单位(发包人)递交竣工结算报告及完整的结算资料，经监理单位和建设单位审核、确认，双方按照协议书约定的合同价款及专用条款约定的合同价款调整内容，进行工程竣工结算；建设单位收到竣工结算报告及结算资料后，在规定的时间(28d)内进行核实，给予确认或者提出修改意见；建设单位确认后，通知经办银行向施工单位(承包人)支付工程竣工结算价款。

30. 竣工决算

建设项目的全部工程完成后，并经有关部门验收盘点移交后，按有关规定计算和确定工程建设的实际成本，由监理工程师根据监理委托合同，协助建设单位编制综合反映该工程从筹建到竣工投产全过程中，各项资金的实际运用情况和建设成果的总结性文件。

31. 工程价款结算

已完工程经有关单位验收后，施工企业按国家规定向建设单位办理工程款清算的一项日常性工作。其中包括预收工程备料款、中间结算和竣工结算，在实际工作中通常称为工程结算。

32. 招标投标

采购人事先提出货物、工程或服务采购的条件和要求，邀请投标人参加投标，并按照规定程序从中选择交易对象的一种市场交易行为。从采购交易过程来看，它必然包括招标和投标两个最基本且相互对应的环节。

33. 建设工程合同

在原《经济合同法》中称为“建设工程承包合同”，是指“承包人进行工程建设，发包人支付工程价款的合同，包括工程勘察、设计、施工合同”(《合同法》第二百六十九条)。“承包人”是指在建设工程合同中负责工程勘察、设计、施工任务的一方当事人；“发包人”是指在建设工程合同中委托承包人进行工程勘察、设计、施工任务的建设单位。在建设工程合同中，承包人的主要义务是按照合同约定进行工程建设，即进行工程的勘察、设计、施工等工作；发包人的最基本义务是向承包人支付相应的价款。

34. 索赔

当事人在合同实施过程中，根据法律、合同规定及惯例，对并非由于自己的过错而应由合同对方承担责任的情况造成的，且实际发生了错误，向对方提出给予经济补偿和(或)时间补偿要求。

35. 索赔的证据

当事人用来支持其索赔成立或和索赔有关的证明文件和资料。索赔证据作为索赔文件的组成部分，在很大程度上关系到索赔的成功与否。证据不全、不足或没有证据，索赔是不可能获得成功的。作为索赔证据，既要真实、准确、全面、及时，又要具有法律证明效力。

36. 工程施工合同

承包人按照发包人的要求，依据勘察、设计的有关资料、要求，进行建设、安装的合同。工程施工合同可分为施工合同和安装合同两种。施工合同一般是指进行土木建设的合同，但也不排除部分安装的内容，两种类型的合同经常交织在一起。

37. 估价

估价师在施工总进度计划、主要施工方法、分包商和资源安排确定之后，根据本公司的工料消耗标准和水平以及询价结果，对本公司完成招标工程所需要支出的费用的估价。其原则是根据本公司的实际情况合理补偿成本，不考虑其他因素，不涉及投标决策问题和利润的高低，是工程完成的费用底线。

第二章　园林工程施工图的识读

第一节　园林工程制图基础知识

为了统一工程图样的画法，提高制图效率，便于工程建设和技术交流，根据原建设部《关于印发一九九八年工程建设国家标准制定、修订计划（第二批）的通知》（建标[1998]244 号）的要求，由原建设部会同有关部门共同对原《房屋建筑制图统一标准》（GBJ 1—86）等六项标准进行了修订，并于 2001 年 11 月 1 日颁布，自 2002 年 3 月 1 日起施行。

一、图纸幅面

（1）图纸幅面及图框尺寸，应符合表 2-1 的规定。

表 2-1　　**幅面及图框尺寸**　　(mm)

尺寸代号 \ 幅面代号	A0	A1	A2	A3	A4
$b\times l$	841×1189	594×841	420×594	297×420	210×297
c	10			5	
a	25				

（2）需要微缩复制的图纸，其一个边上应附有一段准确米制尺度，四个边上均附有对中标志，米制尺度的总长应为 100mm，分格应为 10mm。对中标志应画在图纸各边长的中点处，线宽应为 0.35mm，伸入框内应为 5mm。

（3）图纸的短边一般不应加长，长边可加长，但应符合表 2-2 的规定。

表 2-2　　**图纸长边加长尺寸**　　(mm)

幅面尺寸	长边尺寸	长边加长后尺寸						
A0	1189	1486	1635	1783	1932	2080	2230	2378
A1	841	1051	1261	1471	1682	1892	2102	
A2	594	743	891	1041	1189	1338	1486	1635
		1783	1932	2080				
A3	420	630	841	1051	1261	1471	1682	1892

注：有特殊需要的图纸，可采用 $b\times l$ 为 841mm×891mm 与 1189mm×1261mm 的幅面。

（4）图纸以短边作为垂直边称为横式，以短边作为水平边称为立式。一般 A0～A3 图纸宜横式使用；必要时，也可立式使用。

（5）一个工程设计中，每个专业所使用的图纸，一般不宜多于两种幅面，不含目录及表格所采用的 A4 幅面。

二、图线及比例

(一)图线

1. 图线宽度选取

图线的宽度 b,宜从下列线宽系列中选取:2.0、1.4、1.0、0.7、0.5、0.35(mm)。每个图样,应根据复杂程度与比例大小,先选定基本线宽 b,再选用表 2-3 中相应的线宽组。

表 2-3　　线宽组　　(mm)

线宽比	线宽组					
b	2.0	1.4	1.0	0.7	0.5	0.35
$0.5b$	1.0	0.7	0.5	0.35	0.25	0.18
$0.25b$	0.5	0.35	0.25	0.18	—	—

注:1. 需要微缩的图纸,不宜采用 0.18mm 及更细的线宽。

2. 同一张图纸内,各不同线宽中的细线,可统一采用较细的线宽组的细线。

2. 常见线型宽度及用途

工程建设制图,常见线型宽度及用途见表 2-4。

表 2-4　　工程建设制图常见线型宽度及用途

名称		线型	线宽	一般用途
实线	粗		b	主要可见轮廓线
	中		$0.5b$	可见轮廓线
	细		$0.25b$	可见轮廓线、图例线
虚线	粗		b	见各有关专业制图标准
	中		$0.5b$	不可见轮廓线
	细		$0.25b$	不可见轮廓线、图例线
单点长划线	粗		b	见各有关专业制图标准
	中		$0.5b$	见各有关专业制图标准
	细		$0.25b$	中心线、对称线等
双点长划线	粗		b	见各有关专业制图标准
	中		$0.5b$	见各有关专业制图标准
	细		$0.25b$	假想轮廓线、成型前原始轮廓线
折断线			$0.25b$	断开界线
波浪线			$0.25b$	断开界线

3. 图框线、标题栏线

工程建设制图，图纸的图框和标题栏线，可采用表 2-5 的线宽。

表 2-5　　图框线、标题栏线的宽度　　(mm)

幅面代号	图框线	标题栏外框线	标题栏分格线、会签栏线
A0、A1	1.4	0.7	0.35
A2、A3、A4	1.0	0.7	0.35

4. 总图制图图线

总图制图，应根据图纸功能，按表 2-6 规定的线型选用。

表 2-6　　总图制图图线

名称		线型	线宽	用途
实线	粗		b	(1)新建建筑物±0.00 高度的可见轮廓线 (2)新建的铁路、管线
	中		0.5b	(1)新建构筑物、道路、桥涵、边坡、围墙、露天堆场、运输设施、挡土墙的可见轮廓线 (2)场地、区域分界线、用地红线、建筑红线、尺寸起止符号、河道蓝线 (3)新建建筑物±0.00 高度以外的可见轮廓线
	细		0.25b	(1)新建道路路肩、人行道、排水沟、树丛、草地、花坛的可见轮廓线 (2)原有(包括保留和拟拆除的)建筑物、构筑物、铁路、道路、桥涵、围墙的可见轮廓线 (3)坐标网线、图例线、尺寸线、尺寸界线、引出线、索引符号等
虚线	粗		b	新建建筑物、构筑物的不可见轮廓线
	中		0.5b	(1)计划扩建建筑物、构筑物、预留地、铁路、道路、桥涵、围墙、运输设施、管线的轮廓线 (2)洪水淹没线
	细		0.25b	原有建筑物、构筑物、铁路、道路、桥涵、围墙的不可见轮廓线
单点长划线	粗		b	露天矿开采边界线
	中		0.5b	土方填挖区的零点线
	细		0.25b	分水线、中心线、对称线、定位轴线
粗双点长划线			b	地下开采区塌落界线
折断线			0.5b	断开界线
波浪线			0.5b	

注：应根据图样中所表示的不同重点，确定不同的粗细线型。例如，绘制总平面图时，新建建筑物采用粗实线，其他部分采用中线和细线；绘制管线综合图或铁路图时，管线、铁路采用粗实线。

5. 建筑制图图线

建筑专业、室内设计专业制图采用的各种图线，应符合表 2-7 的规定。

表 2-7　　建筑制图图线

名称	线型	线宽	用途
粗实线	————	b	(1)平、剖面图中被剖切的主要建筑构造(包括构配件)的轮廓线 (2)建筑立面图或室内立面图的外轮廓线 (3)建筑构造详图中被剖切的主要部分的轮廓线 (4)建筑构配件详图中的外轮廓线 (5)平、立、剖面图的剖切符合
中实线	————	0.5b	(1)平、剖面图中被剖切的次要建筑构造(包括构配件)的轮廓线 (2)建筑平、立、剖面图中建筑构配件的轮廓线 (3)建筑构造详图及建筑构配件详图中的一般轮廓线
细实线	————	0.25b	小于0.5b的图形线、尺寸线、尺寸界线、图例线、索引符号、标高符号、详图材料做法引出线等
中虚线	— — — —	0.5b	(1)建筑构造详图及建筑构配件不可见的轮廓线 (2)平面图中的起重机(吊车)轮廓线 (3)拟扩建的建筑物轮廓线
细虚线	— — — —	0.25b	图例线、小于0.5b的不可见轮廓线
粗单点长划线	—·—·—	b	起重机(吊车)轨道线
细单点长划线	—·—·—	0.25b	中心线、对称线、定位轴线
折断线	—\/—	0.25b	不需画全的断开界线
波浪线	～～～	0.25b	不需画全的断开界线 构造层次的断开界线

注:地平线的线宽可用1.4b。

6. 建筑结构制图图线

建筑结构专业制图,应选用表2-8所示的图线。

表 2-8　　建筑结构制图图线

名称		线型	线宽	一般用途
实线	粗	————	b	螺栓、主钢筋线、结构平面图中的单线结构构件线、钢木支撑及系杆线,图名下横线、剖切线
	中	————	0.5b	结构平面图及详图中剖到或可见的墙身轮廓线、基础轮廓线、钢、木结构轮廓线、箍筋线、板钢筋线
	细	————	0.25b	可见的钢筋混凝土构件的轮廓线、尺寸线、标注引出线,标高符号,索引符号
虚线	粗	— — — —	b	不可见的钢筋、螺栓线,结构平面图中的不可见的单线结构构件线及钢、木支撑线
	中	— — — —	0.5b	结构平面图中的不可见构件、墙身轮廓线及钢、木构件轮廓线
	细	— — — —	0.25b	基础平面图中的管沟轮廓线、不可见的钢筋混凝土构件轮廓线
单点长划线	粗	—·—·—	b	柱间支撑、垂直支撑、设备基础轴线图中的中心线
	细	—·—·—	0.25b	定位轴线、对称线、中心线

续表

名称		线型	线宽	一般用途
双点长划线	粗	——··——··——	b	预应力钢筋线
	细	——··——··——	$0.25b$	原有结构轮廓线
折断线		——\/——	$0.25b$	断开界线
波浪线		∿∿∿	$0.25b$	断开界线

7. 其他规定

(1)同一张图纸内,相同比例的各图样,应选用相同的线宽组。

(2)相互平行的图线,其间隙不宜小于其中的粗线宽度,且不宜小于0.7mm。

(3)虚线、单点长划线或双点长划线的线段长度和间隔,宜各自相等。

(4)单点长划线或双点长划线,当在较小图形中绘制有困难时,可用实线代替。

(5)单点长划线或双点长划线的两端,不应是点。点划线与点划线交接或点划线与其他图线交接时,应是线段交接。

(6)虚线与虚线交接或虚线与其他图线交接时,应是线段交接。虚线为实线的延长线时,不得与实线连接。

(7)图线不得与文字、数字或符号重叠、混淆,不可避免时,应首先保证文字等的清晰。

(二)比例

图样的比例,应为图形与实物相对应的线性尺寸之比。例如1∶100就是用图上1m的长度表示房屋实际长度100m。比例的大小是指比值的大小,如1∶50大于1∶100。建筑工程中大都用缩小比例。

比例的符号为"∶",比例应以阿拉伯数字表示,如1∶1、1∶2、1∶100等。比例宜注写在图名的右侧,字的基准线应取平;比例的字高宜比图名的字高小一号或二号(图2-1)。

平面图 1∶100　　⑥1∶20

图2-1　比例的注写

1. 常用绘图比例

绘图所用的比例,应根据图样的用途与被绘对象的复杂程度选用,常用绘图比例见表2-9,并应优先用表中常用比例。

表2-9　绘图所用的比例

常用比例	1∶1、1∶2、1∶5、1∶10、1∶20、1∶50、1∶100、1∶150、1∶200、1∶500、1∶1000、1∶2000、1∶5000、1∶10000、1∶20000、1∶50000、1∶100000、1∶200000
可用比例	1∶3、1∶4、1∶6、1∶15、1∶25、1∶30、1∶40、1∶60、1∶80、1∶250、1∶300、1∶400、1∶600

2. 总图制图比例

总图制图采用的比例,宜符合表2-10的规定。

3. 建筑制图比例

建筑专业、室内设计专业制图选用的比例,宜符合表2-11的规定。

表 2-10 总图制图比例

图名	比例
地理、交通位置图	1∶25000～1∶200000
总体规划、总体布置、区域位置图	1∶2000、1∶5000、1∶10000、1∶25000、1∶50000
总平面图、竖向布置图、管线综合图、土方图、排水图、铁路、道路平面图、绿化平面图	1∶500、1∶1000、1∶2000
铁路、道路纵断面图	垂直:1∶100、1∶200、1∶500 水平:1∶1000、1∶2000、1∶5000
铁路、道路横断面图	1∶50、1∶100、1∶200
场地断面图	1∶100、1∶200、1∶500、1∶1000
详图	1∶1、1∶2、1∶5、1∶10、1∶20、1∶50、1∶100、1∶200

表 2-11 建筑制图比例

图名	比例
建筑物或构筑物的平面图、立面图、剖面图	1∶50、1∶100、1∶150、1∶200、1∶300
建筑物或构筑物的局部放大图	1∶10、1∶20、1∶25、1∶30、1∶50
配件及构造详图	1∶1、1∶2、1∶5、1∶10、1∶15、1∶20、1∶25、1∶30、1∶50

4. 建筑结构制图比例

绘图时根据图样的用途，被绘物体的复杂程度，应选用表 2-12 中的常用比例，特殊情况下也可选用可用比例。

表 2-12 建筑结构制图比例

图名	常用比例	可用比例
结构平面图 基础平面图	1∶50、1∶100 1∶150、1∶200	1∶60
圈梁平面图、总图中管沟、地下设施等	1∶200、1∶500	1∶300
详图	1∶10、1∶20	1∶5、1∶25、1∶4

5. 其他规定

(1)一般情况下，一个图样应选用一种比例。根据专业制图需要，同一图样可选用两种比例。

(2)特殊情况下也可自选比例，这时除应注出绘图比例外，还必须在适当位置绘制出相应的比例尺。

1)在建筑制图中，铁路、道路、土方等的纵断面图，可在水平方向和垂直方向选用不同比例。

2)在建筑结构制图中，当构件的纵、横向断面尺寸相差悬殊时，可在同一详图中的纵、横向选用不同的比例绘制。轴线尺寸与构件尺寸也可选用不同的比例绘制。

(3)在同一张图纸中，相同比例的各图样，应选用相同的线宽组。

三、字体与尺寸标注

(一)字体

图纸上所需书写的文字、数字或符号等，均应笔划清晰、字体端正、排列整齐；标点符号应清楚正确。

1. 文字

(1)文字的字高，应从如下系列中选用：3.5、5、7、10、14、20(mm)。如需书写更大的字，其高度应按$\sqrt{2}$的比值递增。

(2)图样及说明中的汉字，宜采用长仿宋体，宽度与高度的关系应符合表2-13的规定。大标题、图册封面、地形图等的汉字，也可书写成其他字体，但应易于辨认。

表2-13　长仿宋体字高宽关系 (mm)

字高	20	14	10	7	5	3.5
字宽	14	10	7	5	3.5	2.5

(3)汉字的简化字书写，必须符合国务院公布的《汉字简化方案》和有关规定。

2. 拉丁字母、阿拉伯数字与罗马数字

(1)拉丁字母、阿拉伯数字与罗马数字的书写与排列，应符合表2-14的规定。

表2-14　拉丁字母、阿拉伯数字与罗马数字书写规则

书写格式	一般字体	窄字体
大写字母高度	h	h
小写字母高度(上下均无延伸)	$7/10h$	$10/14h$
小写字母伸出的头部或尾部	$3/10h$	$4/14h$
笔画宽度	$1/10h$	$1/14h$
字母间距	$2/10h$	$2/14h$
上下行基准线最小间距	$15/10h$	$21/14h$
词间距	$6/10h$	$6/14h$

(2)拉丁字母、阿拉伯数字与罗马数字，如需写成斜体字，其斜度应是从字的底线逆时针向上倾斜75°。斜体字的高度与宽度应与相应的直体字相等。

(3)拉丁字母、阿拉伯数字与罗马数字的字高，应不小于2.5mm。

3. 数字及符号

(1)数量的数值注写，应采用正体阿拉伯数字。各种计量单位凡前面有量值的，均应采用国家颁布的单位符号注写。单位符号应采用正体字母。

(2)分数、百分数和比例数的注写，应采用阿拉伯数字和数学符号，例如四分之三、百分之二十五和一比二十应分别写成3/4、25%和1：20。

(3)当注写的数字小于1时，必须写出个位的“0”，小数点应采用圆点，齐基准线书写，例如0.01。

(二)尺寸标注

1. 尺寸的组成与分类

(1)图样上的尺寸，包括尺寸界线、尺寸线、尺寸起止符号和尺寸数字(图2-1)。

(2)尺寸分为总尺寸、定位尺寸、细部尺寸三种。绘图时，应根据设计深度和图纸用途确定所需注写的尺寸。

2. 建筑制图尺寸标注

(1)楼地面、地下层地面、阳台、平台、檐口、屋脊、女儿墙、台阶等处的高度尺寸及标高，宜按下列规定注写：

1)平面图及其详图注写完成面标高。

2)立面图、剖面图及其详图注写完成面标高及高度方向的尺寸。

3)其余部分注写毛面尺寸及标高。

4)标注建筑平面图各部位的定位尺寸时，注写与其最邻近的轴线间的尺寸；标注建筑剖面各部位的定位尺寸时，注写其所在层次内的尺寸。

5)室内设计图中连续重复的构配件等，当不易标明定位尺寸时，可在总尺寸的控制下，定位尺寸不用数值而用“均分”或“EQ”字样表示，如图 2-2 所示。

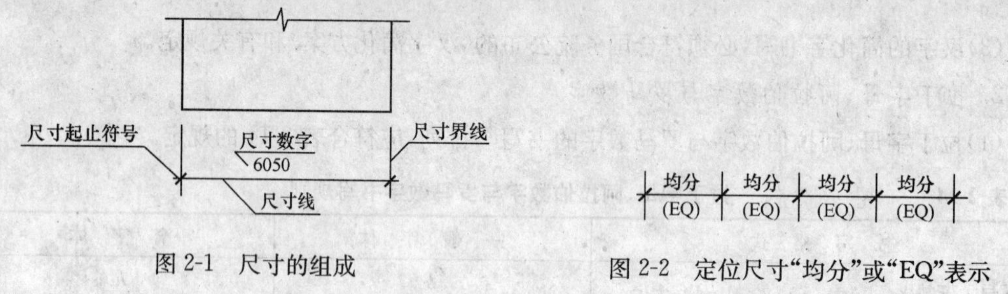

图 2-1 尺寸的组成

图 2-2 定位尺寸“均分”或“EQ”表示

(2)相邻的立面图或剖面图，宜绘制在同一水平线上，图内相互有关的尺寸及标高，宜标注在同一竖线上(图 2-3)。

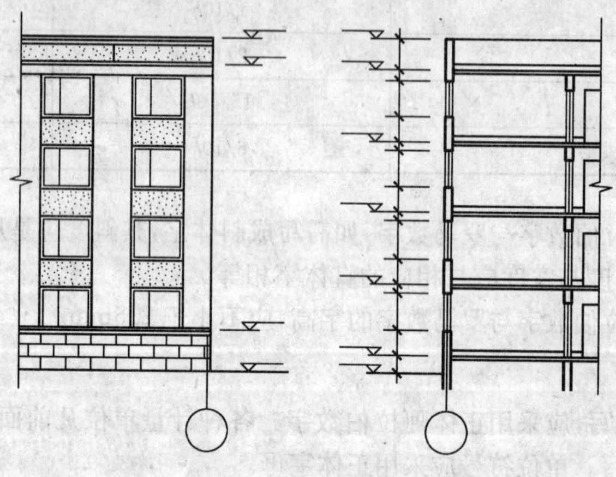

图 2-3 相邻立面图、剖面图的位置关系

3. 建筑结构构件尺寸标注

(1)钢筋、钢丝束及钢筋网片应按下列规定标注：

1)钢筋、钢丝束的说明应给出钢筋的代号、直径、数量、间距、编号及所在位置，其说明应沿钢筋的长度标注或标注在相关钢筋的引出线上。

2)钢筋网片的编号应标注在对角线上。网片的数量应与网片的编号标注在一起。

注：简单的构件、钢筋种类较少可不编号。

(2)构件配筋图中箍筋的长度尺寸，应指箍筋的里皮尺寸。弯起钢筋的高度尺寸应指钢筋的外皮尺寸(图 2-4)。

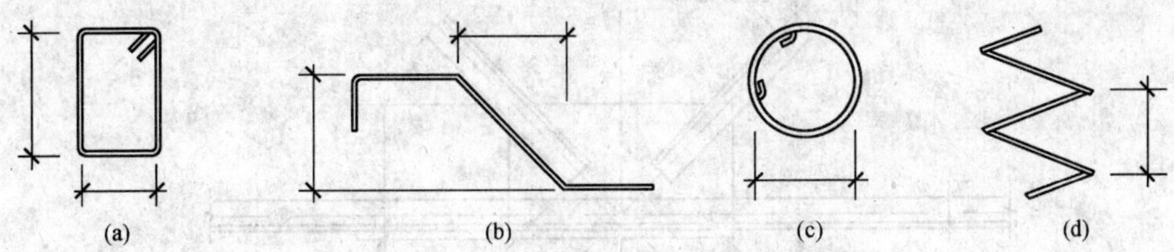

图 2-4　钢箍尺寸标注法

(a)箍筋尺寸标注图;(b)弯起钢筋尺寸标注图;(c)环型钢筋尺寸标注图;(d)螺旋钢筋尺寸标注图

(3)两构件的两条很近的重心线,应在交汇处将其各自向外错开(图 2-5)。

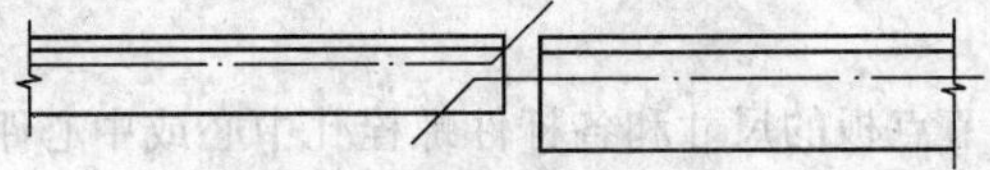

图 2-5　两构件重心线不重合的表示方法

(4)弯曲构件的尺寸应沿其弧度的曲线标注弧的轴线长度(图 2-6)。

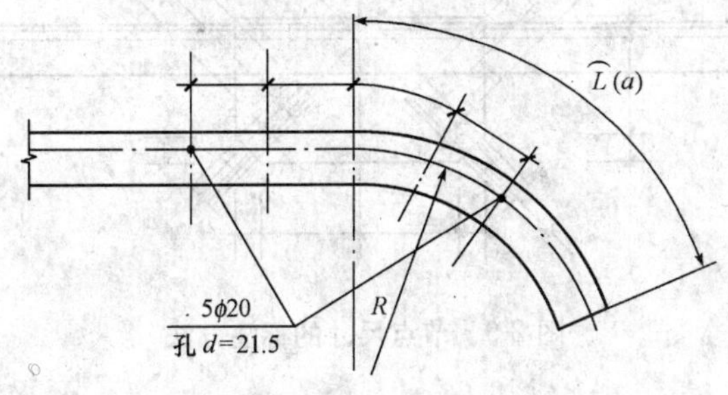

图 2-6　弯曲构件尺寸的标注方法

(5)切割的板材,应标注各线段的长度及位置(图 2-7)。

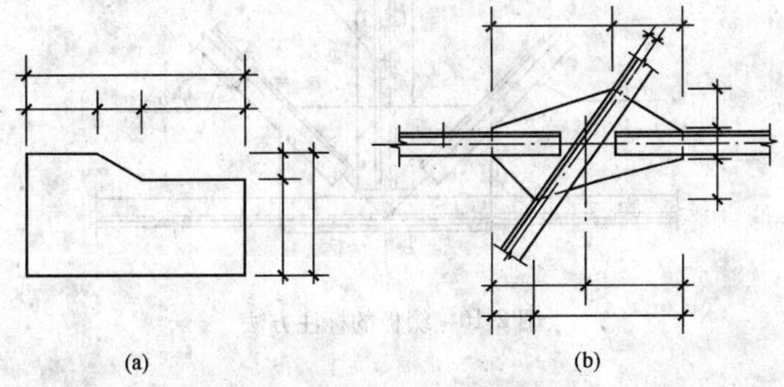

图 2-7　切割板材尺寸的标注方法

(6)不等边角钢的构件,必须标注出角钢一肢的尺寸(图 2-8)。

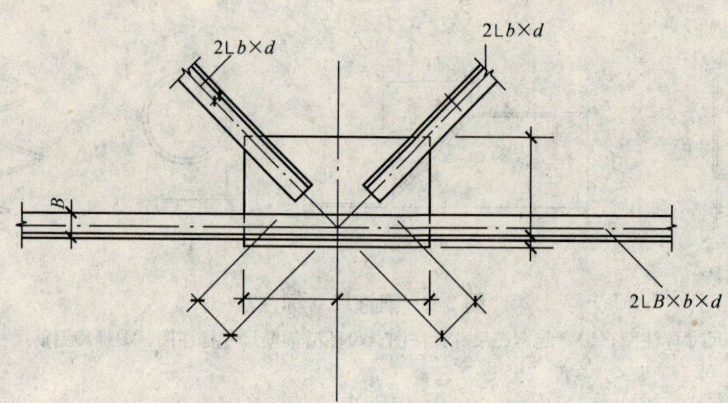

图 2-8 节点尺寸及不等边角钢的标注方法

(7)节点尺寸,应注明节点板的尺寸和各杆件螺栓孔中心或中心距,以及杆件端部至几何中心线交点的距离(图 2-8、图 2-9)。

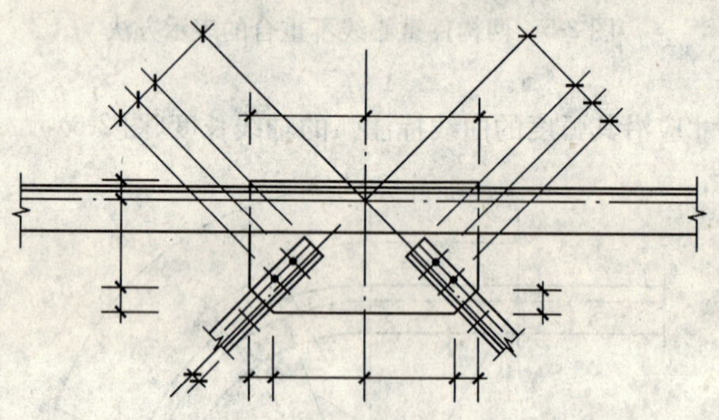

图 2-9 节点尺寸的标注方法

(8)双型钢组合截面的构件,应注明缀板的数量及尺寸(图 2-10)。引出横线上方标注缀板的数量及缀板的宽度、厚度,引出横线下方标注缀板的长度尺寸。

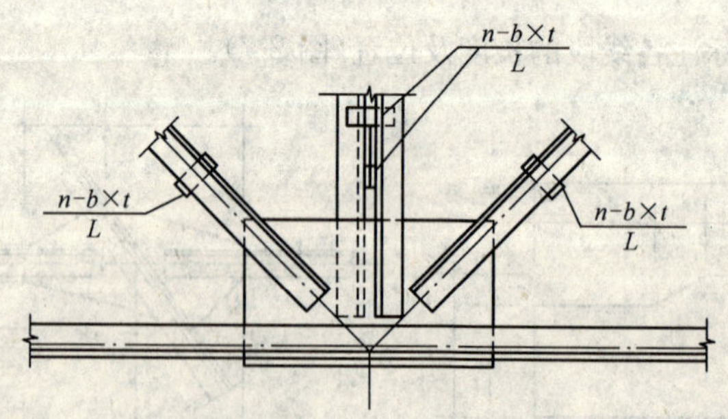

图 2-10 缀板的标注方法

(9)非焊接的节点板,应注明节点板的尺寸和螺栓孔中心与几何中心线交点的距离(图 2-11)。

(10)桁架式结构的几何尺寸图可用单线图表示。杆件的轴线长度尺寸应标注在构件的上方(图 2-12)。

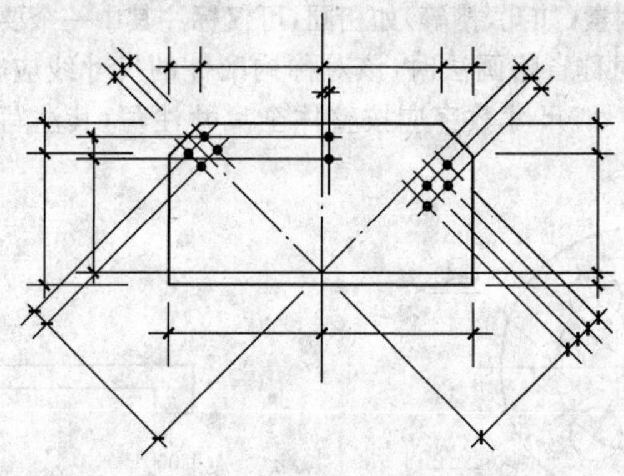

图 2-11　非焊接节点板尺寸的标注方法

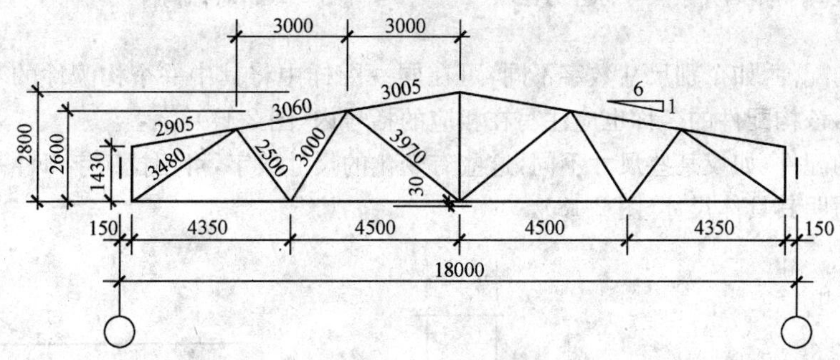

图 2-12　对称桁架几何尺寸标注方法

(11)在杆件布置和受力均对称的桁架单线图中，若需要时可在桁架的左半部分标注杆件的几何轴线尺寸，右半部分标注杆件的内力值和反力值；非对称的桁架单线图，可在上方标注杆件的几何轴线尺寸，下方标注杆件的内力值和反力值。竖杆的几何轴线尺寸可标注在左侧，内力值标注在右侧。

4. 尺寸的简化标注

(1)杆件或管线的长度，在单线图(桁架简图、钢筋简图、管线简图)上，可直接将尺寸数字沿杆件或管线的一侧注写(图 2-13)。

(2)连续排列的等长尺寸，可用“个数×等长尺寸＝总长”的形式标注(图 2-14)。

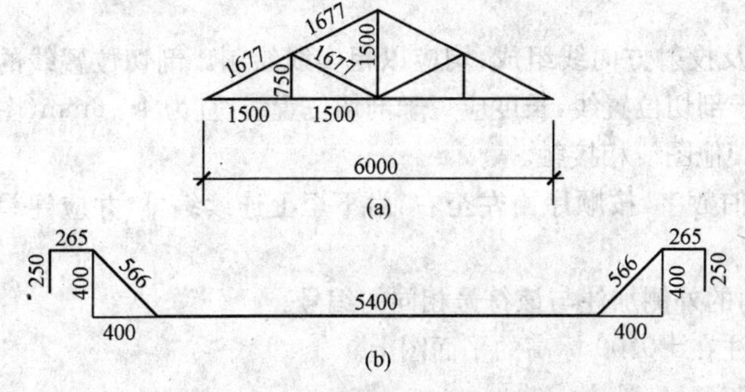

图 2-13　单线图尺寸标注方法

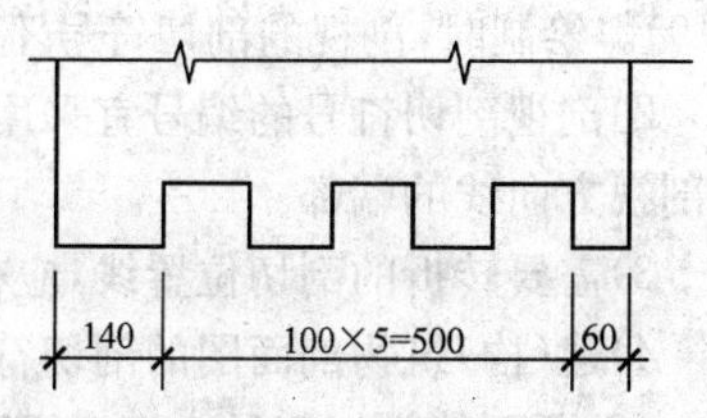

图 2-14　等长尺寸简化标注方法

(3)构配件内的构造因素(如孔、槽等)如相同,可仅标注其中一个要素的尺寸(图 2-15)。

(4)对称构配件采用对称省略画法时,该对称构配件的尺寸线应略超过对称符号,仅在尺寸线的一端画尺寸起止符号,尺寸数字应按整体全尺寸注写,其注写位置宜与对称符号对齐(图 2-16)。

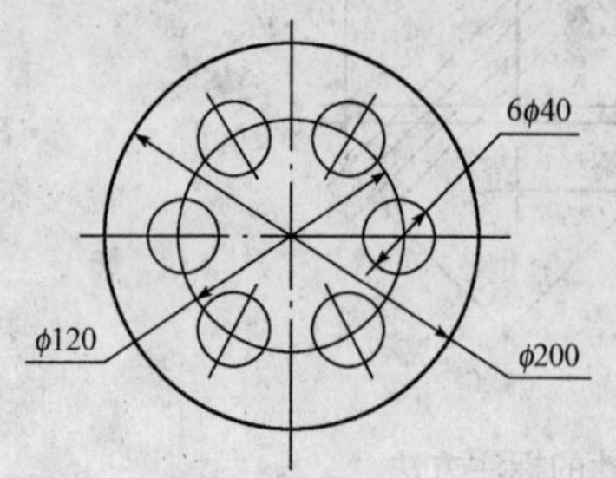

图 2-15 相同要素尺寸标注方法

图 2-16 对称构件尺寸标注方法

(5)两个构配件,如个别尺寸数字不同,可在同一图样中将其中一个构配件的不同尺寸数字注写在括号内,该构配件的名称也应注写在相应的括号内(图 2-17)。

(6)数个构配件,如仅某些尺寸不同,这些有变化的尺寸数字,可用拉丁字母注写在同一图样中,另列表格写明其具体尺寸(图 2-18)。

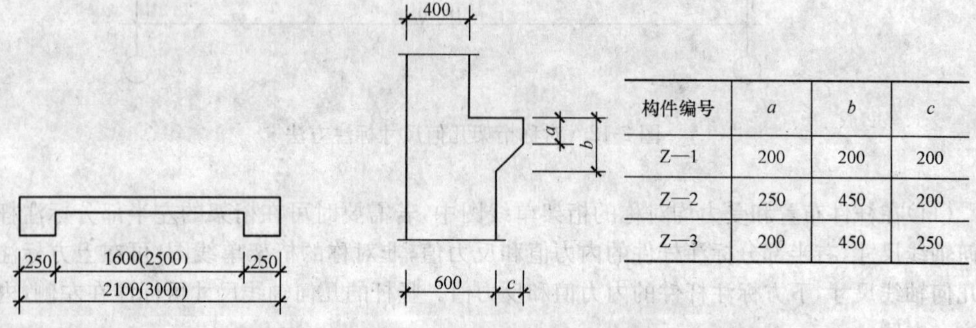

构件编号	a	b	c
Z—1	200	200	200
Z—2	250	450	200
Z—3	200	450	250

图 2-17 相似构件尺寸标注方法

图 2-18 相似构配件尺寸表格式标注方法

四、建筑制图符号

(一)剖切符号

(1)剖视的剖切符号应符合下列规定:

1)剖视的剖切符号应由剖切位置线及投射方向线组成,均应以粗实线绘制。剖切位置线的长度宜为 6～10mm;投射方向线应垂直于剖切位置线,长度应短于剖切位置线,宜为 4～6mm(图 2-19)。绘制时,剖视的剖切符号不应与其他图线相接触。

2)剖视剖切符号的编号宜采用阿拉伯数字,按顺序由左至右、由下至上连续编排,并应注写在剖视方向线的端部。

3)需要转折的剖切位置线,应在转角的外侧加注与该符号相同的编号。

4)建(构)筑物剖面图的剖切符号宜注在±0.00 标高的平面图上。

(2)断面的剖切符号应符合下列规定:

1)断面的剖切符号应只用剖切位置线表示,并应以粗实线绘制,长度宜为 6～100mm。

2)断面剖切符号的编号宜采用阿拉伯数字,按顺序连续编排,并应注写在剖切位置线的一侧;编号所在的一侧应为该断面的剖视方向(图 2-20)。

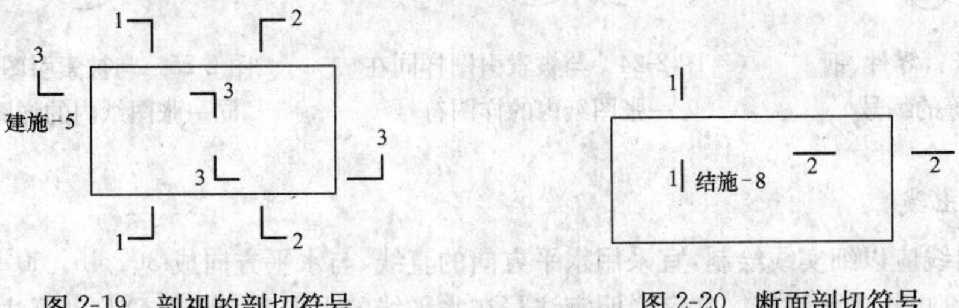

图 2-19　剖视的剖切符号　　图 2-20　断面剖切符号

(3)剖面图或断面图,如与被剖切图样不在同一张图内,可在剖切位置线的另一侧注明其所在图纸的编号,也可以在图上集中说明。

(二)索引符号与详图符号

(1)图样中的某一局部或构件,如需另见详图,应以索引符号索引[图 2-21(a)]。索引符号是由直径为 10mm 的圆和水平直径组成,圆及水平直径均应以细实线绘制。索引符号应按下列规定编写:

1)索引出的详图,如与被索引的详图同在一张图纸内,应在索引符号的上半圆中用阿拉伯数字注明该详图的编号,并在下半圆中间画一段水平细实线[图 2-21(b)]。

2)索引出的详图,如与被索引的详图不在同一张图纸内,应在索引符号的上半圆中用阿拉伯数字注明该详图的编号,在索引符号的下半圆中用阿拉伯数字注明该详图所在图纸的编号[图 2-21(c)]。数字较多时,可加文字标注。

3)索引出的详图,如采用标准图,应在索引符号水平直径的延长线上加注该标准图册的编号[图 2-21(d)]。

(2)索引符号如用于索引剖视详图,应在被剖切的部位绘制剖切位置线,并以引出线引出索引符号,引出线所在的一侧应为投射方向。索引符号的编写见图 2-22。

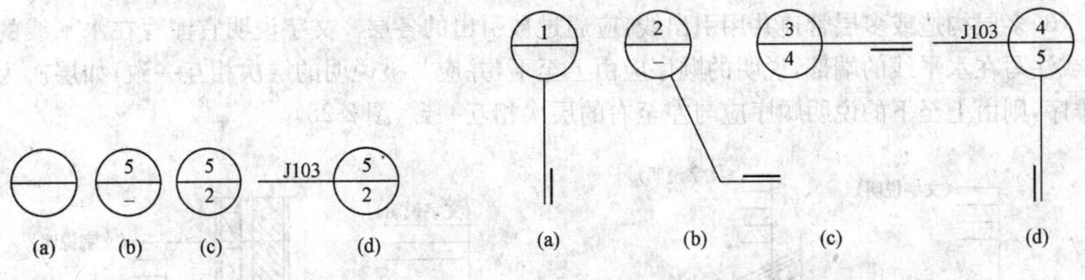

图 2-21　索引符号　　图 2-22　用于索引剖面详图的索引符号

(3)零件、钢筋、杆件、设备等的编号,以直径为 4～6mm(同一图样应保持一致)的细实线圆表示,其编号应用阿拉伯数字按顺序编写(图 2-23)。

(4)详图的位置和编号,应以详图符号表示。详图符号的圆应以直径为 14mm 粗实线绘制。详图应按下列规定编号。

1)详图与被索引的图样同在一张图纸内时,应在详图符号内用阿拉伯数字注明详图的编号(图 2-24)。

2)详图与被索引的图样不在同一张图纸内,应用细实线在详图符号内画一水平直径,在上半圆中注明详图编号,在下半圆中注明被索引的图纸的编号(图 2-25)。

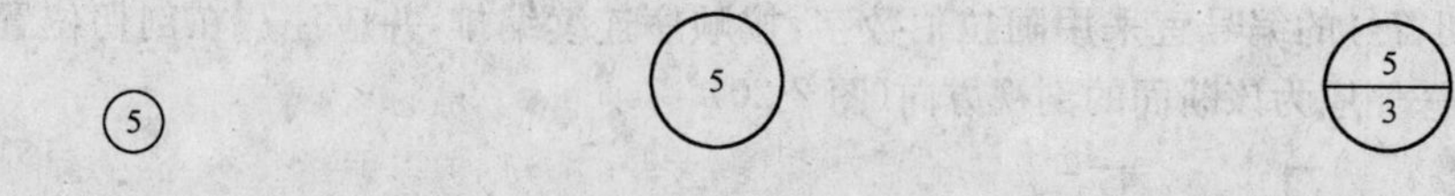

图 2-23 零件、钢筋等的编号　　图 2-24 与被索引图样同在一张图纸内的详图符号　　图 2-25 与被索引图样不在同一张图纸内的详图符号

(三)引出线

(1)引出线应以细实线绘制，宜采用水平方向的直线、与水平方向成 30°、45°、60°、90°的直线，或经上述角度再折为水平线。文字说明宜注写在水平线的上方[图 2-26(a)]，也可注写在水平线的端部[图 2-26(b)]。索引详图的引出线，应对准索引符号的圆心[图 2-26(c)]。

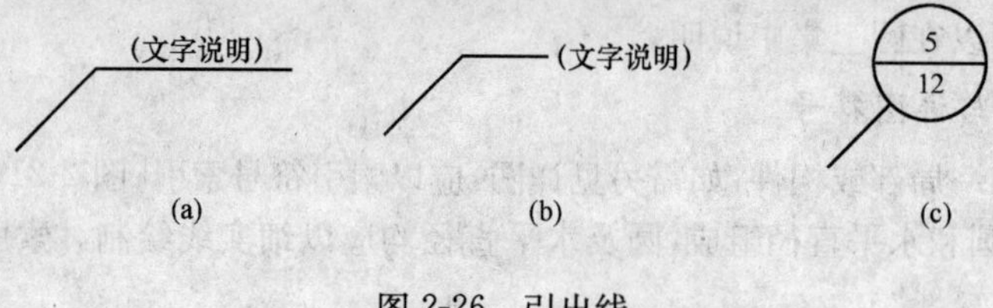

图 2-26 引出线

(2)同时引出几个相同部分的引出线，宜互相平行[图 2-27(a)]，也可画成集中于一点的放射线[图 2-27(b)]。

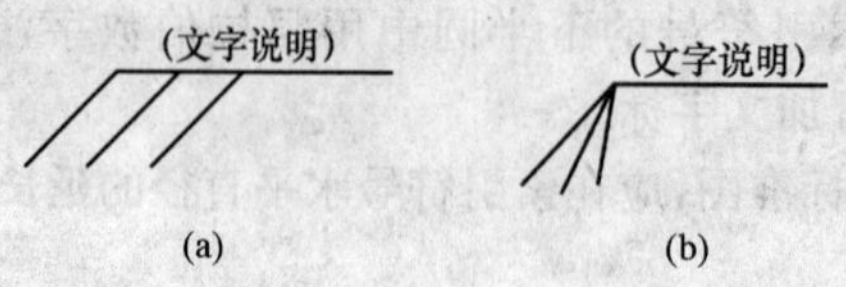

图 2-27 共用引出线

(3)多层构造或多层管道共用引出线，应通过被引出的各层。文字说明宜注写在水平线的上方，或注写在水平线的端部，说明的顺序应由上至下，并应与被说明的层次相互一致；如层次为横向排序，则由上至下的说明顺序应与左至右的层次相互一致(图 2-28)。

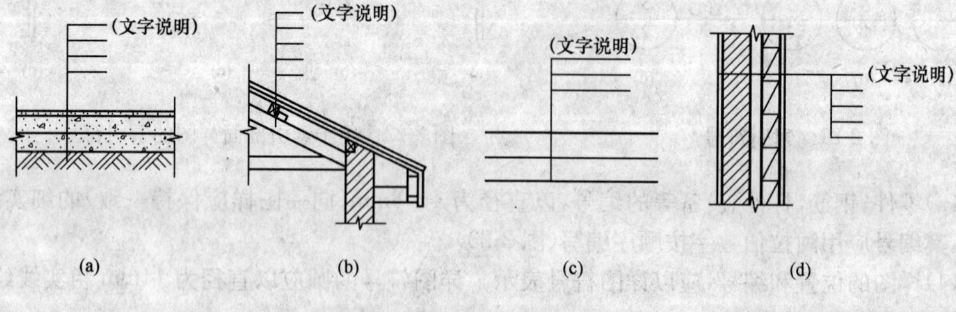

图 2-28 多层构造引出线

(四)其他符号

(1)对称符号由对称线和两端的两对平行线组成。对称线用细单点长划线绘制；平行线用细

实线绘制，其长度宜为6～10mm，每对的间距宜为2～3mm；对称线垂直平分于两对平行线，两端超出平行线宜为2～3mm(图2-29)。

(2)连接符号应以折断线表示需连接的部位。两部位相距过远时，折断线两端靠图样一侧应标注大写拉丁字母表示连接编号。

两个被连接的图样必须用相同的字母编号(图2-30)。

(3)指北针的形状宜如图2-31所示，其圆的直径宜为24mm，用细实线绘制；指针尾部的宽度宜为3mm，指针头部应注“北”或“N”字。需用较大直径绘制指北针时，指针尾部宽度宜为直径的1/8。

建筑制图中，指北针应绘制在建筑物±0.00标高的平面图上，并放在明显位置，所指的方向应与总图一致。

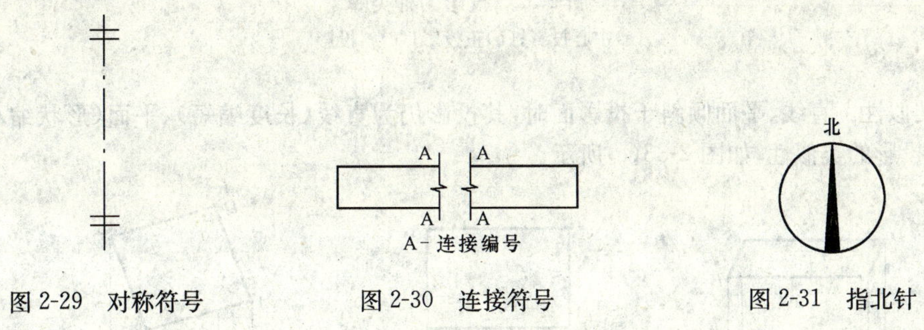

图2-29　对称符号　　图2-30　连接符号　　图2-31　指北针

第二节　投影与投影图识读

一、投影的概念

1. 投影图

光线投影于物体产生影子的现象称为投影，例如光线照射物体在地面或其他背景上产生影子，这个影子就是物体的投影。在制图学上把此投影称为投影图(亦称视图)。

用一组假想的光线把物体的形状投射到投影面上，并在其上形成物体的图像，这种用投影图表示物体的方法称投影法，它表示光源、物体和投影面三者间的关系。投影法是绘制工程图的基础。

2. 投影法分类

投影法分为中心投影法和平行投影法两类，其中平行投影法分为正投影法和斜投影法。

投射光线从一点发射对物体作投影图的方法称为中心投影法，如图2-32(a)所示；用互相平行的投射光线对物体作投影图的方法称为平行投影法。投射光线相互平行且垂直于投影面时称正投影法，如图2-32(b)所示；投影光线相互平行但与投影面斜交时，称斜投影法，如图2-32(c)所示。

3. 正投影的基本特性

(1)显实性。直线、平面平行于投影面时，其投影反映实长、实形，形状和大小均不变，这种特性称为投影的显实性，如图2-33(a)所示。

(2)积聚性。直线、平面垂直于投影面时，其投影积聚为一点、直线时，这种特性称投影的积聚性，如图2-33(b)所示。

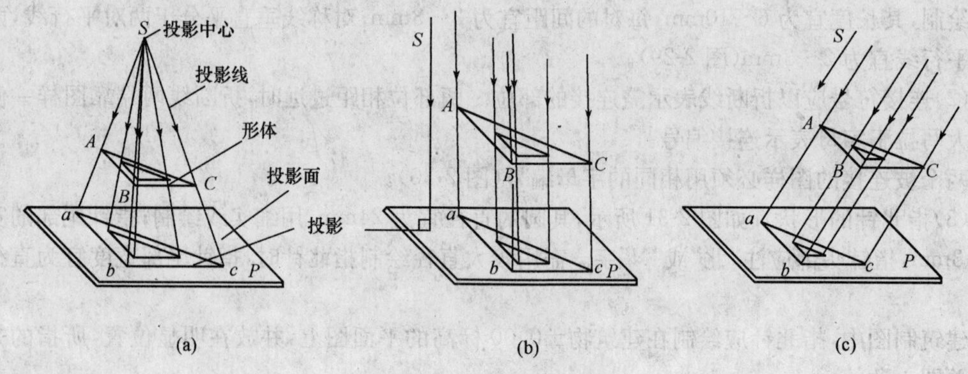

图 2-32 投影的种类

(a)中心投影;(b)正投影;(c)斜投影

(3)类似性。直线、平面倾斜于投影面时,其投影仍为直线(长度缩短)、平面(形状缩小),这种特性称投影的类似性,如图 2-33(c)所示。

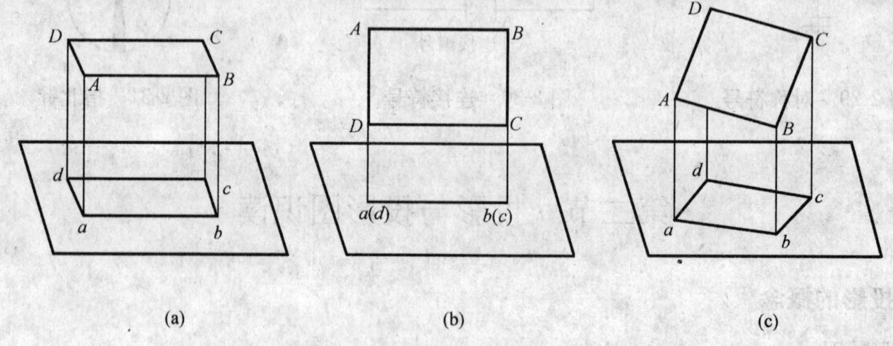

图 2-33 正投影规律

(a)平面平行投影面;(b)平面垂直投影面;(c)平面倾斜投影面

二、三面正投影图

1. 三面投影体系

反映一个空间物体的全部形状需要六个投影面,但一般物体用三个相互垂直的投影面上的三个投影图,就能比较充分地反映它的形状和大小,这三个相互垂直的投影面称为三面投影体系,如图 2-34 所示。三个投影面分别称为水平投影面(简称水平面,如图 2-34 所示 H 面)、正立投影面(简称立面,如图 2-34 所示 V 面)和侧立投影面(简称侧面,如图 2-34 所示 W 面)。各投影面间的交线称为投影轴。

2. 三面投影图的形成与展开

将物体置于三面投影体系之中,用三组分别垂直于 V 面、H 面和 W 面的平行投射线(图 2-34 中箭头所示)向三个投影面作投影,即得物体的三面正投影图。

上述所得到的三个投影图是相互垂直的,为了能在图纸平面上同时反映出这三个投影,需要将三个投影面及面上的投影图进行展开,展开的方法是:V 面不动,H 面绕 OX 轴向下转 90°;W 面绕 OZ 轴向右转 90°。这样三个投影面及投影图就展平在与 V 面重合的平面上,如图 2-35 所示。在实际制图中，投影面与投影轴省略不画，但三个投影图的位置必须正确。

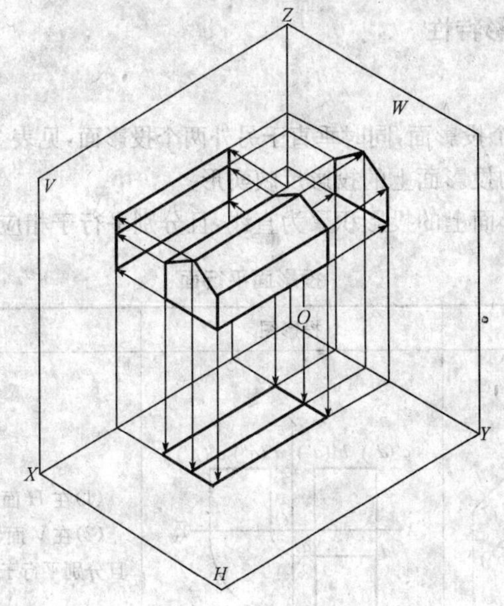

图 2-34　三面投影体系

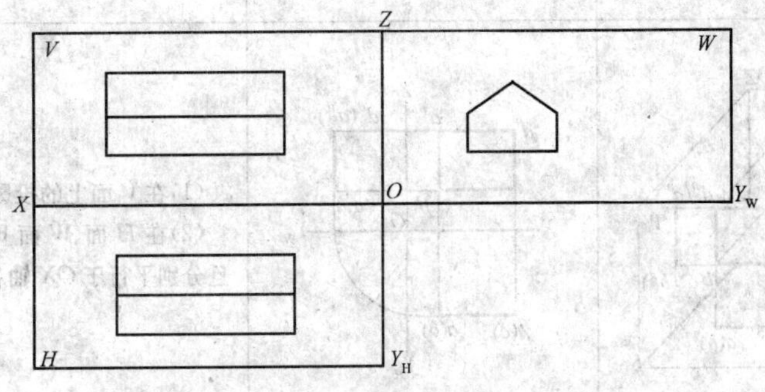

图 2-35　投影面展开图

3. 三面投影图的投影规律

(1)三个投影图中的每一个投影图表示物体的两个向度和一个面的形状，即：

1)V 面投影反映物体的长度和高度。

2)H 面投影反映物体的长度和宽度。

3)W 面投影反映物体的高度和宽度。

(2)三面投影图的“三等关系”：

1)长对正，即 H 面投影图的长与 V 面投影图的长相等。

2)高平齐，即 V 面投影图的高与 W 面投影图的高相等。

3)宽相等，即 H 面投影图中的宽与 W 投影图的宽相等。

(3)三面投影图与各方位之间的关系。

物体都具有左、右、前、后、上、下六个方向，在三面图中，它们的对应关系为：

1)V 面图反映物体的上、下和左、右的关系。

2)H 面图反映物体的左、右和前、后的关系。

3)W 面图反映物体的前、后和上、下的关系。

三、平面的三面正投影特性

1. 投影面平行面

投影面平面平行于一个投影面，同时垂直于另外两个投影面，见表 2-15，其投影特点是：

(1)平面在它所平行的投影面上的投影反映实形。

(2)平面在另两个投影面上的投影积聚为直线，且分别平行于相应的投影轴。

表 2-15　　投影面平行面

名称	直观图	投影图	投影特点
水平面	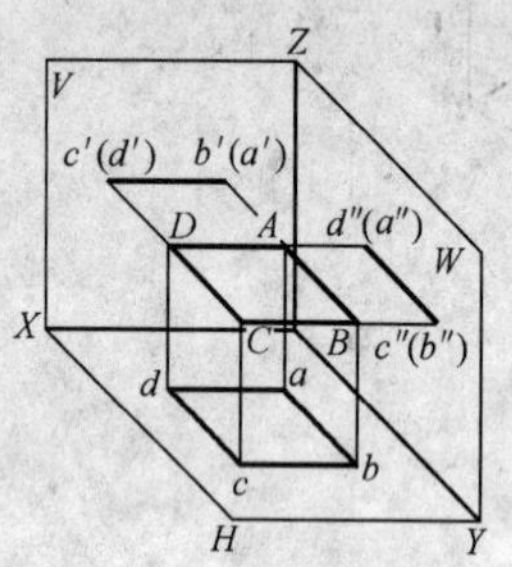	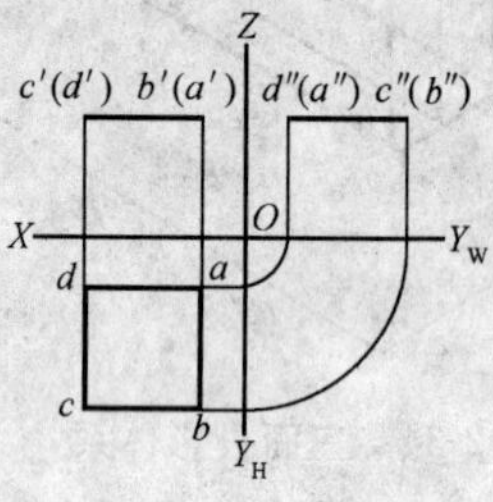	(1)在 H 面上的投影反映实形。 (2)在 V 面、W 面上的投影积聚为一直线，且分别平行于 OX 轴和 OY_W 轴
正平面	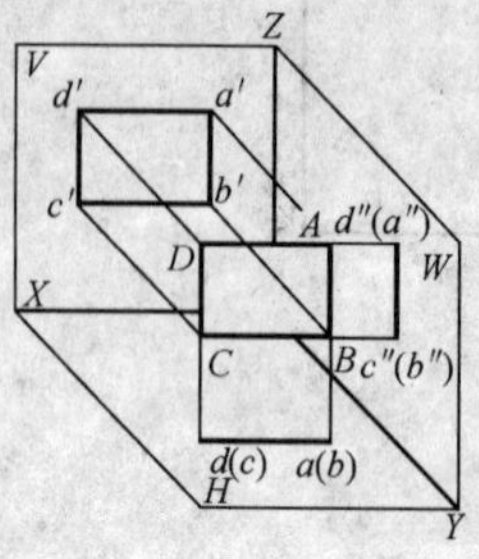	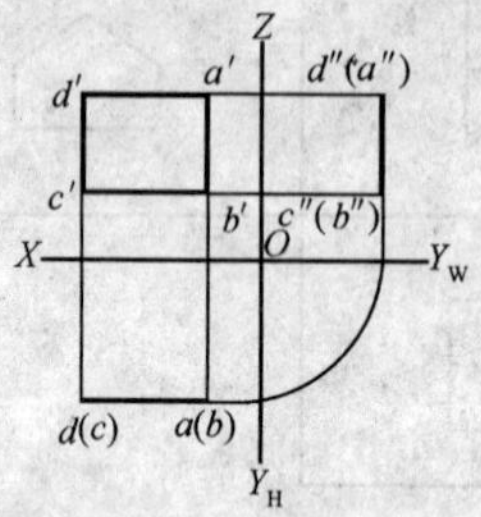	(1)在 V 面上的投影反映实形。 (2)在 H 面、W 面上的投影积聚为一直线，且分别平行于 OX 轴和 OZ 轴
侧平面	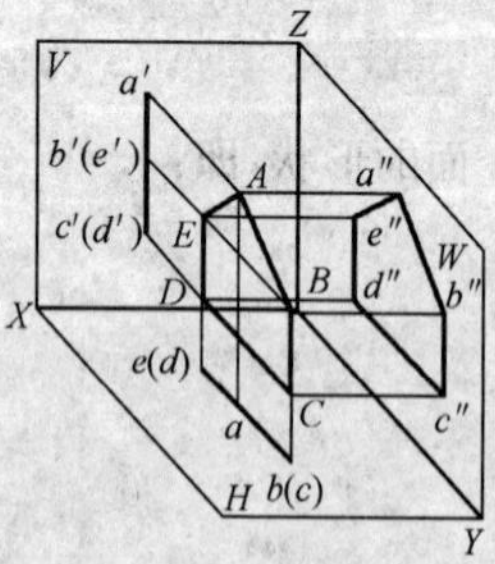	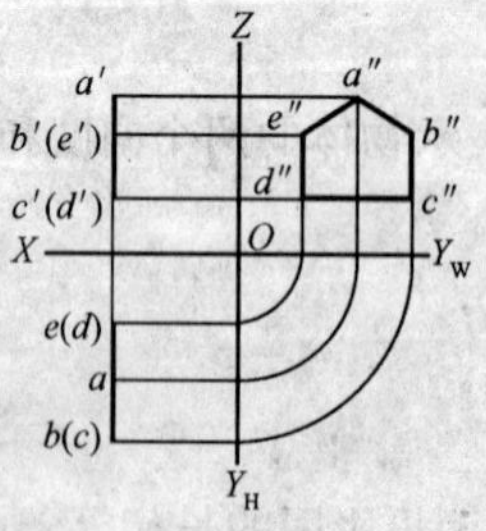	(1)在 W 面上的投影反映实形。 (2)在 V 面、H 面上的投影积聚为一直线，且分别平行于 OZ 轴和 OY_H 轴

2. 投影面垂直面

此类平面垂直于一个投影面，同时倾斜于另外两个投影面，见表 2-16，其投影图的特征为：

(1)垂直面在它所垂直的投影面上的投影积聚为一条与投影轴倾斜的直线。

(2)垂直面在另两个面上的投影不反映实形。

表 2-16　　投影面垂直面

名称	直观图	投影图	投影特点
铅垂面	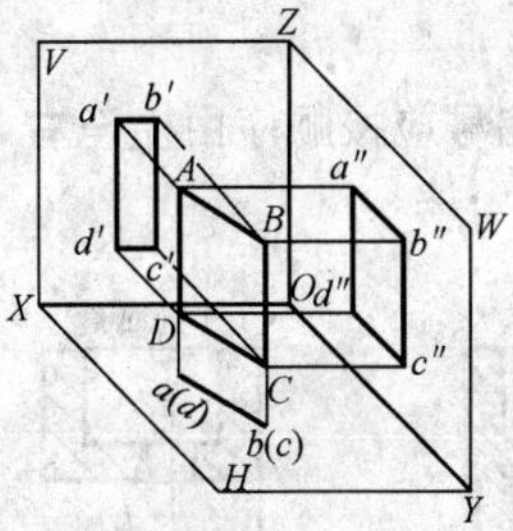	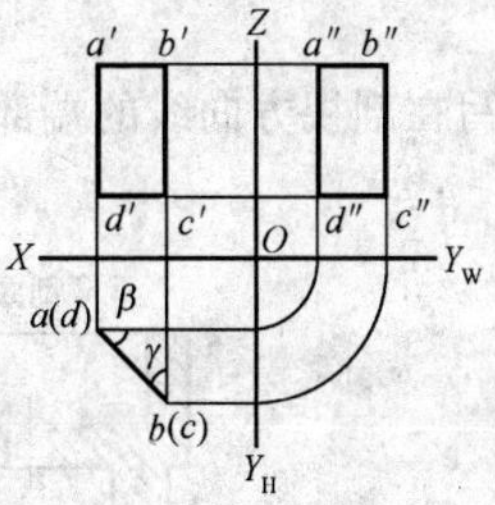	(1)在 H 面上的投影积聚为一条与投影轴倾斜的直线。 (2)β、γ 反映平面与 V、W 面的倾角。 (3)在 V、W 面上的投影小于平面的实形
正垂面	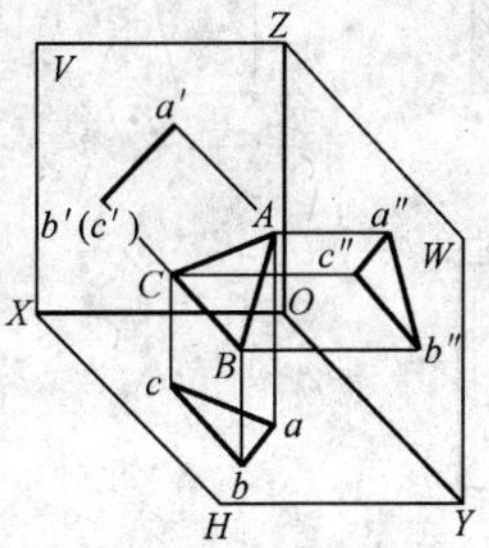	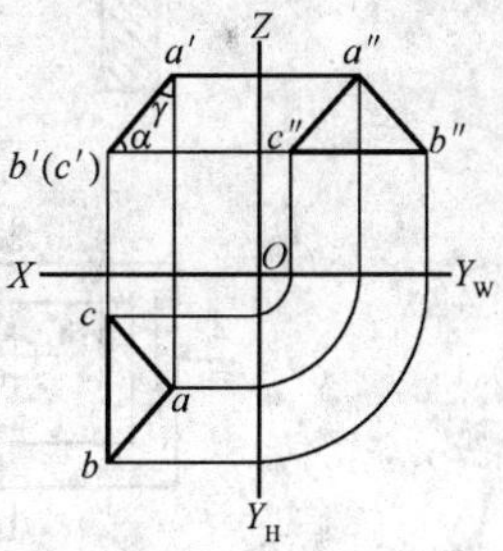	(1)在 V 面上的投影积聚为一条与投影轴倾斜的直线。 (2)α、γ 反映平面与 H、W 面的倾角。 (3)在 H、W 面上的投影小于平面的实形
侧垂面	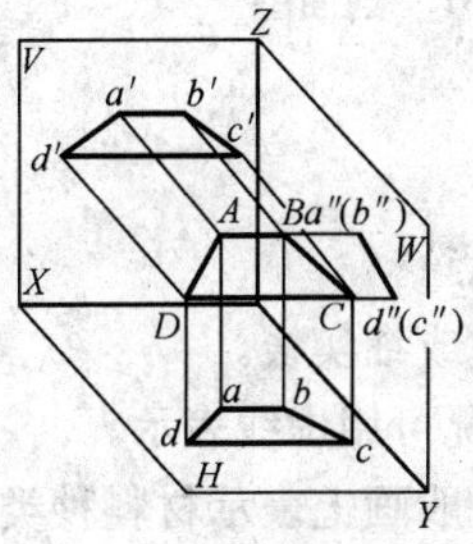	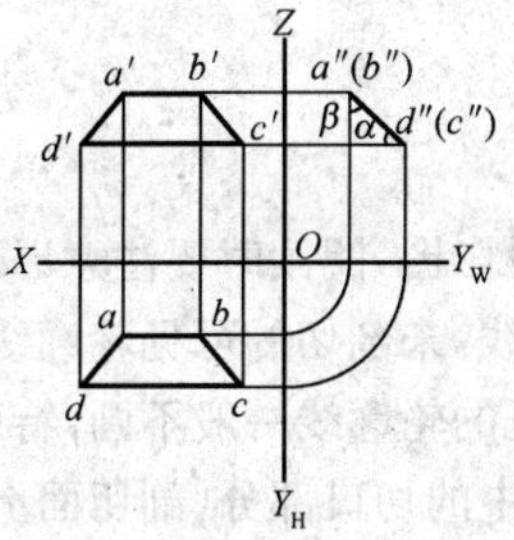	(1)在 W 面上的投影积聚为一条与投影轴倾斜的直线。 (2)α、β 反映平面与 H、V 面的倾角。 (3)在 V、H 面上的投影小于平面的实形

3. 一般位置平面

对三个投影面都倾斜的平面称一般位置平面，其投影的特点是：三个投影均为封闭图形，小于实形没有积聚性，但具有类似性。

第三节　剖面图与断面图

一、剖面图

1. 剖面图的形成

用假想的剖切平面将形体剖开，移去剖切平面与观察者之间的那部分形体，画出余下部分的正投影图，即得该物体的剖面图，如图 1-36 所示。

2. 剖面图的标注方法

(1)剖切位置。一般把剖切平面设置成平行于某一投影面的位置或设置在图形的对称轴线位置及需要剖切的洞口中心。

(2)剖切符号。剖切符号也叫剖切线，由剖切位置线和剖视方向所组成。用断开的两段粗短线表示剖切位置，在它的两端画与其垂直的短粗线表示剖视方向，短线在哪一侧即表示向该方向投影。

(3)编号。用阿拉伯数字编号，并注写在剖视方向线的端部，编号应按顺序由左至右，由下而上连续编排，如图 1-37 所示。

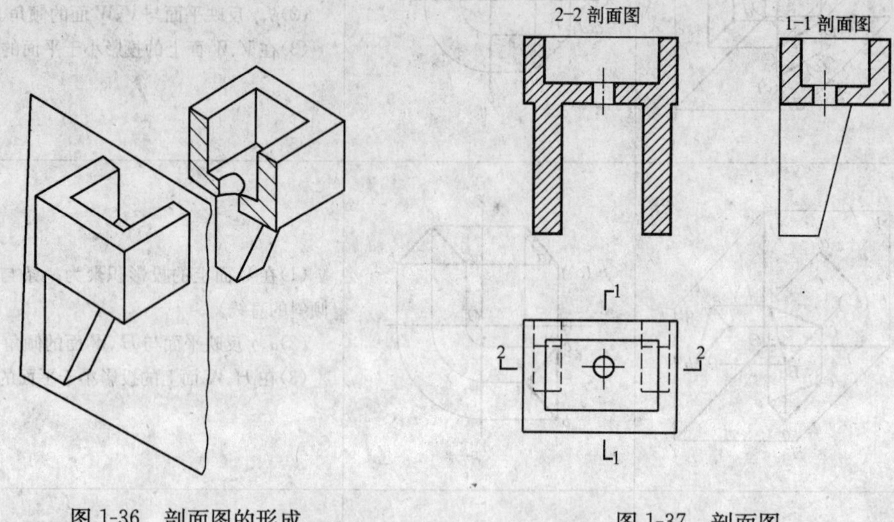

图 1-36　剖面图的形成

图 1-37　剖面图

3. 剖面图的阅读

剖面图应画出剖切后留下部分的投影图，阅读时要注意以下几点：

(1)图线。被剖切的轮廓线用粗实线，未剖切的可见轮廓线为中或细实线。

(2)不可见线。在剖面图中，看不见的轮廓线一般不画，特殊情况可用虚线表示。

(3)被剖切面的符号表示。剖面图中的切口部分(剖切面上)，一般画上表示材料种类的图例符号；当不需示出材料种类时，用 45°平行细线表示；当切口截面比较狭小时，可涂黑表示。

4. 剖面图的种类

按剖切位置可分为两种：

(1)水平剖面图。当剖切平面平行于水平投影面时，所得的剖面图称为水平剖面图，建筑施工图中的水平剖面图称平面图。

(2)垂直剖面图。若剖切平面垂直于水平投影面所得到的剖面图称垂直剖面图，图1-37中的 1-1 剖面称纵向剖面图，2-2 剖面称横向剖面图，二者均为垂直剖面图。

按剖切面的形式又可分为：

(1)全剖面图。用一个剖切平面将形体全部剖开后所画的剖面图。图 1-37 所示的两个剖面为全剖面图。

(2)半剖面图。当物体的投影图和剖面图都是对称图形时，采用半剖的表示方法，如图 1-38 所示。图中投影图与剖面图各占一半。

(3)阶梯剖面图。用阶梯形平面剖切形体后得到的剖面图，如图 1-39 所示。

(4)局部剖面图。形体局部剖切后所画的剖面图，如图 1-40。

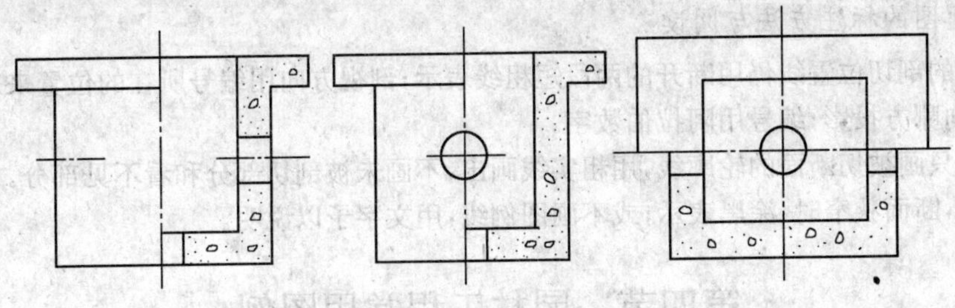

图 1-38 半剖面图

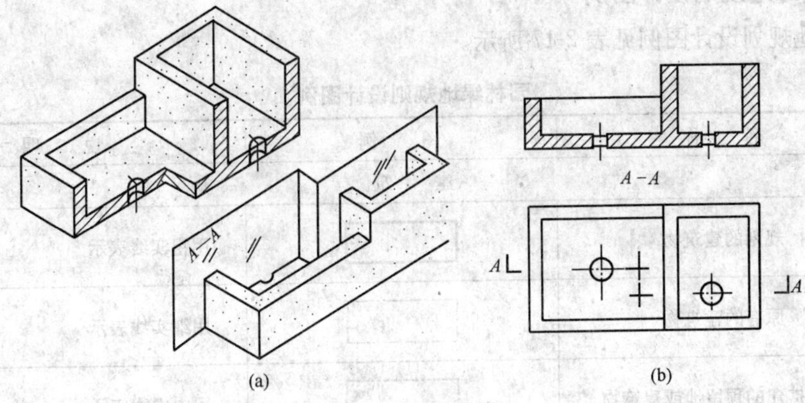

图 1-39 阶梯剖面图

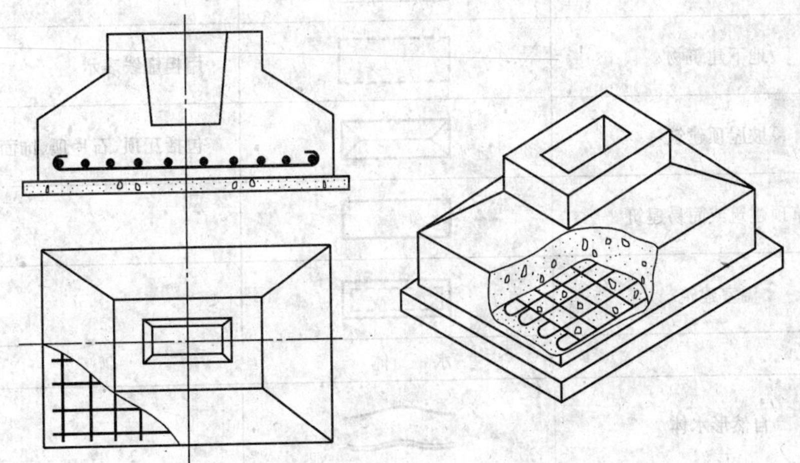

图 1-40 局部剖面图

二、断面图

1. 断面图的形成

断面图亦称截面图。剖切平面将形体剖开后，画出剖切平面与形体相截部分的投影图即得断面图。

2. 断面图的标注方法与阅读

断面图的剖切位置线仍用断开的两段短粗线表示；剖视方向用编号所在的位置来表示，编号在哪方，就向哪方投影；编号用阿拉伯数字。

断面图只画被切断面的轮廓线，用粗实线画出，不画未被剖切部分和看不见部分。断面内按材料图例画，断面狭窄时，涂黑表示；或不画图例线，用文字予以说明。

第四节 园林工程常用图例

一、园林绿地规划设计图例

园林绿地规划设计图例见表 2-17 所示。

表 2-17 园林绿地规则设计图例

序号	名称	图例	说明
		建筑	
1	规划的建筑物		用粗实线表示
2	原有的建筑物		用细实线表示
3	规划扩建的预留地或建筑物		用中虚线表示
4	拆除的建筑物		用细实线表示
5	地下建筑物		用粗虚线表示
6	坡屋顶建筑		包括瓦顶、石片顶、饰面砖顶等
7	草顶建筑或简易建筑		
8	温室建筑		
		水体	
9	自然形水体		
10	规则形水体		
11	跌水、瀑布		
12	旱涧		

续表

序号	名　称	图　例	说　明
13	溪　涧	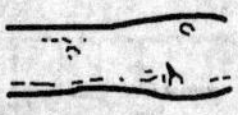	
14	护　坡		
15	挡土墙	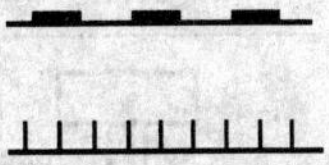	突出的一侧表示被挡土的一方
16	排水明沟	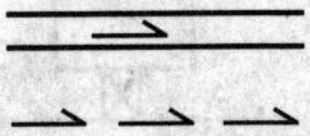	上图用于比例较大的图面； 下图用于比例较小的图面
17	有盖的排水沟	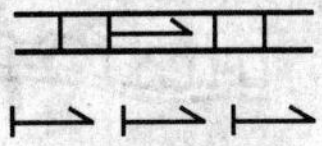	上图用于比例较大的图面； 下图用于比例较小的图面
18	雨水井		
19	消火栓井		
20	喷灌点		
21	道　路	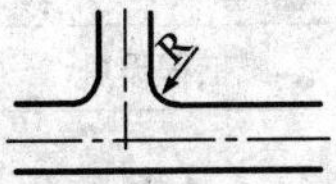	
22	铺装路面		
23	台　阶	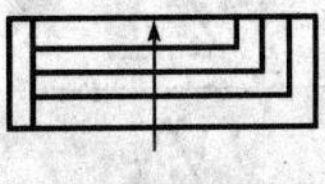	箭头指向表示向上
24	铺砌场地	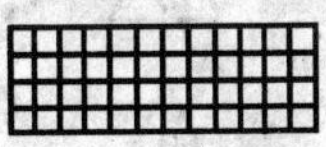	也可依据设计形态表示
25	车行桥	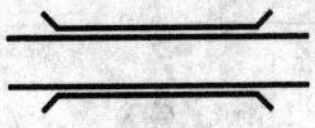	也可依据设计形态表示
26	人行桥	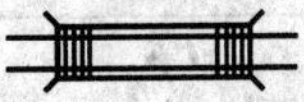	也可依据设计形态表示
27	亭　桥	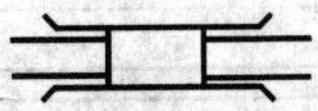	
28	铁索桥		
29	汀　步	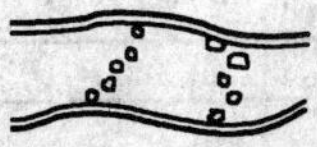	

续表

序号	名　称	图　例	说　明
30	涵　洞		
31	水　闸	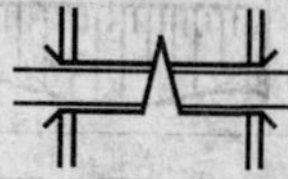	
32	码　头	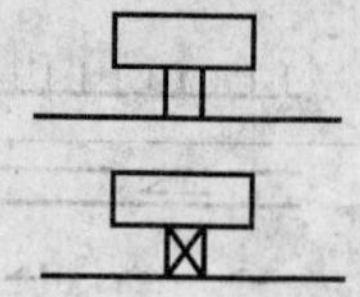	上图为固定码头； 下图为浮动码头
33	驳　岸	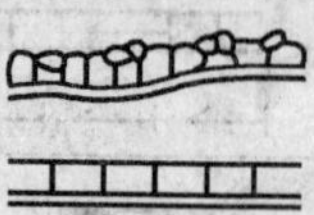	上图为假山石自然式驳岸； 下图为整形砌筑规划式驳岸

二、城市绿地系统规划图例

城市绿地系统规划图例见表 2-18 所示。

表 2-18　　城市绿地系统规划图例

序号	名　称	图　例	说　明
		工程设施	
1	电视差转台	 TV	
2	发电站		
3	变电所		
4	给水厂		
5	污水处理厂		
6	垃圾处理站		
7	公路、汽车游览路		上图以双线表示，用中实线；下图以单线表示，用粗实线
8	小路、步行游览路		上图以双线表示，用细实线；下图以单线表示，用中实线

续表

序号	名　称	图　例	说　明
9	山地步游小路	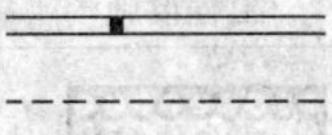	上图以双线加台阶表示，用细实线；下图以单线表示，用虚线
10	隧　道		
11	架空索道线		
12	斜坡缆车线		
13	高架轻轨线		
14	水上游览线		细虚线
15	架空电力电讯线	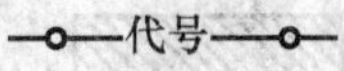 代号	粗实线中插入管线代号，管线代号按现行国家有关标准的规定标注
16	管　线	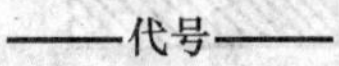 代号	
		用地类型	
17	村镇建设地	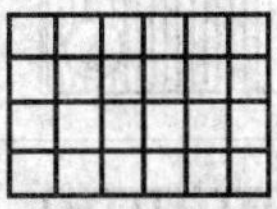	
18	风景游览地	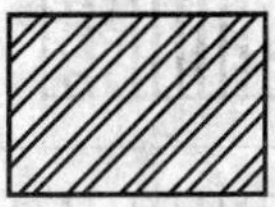	图中斜线与水平线成45°角
19	旅游度假地		
20	服务设施地	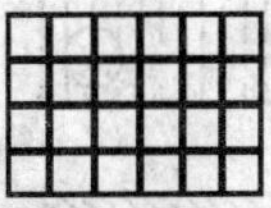	
21	市政设施地	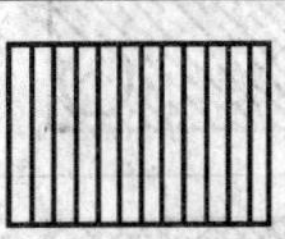	
22	农业用地		
23	游憩、观赏绿地	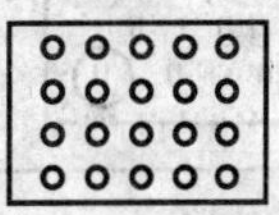	

续表

序号	名　称	图　例	说　明
		工程设施	
24	防护绿地	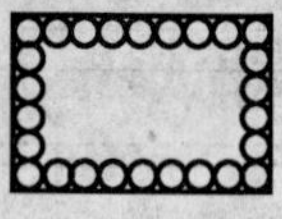	
25	文物保护地	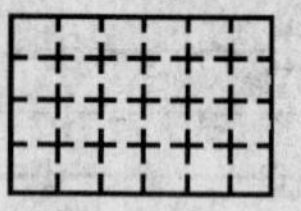	包括地面和地下两大类，地下文物保护地外框用粗虚线表示
26	苗圃花圃用地	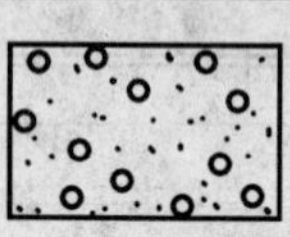	
27	特殊用地	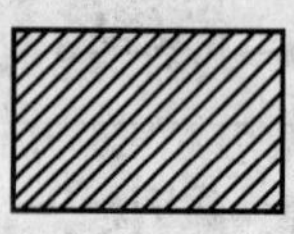	
28	针叶林地		需区分天然林地、人工林地时，可用细线界框表示天然林地，粗线界框表示人工林地
29	阔叶林地		
30	针阔混交林地		
31	灌木林地	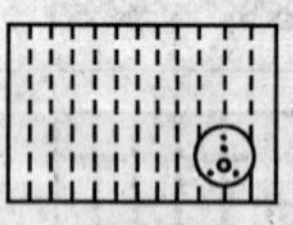	
32	竹林地		
33	经济林地	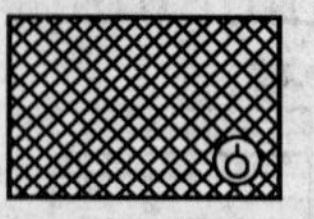	
34	草原、草甸	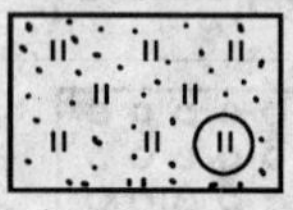	

三、种植工程常用图例

种植工程常用图例见表 2-19 至表 2-21 所示。

表 2-19　　植　物

序号	名　称	图　例	说　明
1	落叶阔叶乔木		落叶乔、灌木均不填斜线；常绿乔、灌木加画 45°细斜线。 阔叶树的外围线用弧裂形或圆形线；针叶树的外围线用锯齿形或斜刺形线。 乔木外形成圆形；灌木外形成不规则形。 乔木图例中粗线小圆表示现有乔木，细线小十字表示设计乔木；灌木图例中黑点表示种植位置。 凡大片树林可省略图例中的小圆、小十字及黑点
2	常绿阔叶乔木	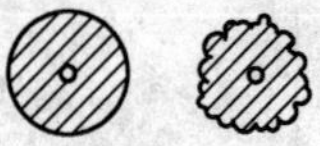	
3	落叶针叶乔木	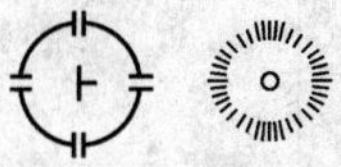	
4	常绿针叶乔木	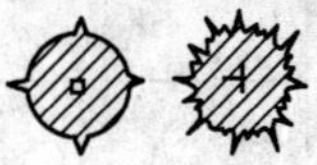	
5	落叶灌木		
6	常绿灌木		
7	阔叶乔木疏林		
8	针叶乔木疏林		常绿林或落叶林根据图画表现的需要加或不加 45°细斜线
9	阔叶乔木密林		
10	针叶乔木密林		
11	落叶灌木疏林	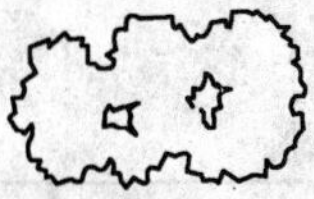	

续表

序号	名称	图例	说明
12	落叶花灌木疏林	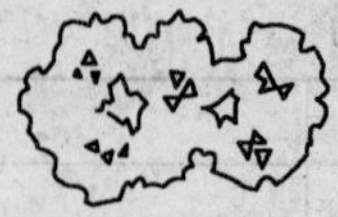	
13	常绿灌木密林		
14	常绿花灌木密林	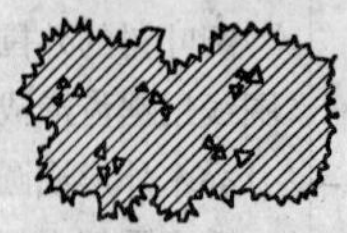	
15	自然形绿篱	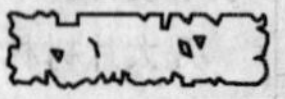	
16	整形绿篱		
17	镶边植物	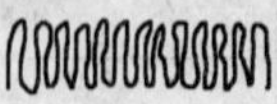	
18	一、二年生草木花卉	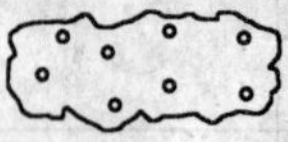	
19	多年生及宿根草木花卉		
20	一般草皮	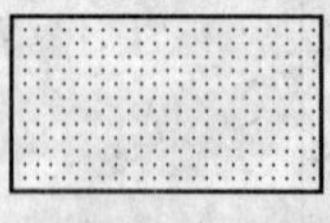	
21	缀花草皮	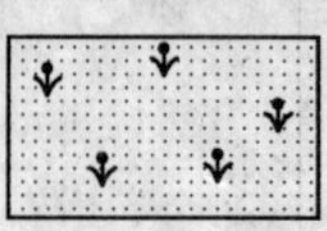	
22	整形树木		

续表

序号	名　　称	图　　例	说　　明
23	竹　丛		
24	棕榈植物		
25	仙人掌植物		
26	藤本植物		
27	水生植物	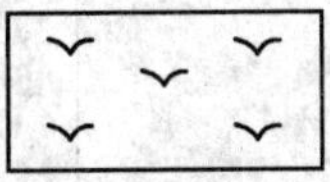	

表 2-20　　枝干形态

序号	名　称	图　　例	说　　明
1	主轴干侧分枝形		
2	主轴干无分枝形		
3	无主轴干多枝形		

续表

序号	名 称	图 例	说 明
4	无主轴干垂枝形		
5	无主轴干丛生形		
6	无主轴干匍匐形		

表 2-21 树冠形态

序号	名 称	图 例	说 明
1	圆锥形		树冠轮廓线，凡针叶树用锯齿形；凡阔叶树用弧裂形表示
2	椭圆形		
3	圆球形		
4	垂枝形		

续表

序号	名　称	图　　例	说　　明
5	伞　形		
6	匍匐形		

四、绿地喷灌工程图例

绿地喷灌工程图例见表 2-22 所示。

表 2-22　　　　**绿地喷灌工程图例**

序号	名　　称	图　　例	说　　明
1	永久螺栓	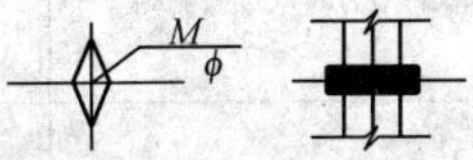 M φ	(1)细"十"线表示定位线。 (2)M 表示螺栓型号。 (3)ϕ 表示螺栓孔直径。 (4)d 表示膨胀螺栓、电焊铆钉直径。 (5)采用引出线标注螺栓时，横线上标注螺栓规格，横线下标注螺栓孔直径。 (6)b 表示长圆形螺栓孔的宽度
2	高强螺栓	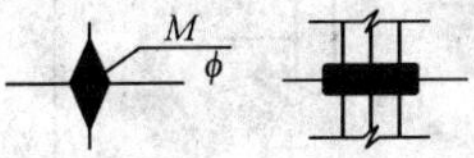 M φ	
3	安装螺栓	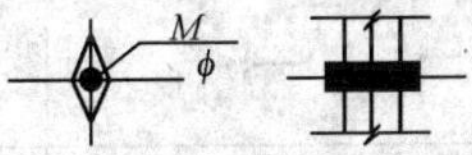 M φ	
4	胀锚螺栓	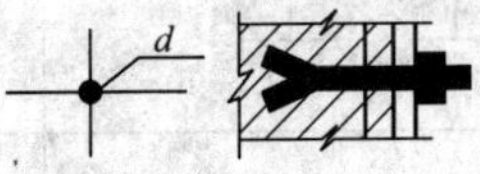 d	
5	圆形螺栓孔	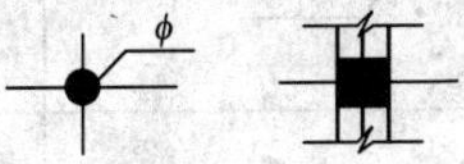 φ	
6	长圆形螺栓孔	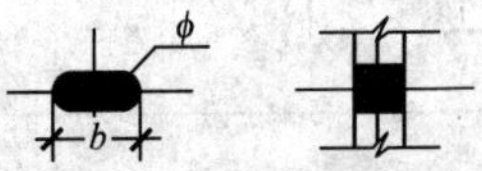 φ b	
7	电焊铆钉	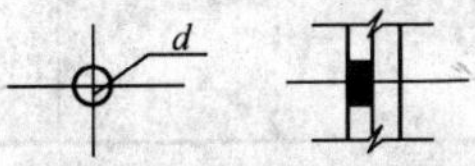 d	

续表

序号	名　称	图　例	说　明
8	偏心异径管		
9	异径管	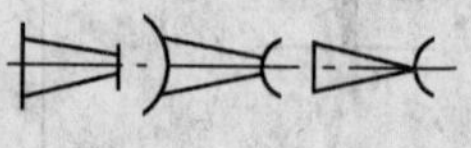	
10	乙字管		
11	喇叭口	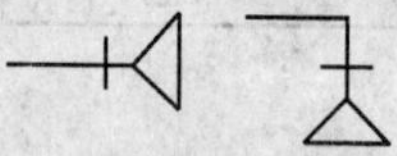	
12	转动接头	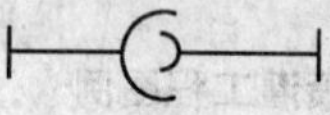	
13	短　管	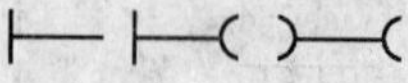	
14	存水弯	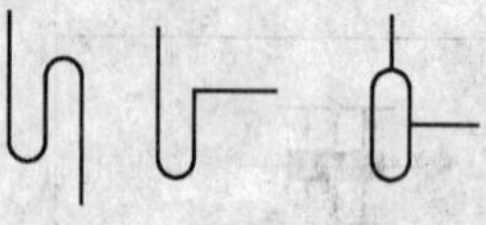	
15	弯　头	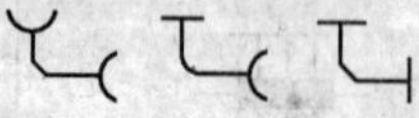	
16	正三通	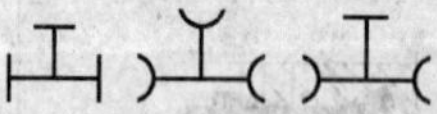	
17	斜三通		
18	正四通		
19	斜四通	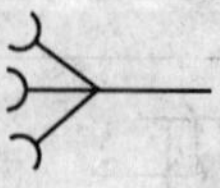	

续表

序号	名　称	图　例	说　明
20	浴盆排水件	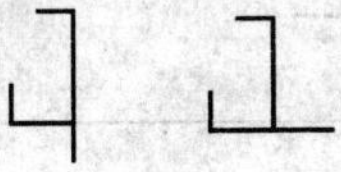	
21	闸　阀		
22	角　阀		
23	三通阀		
24	四通阀	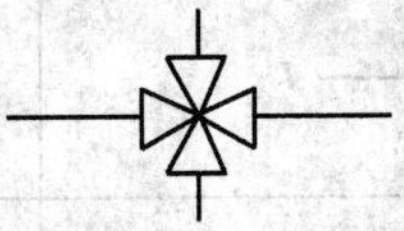	
25	截止阀	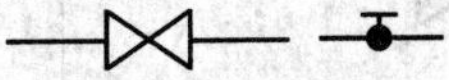	
26	电动阀	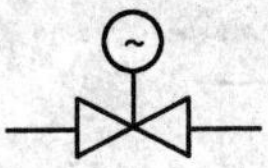	
27	液动阀	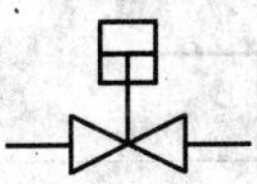	
28	气动阀		
29	减压阀	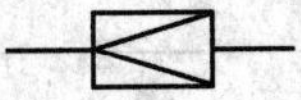	左侧为高压端
30	旋塞阀	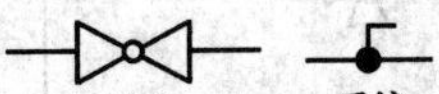 平面　系统	
31	底　阀		

续表

序号	名　　称	图　　例	说　　明
32	球　阀		
33	隔膜阀	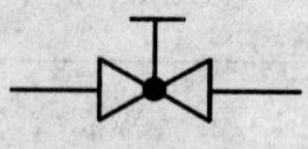	
34	气开隔膜阀	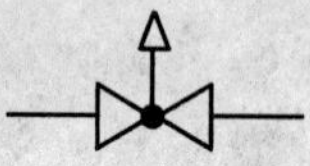	
35	气闭隔膜阀		
36	温度调节阀		
37	压力调节阀		
38	电磁阀	 M	
39	止回阀		
40	消声止回阀	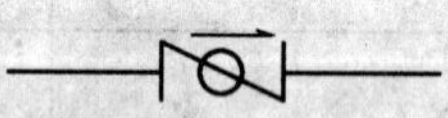	
41	蝶　阀		
42	弹簧安全阀	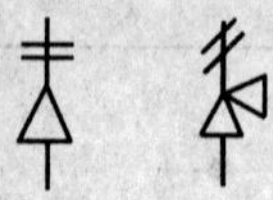	左为通用
43	平衡锤安全阀	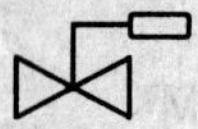	

续表

序号	名　称	图　例	说　明
44	自动排气阀	平面　系统	
45	浮球阀	平面　系统	
46	延时自闭冲洗阀		
47	吸水喇叭口	平面　系统	
48	疏水器		
49	法兰连接		
50	承插连接		
51	活接头		
52	管　堵		
53	法兰堵盖		
54	弯折管		表示管道向后及向下弯转 90°
55	三通连接		
56	四通连接		
57	盲　板		

续表

序号	名　称	图　例	说　明
58	管道丁字上接		
59	管道丁字下接		
60	管道交叉		在下方和后面的管道应断开
61	温度计		
62	压力表		
63	自动记录压力表		
64	压力控制器		
65	水　表		
66	自动记录流量计		
67	转子流量计		
68	真空表		
69	温度传感器	T	
70	压力传感器	P	
71	pH 值传感器	pH	

续表

序号	名　称	图　例	说　明
72	酸传感器	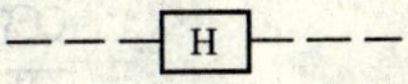 ——H——	
73	碱传感器	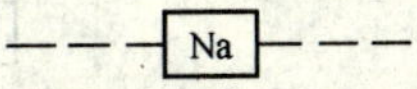 ——Na——	
74	氯传感器	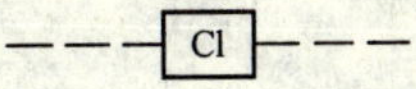 ——Cl——	

五、园路、园桥、假山工程常用图例

1. 园路及地面工程图例

园路及地面工程图例见表 2-23。

表 2-23　园路及地面工程图例与绘图

序号	名　称	图　例	说　明
1	道　路	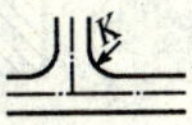	
2	铺装路面		
3	台　阶		箭头指向表示向上
4	铺砌场地	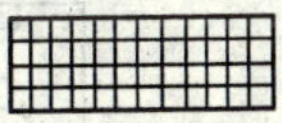	也可依据设计形态表示

2. 驳岸挡土墙工程图例

驳岸挡土墙工程图例见表 2-24。

表 2-24　驳岸挡土墙工程图例

序　号	名　称	图　例
1	护　坡	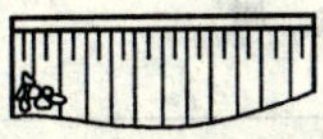
2	挡土墙	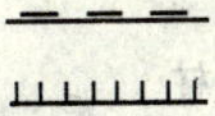

续表

序号	名称	图例
3	驳岸	
4	台阶	
5	排水明沟	
6	有盖的排水沟	
7	天然石材	
8	毛石	
9	普通砖	
10	耐火砖	
11	空心砖	
12	饰面砖	
13	混凝土	
14	钢筋混凝土	
15	焦渣、矿渣	
16	金属	
17	松散材料	
18	木材	

续表

序　号	名　　称	图　　例
19	胶合板	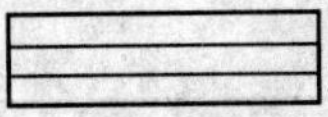
20	石膏板	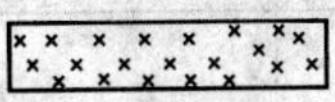
21	多孔材料	
22	玻　璃	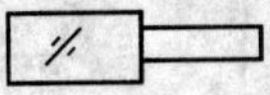
23	纤维材料或人造板	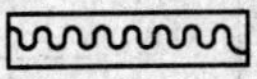

六、园林景观工程常用图例

1. 水池、花架及小品工程图例

水池、花架及小品工程图例见表 2-25。

表 2-25　　水池、花架及小品工程图例

序　号	名　　称	图　　例	说　　明
1	雕　塑		仅表示位置，不表示具体形态，以下同，也可依据设计形态表示
2	花　台		
3	坐　凳		仅表示位置，不表示具体形态，以下同，也可依据设计形态表示
4	花　架		
5	围　墙	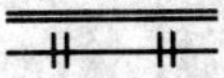	上图为实砌或漏空围墙； 下图为栅栏或篱笆围墙
6	栏　杆	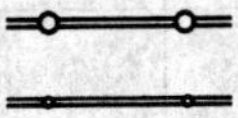	上图为非金属栏杆； 下图为金属栏杆
7	园　灯		
8	饮水台		
9	指示牌		

2. 喷泉工程图例

喷泉工程图例见表 2-26。

表 2-26　喷泉工程图例

序号	名　称	图　例	说　明
1	喷　泉		仅表示位置，不表示具体形态
2	阀门（通用）、截止阀		(1)没有说明时，表示螺纹连接。 法兰连接时 焊接时 (2)轴测图画法： 阀杆为垂直 阀杆为水平
3	闸　阀		
4	手动调节阀		
5	球阀、转心阀		
6	蝶　阀		
7	角　阀	或	
8	平衡阀		
9	三通阀	或	
10	四通阀		
11	节流阀		
12	膨胀阀	或	也称“隔膜阀”
13	旋　塞		
14	快放阀		也称“快速排污阀”

续表

序号	名　称	图　例	说　明
17	安全阀		左图为通用，中为弹簧安全阀，右为重锤安全阀
15	止回阀		左、中为通用画法，流法均由空白三角形至非空白三角形；中也代表升降式止回阀；右代表旋启式止回阀
16	减压阀	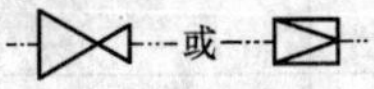 或	左图小三角为高压端，右图右侧为高压端。其余同阀门类推
18	疏水阀	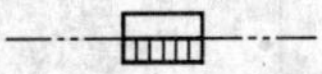	在不致引起误解时，也可用  表示也称“疏水器”
19	浮球阀	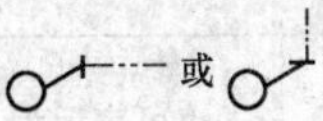 或	
20	集气罐、排气装置	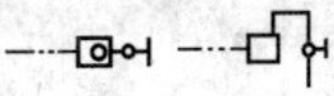	左图为平面图
21	自动排气阀		
22	除污器(过滤器)	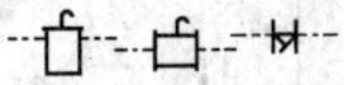	左为立式除污器，中为卧式除污器，右为Y型过滤器
23	节流孔板、减压孔板	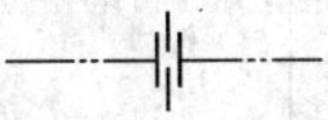	在不致引起误解时，也可用 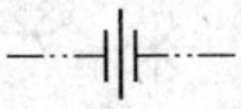 表示
24	补偿器(通用)		也称“伸缩器”
25	矩形补偿器		
26	套管补偿器	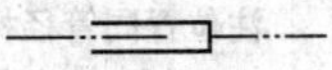	
27	波纹管补偿器	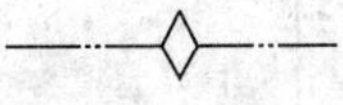	
28	弧形补偿器		
29	球形补偿器		
30	变径管异径管		左图为同心异径管，右图为偏心异径管

续表

序号	名称	图例	说明
31	活接头		
32	法兰		
33	法兰盖		
34	丝堵		也可表示为：
35	可屈挠橡胶软接头		
36	金属软管		也可表示为：
37	绝热管		
38	保护套管		
39	伴热管		
40	固定支架		
41	介质流向	或	在管道断开处时，流向符号宜标注在管道中心线上，其余可同管径标注位置
42	坡度及坡向	i=0.003 或 i=0.003	坡度数值不宜与管道起、止点标高同时标注。标注位置同管径标注位置
43	套管伸缩器		
44	方形伸缩器		
45	刚性防水套管		

续表

序号	名　称	图　例	说　明
46	柔性防水套管		
47	波纹管		
48	可曲挠橡胶接头		
49	管道固定支架		
50	管道滑动支架		
51	立管检查口		
52	水　泵	平面　系统	
53	潜水泵		
54	定量泵		
55	管道泵		
56	清扫口	平面　系统	
57	通气帽	成品　铅丝球	
58	雨水斗	YD- 平面　YD- 系统	

续表

序号	名　称	图　例	说　明
59	排水漏斗	平面　系统	
60	圆形地漏		通用。如为无水封，地漏应加存水弯
61	方形地漏		
62	自动冲洗水箱		
63	挡　墩		
64	减压孔板		
65	除垢器		
66	水锤消除器		
67	浮球液位器		
68	搅拌器	M	

第五节　园林工程施工图识读

园林工程施工图是指导园林工程现场施工的技术性图纸，类型较多。如总平面图、施工放线图、竖向设计施工图、植物配置图等。

一、园林施工图概述

1. 施工图的分类

园林工程施工图按不同的专业可分为以下几类：

(1)施工放线：施工总平面图，各分区施工放线图，局部放线详图等。

(2)土方工程:竖向施工图,土方调配图。

(3)建筑工程:建筑平面图、立面图、剖面图,建筑施工详图等。

(4)结构工程:基础图、基础详图,梁、柱详图,结构构件详图等。

(5)电气工程:电气施工平面图、施工详图、系统图、控制线路图等。

(6)给排水工程:给排水系统总平面图、详图、给水、消防、排水、雨水系统图、喷灌系统施工图。

(7)园林绿化工程:种植施工图、局部施工放线图、剖面图等。如果采用乔、灌、草多层组合,分层种植设计较为复杂,应该绘制分层种植施工图。

2. 施工图的设计深度

园林工程施工图的设计深度应符合下列要求:

(1)能够根据施工图编制施工图预算。

(2)能够根据施工图安排材料、设备订货及非标准材料的加工。

(3)能够根据施工图进行施工和安装。

(4)能够根据施工图进行工程验收。

3. 图纸编号

园林工程施工图图纸编号以专业为单位,各专业编排各专业的图号。

(1)对于大、中型项目,应按照以下专业进行图纸编号:园林、建筑、结构、给排水、电气、材料附图等。

(2)对于小型项目,可以按照以下专业进行图纸编号:园林、建筑及结构、给排水、电气等。

(3)每一专业图纸应该对图号加以统一标示,以方便查找,如:建筑结构施工可以缩写为“建施(JS)”,给排水施工可以缩写为“水施(SS)”,种植施工图可以缩写为“绿施(LS)”。

二、园林施工总平面图

园林施工总平面图主要反映的是园林工程的形状、所在位置、朝向及拟建建筑周围道路、地形、绿化等情况,以及该工程与周围环境的关系和相对位置等。

1. 包括的内容

(1)指北针(或风玫瑰图),绘图比例(比例尺),文字说明,景点、建筑物或者构筑物的名称标注,图例表等。

(2)道路、铺装的位置、尺度,主要点的坐标、标高以及定位尺寸。

(3)小品主要控制点坐标及小品的定位、定形尺寸。

(4)地形、水体的主要控制点坐标、标高及控制尺寸。

(5)植物种植区域轮廓。

(6)对无法用标注尺寸准确定位的自由曲线园路、广场、水体等,应给出该部分局部放线详图,用放线网表示,并标注控制点坐标。

2. 绘制要求

(1)布局与比例。图纸应按上北下南方向绘制,根据场地形状或布局,可向左或向右偏转,但不宜超过45°。施工总平面图一般采用1∶500、1∶1000、1∶2000的比例绘制。

(2)图例。《总图制图标准》(GB/T 50103—2001)中列出了建筑物、构筑物、道路、铁路以及植物等的图例,具体内容参见相应的制图标准。如果由于某些原因必须另行设定图例时,应该在总图上绘制专门的图例表进行说明。

(3)图线。在绘制总图时应该根据具体内容采用不同的图线，具体可参照本章第一节的内容的使用。

(4)单位。施工总平面图中的坐标、标高、距离宜以“m”为单位，并应至少取至小数点后两位，不足时以“0”补齐。详图宜以“mm”为单位，如不以mm为单位，应另加说明。建筑物、构筑物、铁路、道路方位角(或方向角)和铁路、道路转向角的度数，宜注写到“秒”，特殊情况，应另加说明。道路纵坡度、场地平整坡度、排水沟沟底纵坡度宜以百分计，并应取至小数点后一位，不足时以“0”补齐。

(5)坐标网络。坐标分为测量坐标和施工坐标。测量坐标为绝对坐标，测量坐标网应画成交叉十字线，坐标代号宜用“X、Y”表示。施工坐标为相对坐标，相对零点宜通常选用已有建筑物的交叉点或道路的交叉点，为区别于绝对坐标，施工坐标用大写英文字母A、B表示。

施工坐标网格应以细实线绘制，一般画成100m×100m或者50m×50m的方格网，当然也可以根据需要调整。

(6)坐标标注。坐标宜直接标注在图上，如图面无足够位置，也可列表标注，如坐标数字的位数太多时，可将前面相同的位数省略，其省略位数应在附注中加以说明。

建筑物、构筑物、铁路、道路等应标注下列部位的坐标：建筑物、构筑物的定位轴线(或外墙线)或其交点；圆形建筑物、构筑物的中心；挡土墙墙顶外边缘线或转折点。表示建筑物、构筑物位置的坐标，宜注其三个角的坐标，如果建筑物、构筑物与坐标轴线平行，可注对角坐标。平面图上有测量和施工两种坐标系统时，应在附注中注明两种坐标系统的换算公式。

(7)标高标注。施工图中标注的标高应为绝对标高，如标注相对标高，则应注明相对标高与绝对标高的关系。

建筑物、构筑物、铁路、道路等应按以下规定标注标高：建筑物室内地坪，标注图中±0.000处的标高，对不同高度的地坪，分别标注其标高；建筑物室外散水，标注建筑物四周转角或两对角的散水坡脚处的标高；构筑物标注其有代表性的标高，并用文字注明标高所指的位置；道路标注路面中心交点及变坡点的标高；挡土墙标注墙顶和墙脚标高，路堤、边坡标注坡顶和坡脚标高，排水沟标注沟顶和沟底标高；场地平整标注其控制位置标高；铺砌场地标注其铺砌面标高。

3. 识读

(1)看图名、比例、设计说明、风玫瑰图、指北针。根据图名、设计说明、指北针、比例和风玫瑰，可了解到施工总平面图设计的意图和工程性质、设计范围、工程的面积和朝向等基本概况，为进一步地了解图纸做好准备。

(2)看等高线和水位线。了解园林的地形和水体布置情况，从而对全园的地形骨架有一个基本的印象。

(3)看图例和文字说明。明确新建景物的平面位置，了解总体布局情况。

(4)看坐标或尺寸。根据坐标或尺寸查找施工放线的依据。

三、园林施工放线图

1. 包括的内容

园林工程施工线图主要包括以下内容：

(1)道路、广场铺装、园林建筑小品放线网格(间距1m或5m或10m不等)。

(2)坐标原点、坐标轴、主要点的相对坐标。

(3)标高(等高线、铺装等)。

2. 作用

园林工程施工放线图主要有以下作用：

(1)现场施工放线。

(2)确定施工标高。

(3)测算工程量、计算施工图预算。

3. 注意事项

(1)坐标原点的选择：固定的建筑物构筑物角点，或者道路交点，或者水准点等。

(2)网格的间距：根据实际面积的大小及其图形的复杂程度，不仅要对平面尺寸进行标注，同时还要对立面高程进行标注(高程、标高)。写清楚各个小品或铺装所对应的详图标号，对于面积较大的区域给出索引图(对应分区形式)。

四、竖向设计施工图

竖向设计指的是指在一块场地中进行垂直于水平方向的布置和处理。

1. 包括的内容

园林工程竖向设计施工图一般应包括以下内容：

(1)指北针、图例、比例、文字说明、图名。文字说明中应该包括标注单位、绘图比例、高程系统的名称、补充图例等。

(2)现状与原地形标高，地形等高线，设计等高线的等高距一般取 0.25～0.5m，当地形较为复杂时，需要绘制地形等高线放样网格。

(3)最高点或者某些特殊点的坐标及该点的标高。如：道路的起点、变坡点、转折点和终点等的设计标高(道路在路面中、阴沟在沟顶和沟底)、纵坡度、纵坡距、纵坡向、平曲线要素、竖曲线半径、关键点坐标；建筑物、构筑物室内外设计标高；挡土墙、护坡或土坡等构筑物的坡顶和坡脚的设计标高；水体驳岸、岸顶、岸底标高，池底标高，水面最低、最高及常水位。

(4)地形的汇水线和分水线，或用坡向箭头标明设计地面坡向，指明地表排水的方向、排水的坡度等。

(5)绘制重点地区、坡度变化复杂的地段的地形断面图，并标注标高、比例尺等。

当工程比较简单时，竖向设计施工平面图可与施工放线图合并。

2. 具体要求

(1)计量单位。通常标高的标注单位为“m”，如果有特殊要求的话应该在设计说明中注明。

(2)线型。竖向设计图中比较重要的就是地形等高线，设计等高线用细实线绘制，原有地形等高线用细虚线绘制，汇水线和分水线用细单点长划线绘制。

(3)坐标网格及其标注。坐标网格采用细实线绘制，网格间距取决于施工的需要以及图形的复杂程度，一般采用与施工放线图相同的坐标网体系。对于局部的不规则等高线，或者单独作出施工放线图，或者在竖向设计图纸中局部缩小网格间距，提高放线精度。竖向设计图的标注方法同施工放线图，针对地形中最高点、建筑物角点或者特殊点进行标注。

(4)地表排水方向和排水坡度。利用箭头表示排水方向，并在箭头上标注排水坡度。

3. 识读

(1)看图名、比例、指北针、文字说明，了解工程名称、设计内容、工程所处方位和设计范围。

(2)看等高线及其高程标注。看等高线的分布情况及高程标注，了解新设计地形的特点和原地形标高，了解地形高低变化及土方工程情况，并结合景观总体规划设计，分析竖向设计的合理性。并且根据新、旧地形高程变化，了解地形改造施工的基本要求和做法。

(3)看建筑、山石和道路标高情况。

(4)看排水方向。

(5)看坐标，确定施工放线依据。

五、植物配置图

1. 内容与作用

(1)内容。植物种类、规格、配置形式、其他特殊要求。

(2)作用。可以作为苗木购买、苗木栽植、工程量计算等的依据。

2. 具体要求

(1)现状植物的表示。

(2)图例及尺寸标注。

1)行列式栽植。对于行列式的种植形式(如行道树，树阵等)可用尺寸标注出株行距，始末树种植点与参照物的距离。

2)自然式栽植。对于自然式的种植形式(如孤植树)，可用坐标标注种植点的位置或采用三角形标注法进行标注。孤植树往往对植物的造型、规格的要求较严格，应在施工图中表达清楚，除利用立面图、剖面图表示以外，可与苗木表相结合，用文字来加以标注。

3)片植、丛植。植物配植图应绘出清晰的种植范围边界线，标明植物名称、规格、密度等。对于边缘线呈规则的几何形状的片状种植，可用尺寸标注方法标注，为施工放线提供依据，而对边缘线呈不规则的自由线的片状种植，应绘坐标网格，并结合文字标注。

4)草皮种植。草皮是用打点的方法表示，标注应标明其草坪名、规格及种植面积。

(3)应注意的问题：

1)植物的规格：图中为冠幅，根据说明确定。

2)借助网格定出种植点位置。

3)图中应写清植物数量。

4)对于景观要求细致的种植局部，施工图应有表达植物高低关系、植物造型形式的立面图、剖面图、参考图或通过文字说明与标注。

5)对于种植层次较为复杂的区域应该绘制分层种植图，即分别绘制上层乔木的种植施工图和中下层灌木地被等的种植施工图。

3. 识读

(1)看标题栏、比例、指北针(或风玫瑰图)及设计说明。了解工程名称、性质、所处方位(及主导风向)，明确工程的目的、设计范围、设计意图，了解绿化施工后应达到的效果。

(2)看植物图例、编号、苗木统计表及文字说明。根据图纸中各植物的编号，对照苗木统计表及技术说明，了解植物的种类、名称、规格、数量等，验核或编制种植工程预算。

(3)看图纸中植物种植位置及配置方式。根据植物种植位置及配置方式，分析种植设计方案是否合理。植物栽植位置与建筑及构筑物和市政管线之间的距离是否符合有关设计规范的规定等技术要求。

(4)看植物的种植规格和定位尺寸，明确定点放线的基准。

(5)看植物种植详图，明确具体种植要求，从而合理地组织种植施工。

六、园路、广场施工图

(1)园路、广场施工图是指导园林道路施工的技术性图纸，能够清楚地反映园林路网和广场布局，一份完整的园路、广场施工图纸主要包括以下内容：

1)图案、尺寸、材料、规格、拼接方式。

2)铺装剖切段面。

3)铺装材料特殊说明。

(2)园路、广场施工图主要具有下列作用：

1)购买材料。

2)施工工艺、工期确定、工程施工进度。

3)计算工程量。

4)如何绘制施工图。

5)了解本设计所使用的材料、尺寸、规格、工艺技术、特殊要求等。

七、假山施工图

为了清楚地反映假山设计，便于指导施工，通常要作假山施工图，假山施工图是指导假山施工的技术性文件，通常一幅完整的假山施工图包括以下几个部分：

(1)平面图。

(2)剖面图。

(3)立面图或透视图。

(4)做法说明。

(5)预算。

八、水池施工图

为了清楚地反映水池的设计、便于指导施工，通常要作水池施工图，水池施工图是指导水池施工的技术性文件，通常一幅完整的水池施工图包括以下几个部分：

(1)平面图。

(2)剖面图。

(3)各单项土建工程详图。

九、照明电气施工图

(1)内容。

1)灯具形式、类型、规格、布置位置。

2)配电图(电缆电线型号规格，联结方式；配电箱数量、形式规格等)。

(2)作用。

1)配电，选取、购买材料等。

2)取电(与电业部门沟通)。

3)计算工程量(电缆沟)。

(3)注意事项：

1)网格控制。

2)严格按照电力设计规格进行。

3)照明用电和动力电分别设施配电。

4)灯具的型号标注清楚。

十、喷灌、给排水施工图

喷灌、给排水施工图的主要内容包括：

(1)给水、排水管的布设、管径、材料等。

(2)喷头、检查井、阀门井、排水井、泵房等。

(3)与供电设施相结合。

十一、园林小品详图

园林小品详图的主要内容包括：

(1)建筑小品平、立、剖面图(材料、尺寸)、结构、配筋等。

(2)园林小品材料规格等。

第六节 园林工程结构施工图的识读

一、园林工程结构施工图的内容

1. 结构设计说明

结构设计说明主要包括三个方面：工程概述、地基及基础说明和其他说明。

2. 结构布局平面图

结构布置平面图是建筑承重结构的整体布置图。主要表示结构构件的位置、数量、型号、规格及相互关系。结构布置图可用结构平面图、剖面图表示，其中平面图使用较多。如基础平面布置图、楼层结构平面图、层面结构平面图、圈梁布置平面图等。

3. 构件详图

构件详图主要包括梁、板、柱等构件详图和楼梯、雨篷、阳台、屋架等结构节点详图。

二、园林工程基础图与基础详图的识读

(一)基础图的识读

(1)基础平面图的比例、定位轴线编号必须与建筑施工图的底层平面图完全相同。不同结构形式承受外力的大小不同，其下所设基础的大小也不尽相同，应采用不同编号加以区分，并画出详图的剖切位置及其编号，基础平面图还应给出地沟、过墙洞的设置情况。

(2)基础平面图是一个剖视图，因此它的线型与剖视图相同，被剖切的墙、柱轮廓用粗实线绘制，可见的基础底面轮廓用细实线绘制(被剖切的钢筋混凝土柱涂黑)。

(3)尺寸标注，基础平面图上需标出定位轴线的尺寸，条形基础底面和独立基础底面的尺寸，整板基础的底面尺寸是标注在基础垫层示意图上的，另外，还要注写必要的文字说明，如混凝土、砖、砂浆的强度等级等。

(4)基础平面图完成后，同其他设计图纸一样应书写图名、比例等，基础平面布置图的比例与建筑施工图相同，一般用 1∶100，也可用 1∶50、1∶200。

(二)基础详图的识读

(1)基础平面图仅表示基础的平面布置，面对面基础各部分的形状、大小、材料、构造及埋置深度需要用基础详图来表示。最常用的是以断面图的方式来完成。

(2)基础断面图是基础施工的依据，表达了基础断面所在轴线位置及编号。如果是通用断面图，在轴线圆圈内不加编号，如果是特定断面图，则应注明轴线编号。

基础断面图应详细地表明基础断面的形状、大小及所用材料，地圈梁的位置和做法，基础埋置深度，施工所需尺寸。

1)尺寸标注：基础断面图应标注详细尺寸，如垫层高度、大放脚尺寸、地圈梁顶标高、垫层底

标高等。

2)比例:基础断面图的图名与基础平面图中的编号相对应,比例一般为1∶5、1∶20、1∶25等。

3)定位轴线:定位轴线的编号应与基础平面图一致,以便对照查阅。

4)图例:基础墙和垫层都应画上相应的材料图例。

三、园林工程结构平面图的识读

(1)比例:楼层平面图的比例应与本层建筑平面图相同。

(2)尺寸标注:楼层结构平面图应画出与建筑平面图完全相同的轴线网,标注轴线编号和轴线尺寸,以便确定梁、板、柱及其他构件的位置。一些次要构件的定位尺寸也应给出。

(3)楼板:楼层结构平面图中的楼板的制作有现浇和预制两种形式,若为现浇板,在需要现浇的范围内画一条斜线,斜线上注明板的编号,斜线下注明板的厚度。

若采用预制混凝土板,则在布置预制板的范围内用细实线画一条对角线,在对角线的一侧或两侧注写预制板的数量、代号及编号。

(4)梁、柱等承重构件:在楼层结构平面图中凡是被剖切到的柱子均应涂黑,并注上相应的代号;板下的不可视梁、柱、墙用虚线画出;未被挡住的墙、柱轮廓线画成实线或门窗上沿均省略,梁的位置用粗点划线标明,并注写编号。

四、钢筋混凝土构件的识读

1. 钢筋混凝土梁的结构详图的识读

(1)图名、比例、图线:由于梁的长度远大于其断面高度和宽度,故可用不同比例绘制,梁的可见轮廓用细实线表示,不可见轮廓用虚线表示,断面图不画材料符号。

(2)钢筋图示方法及标准:钢筋的立面图用粗实线表示,钢筋的断面图用小黑点表示,所有钢筋都应编号,并注写根数、等级、直径和问题。

(3)断面图:立面图应注明断面图的剖切位置,断面图数量的多少以能将钢筋走向表达清楚为宜。

(4)尺寸标注:立面图应标注梁的长度、弯起筋的弯起位置、梁底标高,断面图上应标注断面的宽度和高度。

(5)钢筋详图:钢筋详图一般都画在与立面图相对应的位置,从构件最上或最左的钢筋开始依次排列,并与立面图中的同号钢筋对齐,同一号钢筋只画一根,在钢筋上标注编号、根数、品种、直径及下料长度。

(6)钢筋表。钢筋表中包括的有构件名称、构件数量、钢筋编号、规格、简图、长度、根数、长度,钢筋表必须与配筋图完全相同,才能保证施工的准确性。

2. 钢筋混凝土板的结构详图的识读

(1)钢筋的形状。混凝土板的钢筋有分离式和弯起式两种,如果板的上下部钢筋分别单独配置,称作分离式,如果支座附近的上部钢筋是由下部钢筋直接弯起的就称之为弯起式。

(2)尺寸标准。板应注明轴线、板长、板宽及尺寸,负荷钢筋应注明其长度,若有弯起钢筋,应注明起点,为支模定位方便应给出板底标高。

(3)钢筋的编号及标注。不同的钢筋采用不同的编号,可直接在钢筋上画圆圈标注,圆圈直径为6mm,并注明钢筋的直径等级及间距,相同编号的钢筋可只在一处注明。

(4)重合断面图及板上预留洞。重合断面图主要表达板与梁及墙上圈梁的相互关系。对于用水较多的房间,如卫生间等,有管道要穿越楼板,因此要预留洞,板详图中应表达预留沿的位置、大小、高低、形状。

(5)断面详图。主要表达梁或墙上圈梁的钢筋情况、板厚及圈梁的高度等。

(6)钢筋表。板同梁一样,应列钢筋明细表。

五、园林工程楼梯结构详图的识读

1. 楼梯结构平面图的识读

它主要内容是板、平台梁、平台板的平面位置,用细实线和虚线画出楼梯间墙体及各构件的平面轮廓线,注明墙体轴线号及各构件的代号,并标出楼梯开间、过梁梯段长度、平台宽度等主要尺寸。

2. 楼梯结构剖面图的识读

楼梯剖面图主要表达楼板、平台、梯梁、圈梁的类型及位置,构件详图主要表达构件中的所配钢筋的情况。

第七节 园林工程设备施工图的识读

一、园林给排水工程施工图的识读

给排水施工图可分为室内给排水施工图与室外给排水施工图两大类,它们一般都由基本图和详图组成。

(1)基本图包括如下:

1)管道平面布置图;

2)剖面图;

3)系统轴测图(又称管道系统图);

4)原理图及说明等。

(2)详图要求表明各局部的详细尺寸及施工要求。

二、园林管线工程施工图的识读

1. 管线工程综合示意图[比例(1∶5000)～(1∶10000)]

园林管线工程综合规划图是根据各项管线工程的规划资料进行总体布置编制而成的,主要解决管线在系统布置上存在的问题,确定管线的走向。

2. 绘制管线工程综合规划图[比例(1∶1000)～(1∶5000)]

根据规划要求及管线综合设计有关参数表,调整、修改、处理管线在平面和竖向标高上的各种矛盾,将各种管线用所代表的图例或符号绘制在图上,并标明必要的数据和说明。

3. 编写管线工程综合规划说明书

管线工程综合规划说明书主要内容包括所综合的管线、引用的资料、规划管线综合安排的原则、提出各单项工程分期建设应注意的问题。

三、园林电气工程施工图的识读

(1)首页。首页的内容主要包括图纸目录、图例、设备明细表和施工说明等。小型电气工程施工图的图纸较少,首页的内容一般并入到平面图或系统图内加以简要说明。

(2)电气外线总平面图。电气外线总平面图是根据建筑总平面图绘制的变电所、架空线路或地下电缆位置并注明有关施工方法的图解。

(3)电气平面图。电气平面图是表示各种电气设备与线路平面布置的图纸,它是电气安装的重要依据。

(4)电气系统图。电气系统图是概括整个工程或其中某一工程的供电方案与供电方式,并用单线连接形式表示线路的图样。它比较集中地反映了电气工程的规模。

(5)设备布置图。设备布置图是表示各种电气设备的平面与空间的位置、安装方式及其相互关系的图纸。

(6)电气原理接线图(或称控制原理图)。电气原理图是表示某一具体设备或系统的电气工作原理图。

(7)详图。

第三章　园林工程定额体系

第一节　工程定额概述

一、工程定额的概念

所谓定额，就是进行生产经营活动时，在人力、物力、财力消耗方面所应遵守或达到的数量标准。在建筑生产中，为了完成建筑产品，必须消耗一定数量的劳动力、材料和机械台班以及相应的资金，在一定的生产条件下，用科学方法制定出的生产质量合格的单位建筑产品所需要的劳动力、材料和机械台班等的数量标准，就称为建筑工程定额。

园林工程定额，按照传统意义上的定义，是指在正常的施工条件下，完成园林工程中各分项工程单位合格产品或完成一定量的工作所必须的，而且是额定的人工、材料、机械设备的数量及其资金消耗(或额度)。

二、定额的作用

在工程建设和企业管理中，确定和执行先进合理的定额是技术和经济管理工作中的重要一环。在工程项目的计划、设计和施工中，定额具有以下几方面的作用：

(1)定额是编制计划的基础。工程建设活动需要编制各种计划来组织与指导生产，而计划编制中又需要各种定额来作为计算人力、物力、财力等资源需要量的依据。定额是编制计划的重要基础。

(2)定额是确定工程造价的依据和评价设计方案经济合理性的尺度。工程造价是根据由设计规定的工程规模、工程数量及相应需要的劳动力、材料、机械设备消耗量及其他必须消耗的资金确定的。其中，劳动力、材料、机械设备的消耗量又是根据定额计算出来的，定额是确定工程造价的依据。同时，建设项目投资的大小又反映了各种不同设计方案技术经济水平的高低。因此，定额又是比较和评价设计方案经济合理性的尺度。

(3)定额是组织和管理施工的工具。建筑企业要计算、平衡资源需要量、组织材料供应、调配劳动力、签发任务单、组织劳动竞赛、调动人的积极因素、考核工程消耗和劳动生产率、贯彻按劳分配工资制度、计算工人报酬等，都要利用定额。因此，从组织施工和管理生产的角度来说，企业定额又是建筑企业组织和管理施工的工具。

(4)定额是总结先进生产方法的手段。定额是在平均先进的条件下，通过对生产流程的观察、分析、综合等过程制定的，它可以最严格地反映出生产技术和劳动组织的先进合理程度。因此，我们就可以以定额方法为手段，对同一产品在同一操作条件下的不同的生产方法进行观察、分析和总结，从而得到一套比较完整的、优良的生产方法，作为生产中推广的范例。

由此可见，定额是实现工程项目，确定人力、物力和财力等资源需要量，有计划地组织生产，提高劳动生产率，降低工程造价，完成和超额完成计划的重要的技术经济工具，是工程管理和企业管理的基础。

三、工程定额的特点

1. 权威性

工程建设定额具有很大权威，这种权威在一些情况下具有经济法规性质。权威性反映统一的意志和统一的要求，也反映信誉和信赖程度以及反映定额的严肃性。

工程建设定额的权威性的客观基础是定额的科学性。只有科学的定额才具有权威。但是在社会主义市场经济条件下，它必然涉及到各有关方面的经济关系和利益关系。赋予工程建设定额以一定的权威性，就意味着在规定的范围内，对于定额的使用者和执行者来说，不论主观上愿意不愿意，都必须按定额的规定执行。在当前市场不规范的情况下，赋予工程建设定额以权威性是十分重要的。但是在竞争机制引入工程建设的情况下，定额的水平必然会受市场供求状况的影响，从而在执行中可能产生定额水平的浮动。

应该指出的是，在社会主义市场经济条件下，对定额的权威性不应该绝对化。定额毕竟是主观对客观的反映，定额的科学性会受到人们认识的局限。与此相关，定额的权威性也就会受到削弱核心的挑战。更为重要的是，随着投资体制的改革和投资主体多元化格局的形成，随着企业经营机制的转换，它们都可以根据市场的变化和自身的情况，自主的调整自己的决策行为。因此在这里，一些与经营决策有关的工程建设定额的权威性特征就弱化了。

2. 科学性

工程建设定额的科学性首先表现在定额是在认真研究客观规律的基础上，自觉地遵守客观规律的要求，实事求是地制定的。因此，它能正确地反映单位产品生产所必需的劳动量，从而以最少的劳动消耗而取得最大的经济效果，促进劳动生产率的不断提高。

定额的科学性还表现在制定定额所采用的方法上，通过不断吸收现代科学技术的新成就，不断完善，形成一套严密的确定定额水平的科学方法。这些方法不仅在实践中已经行之有效，而且还有利于研究建筑产品生产过程中的工时利用情况，从中找出影响劳动消耗的各种主客观因素，设计出合理的施工组织方案，挖掘生产潜力，提高企业管理水平，减少以至杜绝生产中的浪费现象，促进生产的不断发展。

3. 统一性

工程建设定额的统一性，主要是由国家对经济发展的有计划的宏观调控职能决定的。为了使国民经济按照既定的目标发展，就需要借助于某些标准、定额、参数等，对工程建设进行规划、组织、调节、控制。而这些标准、定额、参数必须在一定的范围内是一种统一的尺度，才能实现上述职能，才能利用它对项目的决策、设计方案、投标报价、成本控制进行比选和评价。

工程建设定额的统一性按照其影响力和执行范围来看，有全国统一定额、地区统一定额和行业统一定额等；按照定额的制定、颁布和贯彻使用来看，有统一的程序、统一的原则、统一的要求和统一的用途。

在生产资料私有制的条件下，定额的统一性是很难想像的，充其量也只是工程量计算规则的统一和信息提供。我国工程建设定额的统一性和工程建设本身的巨大投入和巨大产出有关。它对国民经济的影响不仅表现在投资的总规模和全部建设项目的投资效益等方面，而且往往还表现在具体建设项目的投资数额及其投资效益方面。因而需要借助统一的工程建设定额进行社会监督。这一点和工业生产、农业生产中的工时定额、原材料定额也是不同的。

4. 稳定性与时效性

工程建设定额中的任何一种都是一定时期技术发展和管理水平的反映，因而在一段时间内都表现出稳定的状态。稳定的时间有长有短，一般在5年至10年之间。保持定额的稳定性是维护定额的权威性所必需的，更是有效的贯彻定额所必要的。如果某种定额处于经常修改变动之中，那么必然造成执行中的困难和混乱，使人们感到没有必要去认真对待它，很容易导致定额权威性的丧失。工程建设定额的不稳定也会给定额的编制工作带来极大的困难。

但是工程建设定额的稳定性是相对的。当生产力向前发展了，定额就会与已经发展了的生产力不相适应。这样，它原有的作用就会逐步减弱以至消失，需要重新编制或修订。

5. 系统性

工程建设定额是相对独立的系统。它是由多种定额结合而成的有机的整体。它的结构复杂，有鲜明的层次，有明确的目标。

工程建设定额的系统性是由工程建设的特点决定的。按照系统论的观点，工程建设就是庞大的实体系统。工程建设定额是为这个实体系统服务的。因而工程建设本身的多种类、多层次就决定了以它为服务对象的工程建设定额的多种类、多层次。从整个国民经济来看，进行固定资产生产和再生产的工程建设，是一个有多项工程集合体的整体。其中包括农林水利、轻纺、机械、煤炭、电力、石油、冶金、化工、建材工业、交通运输、邮电工程，以及商业物资、科学教育文化、卫生体育、社会福利和住宅工程等等。这些工程的建设都有严格的项目划分，如建设项目、单项工程、单位工程、分部分项工程；在计划和实施过程中有严密的逻辑阶段，如规划、可行性研究、设计、施工、竣工交付使用，以及投入使用后的维修。与此相适应必然形成工程建设定额的多种类、多层次。

第二节 园林工程定额的种类

一、园林工程施工定额

1. 园林工程施工定额的概念

园林工程施工定额是以同一性质的施工过程或工序为测定对象，确定工人在正常施工条件下，为完成单位合格产品所需劳动、机械、材料消耗的数量标准。施工定额是施工企业直接用于园林工程施工管理的一种定额。施工定额是由劳动定额、材料消耗定额和机械台班定额组成，是最基本的定额。

2. 园林工程施工定额的作用

园林工程施工定额是施工企业进行科学管理的基础。园林工程施工定额的作用体现在：它是施工企业编制施工预算，进行工料分析和“两算对比”的基础；它是编制施工组织设计、施工作业设计和确定人工、材料及机械台班需要量计划的基础；是施工企业向工作班(组)签发任务单、限额领料的依据；是组织工人班(组)开展劳动竞赛、实行内部经济核算、承发包、计取劳动报酬和奖励工作的依据；它是编制预算定额和企业补充定额的基础。

3. 园林工程施工定额的编制水平

定额水平是指规定消耗在单位产品上的劳动、机械和材料数量的多寡。园林工程施工定额的水平应直接反映劳动生产率水平，也反映劳动和物质消耗水平。

二、园林工程预算定额

1. 园林工程预算定额的概念

园林工程预算定额是规定消耗在合格质量的园林单位工程基本构造要素上的人工、材料和机械台班的数量标准，是计算园林工程产品价格的基础。

所谓基本构造要素，即通常所说的园林分项工程和结构构件。园林工程预算定额按园林工程基本构造要素规定劳动力、材料和机械的消耗数量，以满足编制施工图预算、规划和控制工程造价的要求。

园林工程预算定额是园林工程建设中的一项重要的技术经济文件，它的各项指标，反映了在完成规定计量单位符合设计标准和施工质量验收规范要求的园林分项工程消耗的劳动和物化劳动的数量限度。这种限度最终决定着园林单项工程和园林单位工程的成本和造价。

园林工程预算定额由国家主管部门或其授权机关组织编制、审批并颁发执行。在现阶段，园林工程预算定额是一种法令性指标，是对园林工程建设实行宏观调控和有效监督的重要工具。

2. 园林工程预算定额的作用

(1)预算定额是编制建筑安装工程施工图预算和确定工程造价的依据，起着控制劳动消耗、材料消耗和机械台班使用的作用。

(2)预算定额是编制施工组织设计时，确定劳动力、建筑材料、成品、半成品和建筑机械需要量的依据。

(3)预算定额是建设单位和施工单位按照工程进度对已完成工程进行工程结算的依据。

(4)预算定额是施工单位对施工中的劳动、材料、机械的消耗情况进行具体分析的依据。

(5)预算定额是编制概算定额的基础。

(6)预算定额是招标投标活动中合理编制招标标底、投标报价的基础。

3. 园林工程预算定额编制的原则

(1)按社会平均水平确定的原则。

(2)简明适用的原则。

(3)坚持统一性和差别性相结合的原则。

(4)坚持由专业人员编审的原则。

4. 园林工程预算定额的内容

园林工程预算定额的主要内容包括：目录，总说明，各章、节说明，定额表以及有关附录等。

(1)总说明。主要说明编制预算定额的指导思想、编制原则、编制依据、适用范围以及编制预算定额时有关共性问题的处理意见和定额的使用方法等。

(2)各章、节说明。各章、节说明主要包括以下内容：

1)编制各分部定额的依据；

2)项目划分和定额项目步距的确定原则；

3)施工方法的确定；

4)定额活口及换算的说明；

5)选用材料的规格和技术指标；

6)材料、设备场内水平运输和垂直运输主要材料损耗率的确定；

7)人工、材料、施工机械台班消耗定额的确定原则及计算方法。

(3)工程量计算规则及方法。

(4)定额项目表。主要包括该项定额的人工、材料、施工机械台班消耗量和附注。

(5)附录。一般包括：主要材料取定价格表、施工机械台班单价表，其他有关折算、换算表等。

三、园林工程概算定额

1. 园林工程概算定额的概念

概算定额是指生产一定计量单位的经扩大的园林工程结构构件或分部分项工程所需要的人

工、材料和机械台班的消耗数量及费用的标准。

园林工程概算定额与园林工程预算定额的相同处，是都以园林工程各个结构部分和分部分项工程为单位表示的，内容也包括人工、材料和机械台班使用量定额三个基本部分，并列有基准价。

园林工程概算定额表达的主要内容、表达的主要方式及基本使用方法都与园林工程预算定额相近。

定额基准价＝定额单位人工费＋定额单位材料费＋定额单位机械费
＝人工概算定额消耗量×人工工资单价＋
∑(材料概算定额消耗量×材料预算价格)＋
∑(施工机械概算定额消耗量×机械台班费用单价)

园林工程概算定额与园林工程预算定额的不同处，在于项目划分和综合扩大程度上的差异，同时，园林工程概算定额主要用于设计概算的编制。由于园林工程概算定额综合了若干分项工程的园林工程预算定额，因此使园林工程概算工程量计算和概算表的编制，都比编制园林工程施工图预算简化了很多。

编制园林工程概算定额时，应考虑到能适应规划、设计、施工各阶段的要求。园林工程概算定额与园林工程预算定额应保持一致水平，即在正常条件下，反映大多数企业的设计、生产及施工管理水平。

园林工程概算定额的内容和深度是以园林工程预算定额为基础的综合与扩大。在合并中不得遗漏或增加细目，以保证定额数据的严密性和正确性。园林工程概算定额务必达到简化、准确和适用。

2. 园林工程概算定额的作用

(1)园林工程概算定额是在扩大初步设计阶段编制概算，技术设计阶段编制修正概算的主要依据。

(2)园林工程概算定额是编制建筑安装工程主要材料申请计划的基础。

(3)园林工程概算定额是进行设计方案技术经济比较和选择的依据。

(4)园林工程概算定额是编制概算指标的计算基础。

(5)园林工程概算定额是确定基本建设项目投资额、编制基本建设计划、实行基本建设大包干、控制基本建设投资和施工图预算造价的依据。

3. 园林工程概算定额编制依据

园林工程概算定额编制的依据主要有：

(1)现行的全国通用的设计标准、规范和施工验收规范；

(2)现行的园林工程预算定额；

(3)标准设计和有代表性的设计图纸；

(4)过去颁发的园林工程概算定额；

(5)现行的人工工资标准、材料预算价格和施工机械台班单价；

(6)有关园林工程施工图预算和结算资料。

4. 园林工程概算定额的编制原则

园林工程概算定额的编制应遵循以下原则：

(1)使概算定额适应设计、计划、统计和拨款的要求，更好地为园林工程建设服务。

(2)概算定额水平的确定，应与预算定额的水平基本一致。必须是反映正常条件下大多数企业的设计、生产施工管理水平。

(3)概算定额的编制深度,要适应设计深度的要求,项目划分,应坚持简化、准确和适用的原则。以主体结构分项为主,合并其他相关部分,进行适当综合扩大;概算定额项目计量单位的确定,与预算定额要尽量一致;应考虑统筹法及应用电子计算机编制的要求,以简化工程量和概算的计算编制。

(4)为了稳定概算定额水平,统一考核尺度和简化计算工程量,编制概算定额时,原则上不留活口,对于设计和施工变化多而影响工程量多、价差大的,应根据有关资料进行测算,综合取定常用数值,对于其中还包括不了的个性数值,可适当留些活口。

5. 园林工程概算定额的内容

园林工程概算定额由文字说明和定额表两部分组成。

(1)文字说明部分包括总说明和各章节的说明。

在总说明中,主要对编制的依据、用途、适用范围、工程内容、有关规定、取费标准和概算造价计算方法等进行阐述。

在分章说明中,包括分部工程量的计算规则、说明、定额项目的工程内容等。

(2)定额表格式。

定额表头注有本节定额的工作内容,定额的计量单位(或在表格内)。表格内有基价、人工、材料和机械费,主要材料消耗量等。

四、企业定额

1. 企业定额的概念

所谓企业定额,是指施工企业根据本企业的技术水平和管理水平,编制完成单位合格产品所必需的人工、材料和施工机械台班的消耗量,以及其他生产经营要素消耗的数量标准。企业定额反映企业的施工生产与生产消费之间的数量关系,是施工企业生产力水平的体现,每个企业均应拥有反映自己企业能力的企业定额。企业的技术和管理水平不同,企业定额的定额水平也就不同。因此,企业定额是施工企业进行施工管理和投标报价的基础和依据,从一定意义上讲,企业定额是企业的商业秘密,是企业参与市场竞争的核心竞争能力的具体表现。

2. 企业定额的表现形式

企业定额的编制应根据自身的特点,遵循简单、明了、准确、适用的原则。企业定额的构成及表现形式因企业的性质不同、取得资料的详细程度不同、编制的目的不同、编制的方法不同而不同。其构成及表现形式主要有以下几种:

(1)企业劳动定额。

(2)企业材料消耗定额。

(3)企业机械台班使用定额。

(4)企业施工定额。

(5)企业定额估价表。

(6)企业定额标准。

(7)企业产品出厂价格。

(8)企业机械台班租赁价格。

3. 企业定额的性质

企业定额是施工企业内部管理的定额。企业定额影响范围涉及企业内部管理的方方面面。

包括企业生产经营活动的计划、组织、协调、控制和指挥等各个环节。企业应根据本企业的具体条件和可能挖掘的潜力、市场的需求和竞争环境，根据国家有关政策、法律和规范、制度，自己编制定额，自行决定定额的水平，当然允许同类企业和同一地区的企业之间存在定额水平的差距。

4. 企业定额的作用

企业定额为施工企业编制施工作业计划、施工组织设计和施工预算提供了必要技术依据，具体来说，它在施工企业起着如下的作用。

(1)企业定额是企业计划管理的依据。企业定额在企业计划管理方面的作用，表现在它既是企业编制施工组织设计的依据，也是企业编制施工作业计划的依据。

施工组织设计是指导拟建工程进行施工准备和施工生产的技术经济文件，其基本任务是根据招标文件及合同协议的规定，确定出经济合理的施工方案，在人力和物力、时间和空间、技术和组织上对拟建工程作出最佳的安排。施工作业计划则是根据企业的施工计划、拟建工程的施工组织设计和现场实际情况编制的。这些计划的编制必须依据施工定额。因为施工组织设计包括三部分内容：即资源需用量、使用这些资源的最佳时间安排和平面规划。施工中实物工作量和资源需要量的计算均要以施工定额的分项和计量单位为依据。施工作业计划是施工单位计划管理的中心环节，编制时也要用施工定额进行劳动力、施工机械和运输力量的平衡；计算材料、构件等分期需用量和供应时间；计算实物工程量和安排施工形象进度。

(2)企业定额是编制施工组织设计的依据。在编制施工组织设计中，尤其是单位工程的作业设计，需要确定人工、材料和施工机械台班等资源消耗量，拟定使用资源的最佳时间安排，编制工程进度计划，以便于在施工中合理地利用时间、空间和资源。依靠施工定额能比较精确地计算出劳动力、材料、设备的需要量，以便于在开工前合理安排各基层的施工任务，做好人力、物力的综合平衡。

(3)企业定额是企业激励工人的条件。激励在实现企业管理目标中占有重要位置。所谓激励，就是采取某些措施激发和鼓励员工在工作中的积极性和创造性。行为科学者研究表明，如果职工受到充分的激励，其能力可发挥80%～90%，如果缺少激励，仅仅能够发挥出20%～30%的能力。但激励只有在满足人们某种需要的情形下才能起到作用。完成和超额完成定额，不仅能获取更多的工资报酬以满足生理需要，而且也能满足自尊和获取他人(社会)认同的需要，并且进一步满足尽可能发挥个人潜力以实现自我价值的需要。如果没有企业定额这种标准尺度，实现以上几个方面的激励就缺少必要的手段。

(4)企业定额是计算劳动报酬、实行按劳分配的依据。目前，施工企业内部推行了多种形式的承包经济责任制，但无论采取何种形式，计算承包指标或衡量班组的劳动成果都要以施工定额为依据。完成定额好，劳动报酬就多，达不到定额，劳动报酬就少。这样，工人的劳动成果和报酬直接挂钩，体现了按劳分配的原则。

(5)企业定额是编制施工预算，加强企业成本管理的基础。施工预算是施工单位用以确定单位工程上人工、机械、材料的资金需要量的计划文件。施工预算以企业定额为编制基础，既要反映设计图纸的要求，也要考虑在现有条件下可能采取的节约人工、材料和降低成本的各项具体措施。这就能够有效地控制施工中人力、物力消耗，节约成本开支。

施工中人工、机械和材料的费用，是构成工程成本中直接费用的主要内容，对间接费用的开支也有着很大的影响。严格执行施工定额不仅可以起到控制成本、降低费用开支的作用，同时为企业加强班组核算和增加盈利，创造了良好的条件。

(6)企业定额有利于推广先进技术。企业定额水平中包含着某些已成熟的先进的施工技术和经验，工人要达到和超过定额，就必须掌握和运用这些先进技术，如果工人要想大幅度超过定额，他就必须创造性的劳动。第一，在自己的工作中，注意改进工具和改进技术操作方法，注意原材料的节约，避免原材料和能源的浪费。第二，施工定额中往往明确要求采用某些较先进的施工工具和施工方法，所以贯彻施工定额也就意味着推广先进技术。第三，企业为了推行施工定额，往往要组织技术培训，以帮助工人能达到和超过定额。技术培训和技术表演等方式也都可以大大普及先进技术和先进操作方法。

(7)企业定额是编制预算定额和补充单位估价表的基础。预算定额的编制要以企业定额为基础。以企业定额的水平作为确定预算定额水平的基础，不仅可以免除测定定额水平的大量繁琐的工作，而且可以使预算定额符合施工生产和经营管理的实际水平，并保证施工中的人力、物力消耗能够得到足够补偿。企业定额作为编制补充单位估价表的基础，是指由于新技术、新结构、新材料、新工艺的采用而预算定额中缺项时，编制补充预算定额和补充单位估价表时，要以企业定额作为基础。

(8)企业定额是施工企业进行工程投标、编制工程投标报价的基础和主要依据。企业定额作为企业定额它反映本企业施工生产的技术水平和管理水平，在确定工程投标报价时，首先是根据企业定额计算出施工企业拟完成投标工程需要发生的计划成本。在掌握工程成本的基础上，再根据所处的环境和条件，确定在该工程上拟获得的利润、预计的工程风险费用和其他应考虑的因素，从而确定投标报价。因此，企业定额是施工企业编制计算投标报价的根基。

由此可见，企业定额在建筑安装企业管理的各个环节中都是不可缺少的，企业定额管理是企业的基础性工作，具有不容忽视的作用。

企业定额在工程建设定额体系中的基础作用，是由企业定额作为生产定额的基本性质决定的。企业定额和生产结合最紧密，它直接反映生产技术水平和管理水平，而其他各类定额则是在较高的层次上、较大的跨度上反映社会生产力水平。

企业定额作为工程建设定额体系中的基础，主要表现在企业定额的水平是确定概、预算定额和指标消耗水平的基础，首先它是确定建筑安装工程预算定额水平的基础。

以企业定额水平作为预算定额水平的计算基础，可以免除测定定额水平的大量繁杂工作，缩短工作周期，使预算定额与实际的生产和经营管理水平相适应，并能保证施工中的人力、物力消耗得到合理的补偿。

5. 企业定额的特点

作为企业定额，必须具备以下特点：

(1)其各项平均消耗要比社会平均水平低，体现其先进性。

(2)可以表现本企业在某些方面的技术优势。

(3)可以表现本企业局部或全面管理方面的优势。

(4)所有匹配的单价都是动态的，具有市场性。

(5)与施工方案能全面接轨。

6. 企业定额的编制原则

(1)平均先进性原则。平均先进是就定额的水平而言。定额水平，是指规定消耗在单位产品上的劳动、机械和材料数量的多少。也可以说，它是按照一定施工程序和工艺条件下规定的施工生产中活劳动和物化劳动的消耗水平。所谓平均先进水平，就是在正常的施工条件下，大多数施工队组和大多数生产者经过努力能够达到和超过的水平。

企业定额应以企业平均先进水平为基准，制定企业定额。使多数单位和员工经过努力，能够达到或超过企业平均先进水平，以保持定额的先进性和可行性。

贯彻平均先进性原则，首先，要考虑那些已经成熟并得到推广的先进技术和先进经验。但对于那些尚不成熟，或已经成熟尚未普遍推广的先进技术，暂时还不能作为确定定额水平的依据。其次，对于原始资料和数据要加以整理，剔除个别的、偶然的、不合理的数据，尽可能使计算数据具有实践性和可靠性。第三，要选择正常的施工条件，行之有效的技术方案和劳动组织、组织合理的操作方法，作为确定定额水平的依据。第四，从实际出发，综合考虑影响定额水平的有利和不利因素(包括社会因素)，这样才不致使定额水平脱离现实。

(2)简明适用性原则。简明适用，是就定额的内容和形式要方便于定额的贯彻和执行。

简明适用性原则，要求施工定额内容要能满足组织施工生产和计算工人劳动报酬等多种需要。同时，又要简单明了，容易掌握，便于查阅，便于计算，便于携带。

定额的简明性和适用性，是既有联系，又有区别的两个方面。编制施工定额时应全面加以贯彻。当两者发生矛盾时，定额的简明性应服从适应性的要求。

贯彻定额的简明适用性原则，关键是做到定额项目设置安全，项目划分粗细适当。定额项目的设置是否齐全完备，对定额的适用性影响很大。划分施工定额项目的基础，是工作过程或施工工序。不同性质、不同类型的工作过程或工序，都应分别反映在各个施工定额的项目中。即使是次要的，也应在说明、备注和系数中反映出来。

为了保证定额项目齐全，首先要加强基础资料的日常积累，尤其应注意收集和分析各项补充定额资料。其次，注意补充反映新结构、新材料、新技术的定额项目。第三，处理淘汰定额项目，要持慎重态度。

贯彻简明适用性原则，要努力使企业定额达到项目齐全、粗细恰当、布置合理的效果。

(3)以专家为主编制定额的原则。编制施工定额，要以专家为主，这是实践经验的总结。企业定额的编制要求有一支经验丰富、技术与管理知识全面、有一定政策水平的稳定的专家队伍，同时也要注意必须走群众路线，尤其是在现场测时和组织新定额试点时，这一点非常重要。

(4)保密原则。企业定额的指标体系及标准要严格保密。建筑市场强手林立，竞争激烈。就企业现行的定额水平，工程项目在投标中如被竞争对手获取，会使本企业陷入十分被动的境地，给企业带来不可估量的损失。所以，企业要有自我保护意识和相应的加密措施。

(5)独立自主的原则。施工企业作为具有独立法人地位的经济实体，应根据企业的具体情况和要求，结合政府的技术政策和产业导向，以企业盈利为目标，自主地制定企业定额。贯彻这一原则有利于企业自主经营；有利于执行现代企业制度；有利于施工企业摆脱过多的行政干预，更好地面对建筑市场竞争的环境。也有利于促进新的施工技术和施工方法的采用。

《建设工程工程量清单计价规范》确定了工程量清单计价的原则、方法和必须遵守的规则，包括统一了项目编码、项目名称、计量单位、工程量计算规则等。留给企业自主报价，参与市场竞争的空间，将属于企业性质的施工方法、施工措施和人工、材料、机械的消耗水平、取费等由企业自己根据自身和市场情况来确定，给企业充分选择的权利。

(6)时效性原则。企业定额是一定时期内技术发展和管理水平的反映，所以在一段时期内表现出稳定的状态。这种稳定性又是相对的，它还有显著的时效性。如果当企业定额不再适应市场竞争和成本监控的需要时，它就要重新编制和修订，否则就会挫伤群众的积极性，甚至产生负效应。

7. 企业定额的编制

企业定额的编制过程是一个系统而又复杂的过程，一般包括以下步骤。

(1)制定《企业定额编制计划书》。《企业定额编制计划书》一般包括以下内容：

1)企业定额编制的目的。企业定额编制的目的一定要明确，因为编制目的决定了企业定额的适用性，同时也决定了企业定额的表现形式，例如，企业定额的编制目的如果是为了控制工耗和计算工人劳动报酬，应采取劳动定额的形式；如果是为了企业进行工程成本核算，以及为企业走向市场参与投标报价提供依据，则应采用施工定额或定额估价表的形式。

2)定额水平的确定原则。企业定额水平的确定，是企业定额能否实现编制目的的关键。定额水平过高，背离企业现有水平，使定额在实施工程中，企业内多数施工队、班组、工人通过努力仍然达不到定额水平，不仅不利于定额在本企业内推行，还会挫伤管理者和劳动者双方的积极性；定额水平过低，起不到鼓励先进和督促落后的作用，而且对项目成本核算和企业参与市场竞争不利。因此，在编制计划书中，必须对定额水平进行确定。

3)确定编制方法和定额形式。定额的编制方法很多，对不同形式的定额，其编制方法也不相同。例如：劳动定额的编制方法有：技术测定法、统计分析法、类比推算法、经验估算法等；材料消耗定额的编制方法有观察法、试验法、统计法等。因此，定额编制究竟采取哪种方法应根据具体情况而定。企业定额编制通常采用的方法一般有两种：定额测算法和方案测算法。

4)拟成立企业定额编制机构，提交需参编人员名单。企业定额的编制工作是一个系统性的工程，它需要一批高素质的专业人才，在一个高效率的组织机构统一指挥下协调工作，因此，在定额编制工作开始时，必须设置一个专门的机构，配置一批专业人员。

5)明确应收集的数据和资料。定额在编制时要搜集大量的基础数据和各种法律、法规、标准、规程、规范文件、规定等，这些资料都是定额编制的依据。所以，在编制计划书中，要制定一份按门类划分的资料明细表。在明细表中，除一些必须采用的法律、法规、标准、规程、规范资料外，应根据企业自身的特点，选择一些能够取得适合本企业使用的基础性数据资料。

6)确定工期和编制进度。定额的编制是为了使用，具有时效性，所以，应确定一个合理的工期和进度计划表，这样，既有利于编制工作的开展，又能保证编制工作的效率和效益。

(2)搜集资料、调查、分析、测算和研究。搜集的资料包括：

1)现行定额，包括基础定额和预算定额；工程量计算规则。

2)国家现行的法律、法规、经济政策和劳动制度等与工程建设有关的各种文件。

3)有关建筑安装工程的设计规范、施工及验收规范、工程质量检验评定标准和安全操作规程。

4)现行的全国通用建筑标准设计图集、安装工程标准安装图集、定型设计图纸、具有代表性的设计图纸、地方建筑配件通用图集和地方结构构件通用图集，并根据上述资料计算工程量，作为编制定额的依据。

5)有关建筑安装工程的科学实验、技术测定和经济分析数据。

6)高新技术、新型结构、新研制的建筑材料和新的施工方法等。

7)现行人工工资标准和地方材料预算价格。

8)现行机械效率、寿命周期和价格；机械台班租赁价格行情。

9)本企业近几年各工程项目的财务报表、公司财务总报表，以及历年收集的各类经济数据。

10)本企业近几年各工程项目的施工组织设计、施工方案，以及工程结算资料。

11)本企业近几年所采用的主要施工方法。

12)本企业近几年发布的合理化建议和技术成果。

13)本企业目前拥有的机械设备状况和材料库存状况。

14)本企业目前工人技术素质、构成比例、家庭状况和收入水平。

资料收集后,要对上述资料进行分类整理、分析、对比、研究和综合测算,提取可供使用的各种技术数据。内容包括:企业整体水平与定额水平的差异;现行法律、法规,以及规程规范对定额的影响;新材料、新技术对定额水平的影响等。

(3)拟定编制企业定额的工作方案与计划。编制企业定额的工作方案与计划包括以下内容:

1)根据编制目的,确定企业定额的内容及专业划分。

2)确定企业定额的册、章、节的划分和内容的框架。

3)确定企业定额的结构形式及步距划分原则。

4)具体参编人员的工作内容、职责、要求。

(4)企业定额初稿的编制。

1)确定企业定额的定额项目及其内容。企业定额项目及其内容的编制,就是根据定额的编制目的及企业自身的特点,本着内容简明适用、形式结构合理、步距划分合理的原则,将一个单位工程,按工程性质划分为若干个分部工程,如土建专业的土石方工程、桩基础工程等。然后将分部工程划分为若干个分项工程,如土石方工程分为人工挖土方、淤泥、流沙,人工挖沟槽、基坑,人工挖桩孔、……、分项工程。最后,确定分项工程的步距,并根据步距对分项工程进一步地详细划分为具体项目。步距参数的设定一定要合理,既不应过粗,也不宜过细。如可根据土质和挖掘深度作为步距参数,对人工挖土方进行划分。同时应对分项工程的工作内容做简明扼要的说明。

2)确定定额的计量单位。分项工程计量单位的确定一定要合理,设置时应根据分项工程的特点,本着准确、贴切、方便计量的原则设置。定额的计量单位包括自然计量单位如:台、套、个、件、组等,国际标准计量单位如:m、km、m^2、m^3、kg、t 等。一般说,当实物体的三个度量都会发生变化时,采用立方米为计量单位,如土方、混凝土、保温等;如果实物体的三个度量中有两个度量不固定,采用平方米为计量单位,如地面、抹灰、油漆等;如果实物体截面积形状大小固定,则采用延长米为计量单位,如管道、电缆、电线等;不规则形状的,难以度量的则采用自然单位或重量单位为计量单位。

3)确定企业定额指标。确定企业定额指标是企业定额编制的重点和难点,企业定额指标的编制,应根据企业采用的施工方法、新材料的替代以及机械装备的装配和管理模式,结合搜集整理的各类基础资料进行确定。确定企业定额指标包括确定人工消耗指标、确定材料消耗指标、确定机械台班消耗指标等。

4)编制企业定额项目表。分项工程的人工、材料和机械台班的消耗量确定以后,接下来就可以编制企业定额项目表了。具体地说,就是编制企业定额表中的各项内容。

企业定额项目表是企业定额的主体部分,它由表头栏和人工栏、材料栏、机械栏组成。表头部分具以表述各分项工程的结构形式、材料做法和规格档次等;人工栏是以工种表示的消耗的工日数及合计,材料栏是按消耗的主要材料和消耗性材料依主次顺序分列出的消耗量。机械栏是按机械种类和规格型号分列出的机械台班使用量。

5)企业定额的项目编排。定额项目表,是按分部工程归类,按分项工程子目编排的一些项目表格。也就是说,按施工的程序,遵循章、节、项目和子目等顺序编排。

定额项目表中,大部分是以分部工程为章,把单位工程中性质相近,且材料大致相同的施工对象编排在一起。每章(分部工程)中,按工程内容施工方法和使用的材料类别的不同,分成若干个节(分项工程)。在每节(分项工程)中,可以分成若干项目,在项目下边,还可以根据施工要求、材料类别和机械设备型号的不同,细分成不同子目。

6)企业定额相关项目说明的编制。企业定额相关项目的说明包括:前言、总说明、目录、分部(或分章)说明、建筑面积计算规则、工程量计算规则、分项工程工作内容等。

7)企业定额估价表的编制。企业根据投标报价工作的需要,可以编制企业定额估价表。企业定额估价表是在人工、材料、机械台班三项消耗量的企业定额的基础上,用货币形式表达每个分项工程及其子目的定额单位估价计算表格。

企业定额估价表的人工、材料、机械台班单价是通过市场调查,结合国家有关法律文件及规定,按照企业自身的特点来确定。

(5)评审、修改及组织实施。评审及修改主要是通过对比分析、专家论证等方法,对定额的水平、使用范围、结构及内容的合理性,以及存在的缺陷进行综合评估,并根据评审结果对定额进行修正。

第四章　园林工程计价方法

第一节　园林工程定额计价

一、园林工程定额计价的程序

在我国，长期以来在园林工程价格形成中采用定额计价模式，即按园林工程预算定额规定的分部分项子目，逐项计算工程量，套用预算定额单价（或单位估价表）确定直接费，然后按规定的取费标准确定措施费、间接费、利润和税金，加上材料调差系数和适当的不可预见费，经汇总后即为工程预算或标底，而标底则作为评标定标的主要依据。

以定额单价法确定工程造价，是我国采用的一种与计划经济相适应的工程造价管理制度。定额计价实际上是国家通过颁布统一的估算指标、概算指标，以及概算、预算和有关定额，来对工程产品价格进行有计划的管理。国家以假定的工程产品为对象，制定统一的预算和概算定额。计算出每一单元子项的费用后，再综合形成整个工程的价格。工程计价的基本程序见图 4-1 所示：

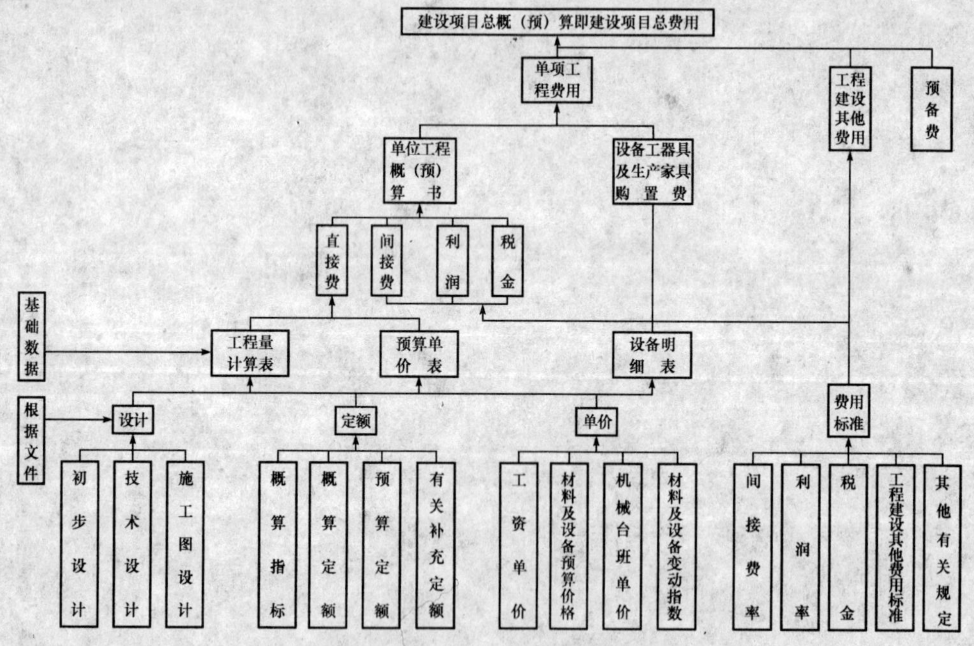

图 4-1　工程造价定额计价程序示意图

从定额计价的过程示意图中可以看出，编制园林工程造价最基本的过程有两个：工程量计算和工程计价。为统一口径，工程量的计算均按照统一的项目划分和工程量计算规则计算。工程量确定以后，就可以按照一定的方法确定出工程的成本及盈利，最终就可以确定出园林工程预算造价（或投标报价）。定额计价方法的特点就是一个量与价结合的问题。概预算的单位价格的形成过程，就是依据概预算定额所确定的消耗量乘以定额单价或市场价，经过不同层次的计算达到量与价的最优结合过程。

二、园林工程设计概算的编制

（一）园林工程设计概算的内容和作用

1. 园林工程设计概算的内容

园林工程设计概算是园林工程初步设计概算的简称，是指在初步设计或扩大初步设计阶段，由设计单位根据初步设计图纸、定额、指标、其他工程费用定额等，对园林工程投资进行的概略计算，这是初步设计文件的重要组成部分，是确定园林工程设计阶段的投资的依据，经过批准的园林工程设计概算是控制园林工程建设投资的最高限额。

园林工程设计概算分为三级概算，即单位工程概算、单项工程综合概算、园林工程项目总概算。其编制内容及相互关系见图 4-2 所示。

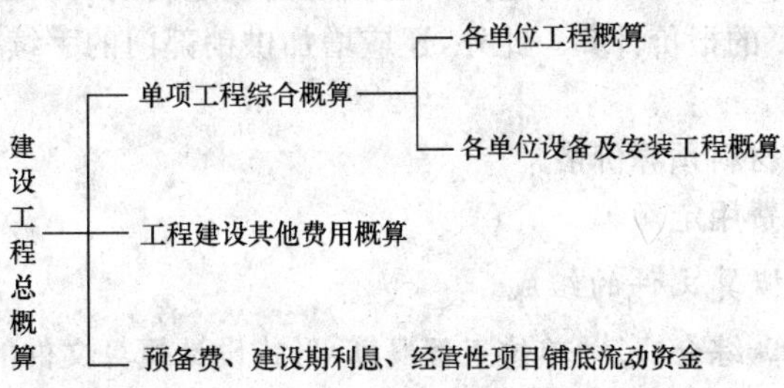

图 4-2　园林工程设计概算的编制内容及相互关系

2. 园林工程设计概算的作用

园林工程设计概算主要有以下几方面的作用：

(1)园林工程设计概算是确定园林工程项目、各单项工程及各单位工程投资的依据。按照规定报请有关部门或单位批准的初步设计及总概算，一经批准即作为园林工程项目静态总投资的最高限额，不得任意突破，必须突破时须报原审批部门(单位)批准。

(2)园林工程设计概算是编制投资计划的依据。计划部门根据批准的设计概算编制园林工程项目年固定资产投资计划，并严格控制投资计划的实施。若园林工程项目实际投资数额超过了总概算，那么必须在原设计单位和建设单位共同提出追加投资的申请报告基础上，经上级计划部门审核批准后，方能追加投资。

(3)园林工程设计概算是进行拨款和贷款的依据。建设银行根据批准的设计概算和年度投资计划，进行拨款和贷款，并严格实行监督控制。对超出概算的部分，未经计划部门批准，建行不得追加拨款和贷款。

(4)园林工程设计概算是实行投资包干的依据。在进行概算包干时，单项工程综合概算及园林工程项目总概算是投资包干指标商定和确定的基础，尤其经上级主管部门批准的设计概算或修正概算，是主管单位和包干单位签订包干合同，控制包干数额的依据。

(5)园林工程设计概算是考核设计方案的经济合理性和控制施工图预算的依据。设计单位根据设计概算进行技术经济分析和多方案评价，以提高设计质量和经济效果。同时保证施工图预算在设计概算的范围内。

(6)园林工程设计概算是进行各种施工准备、设备供应指标、加工订货及落实各项技术经济责任制的依据。

(7)园林工程设计概算是控制项目投资,考核建设成本,提高项目实施阶段工程管理和经济核算水平的必要手段。

(二)园林工程设计概算编制的依据

(1)经批准的园林工程项目计划任务书:计划任务书由国家或地方基建主管部门批准,其内容随园林工程项目的性质而异。一般包括建设目的、建设规模、建设理由、建设布局、建设内容、建设进度、建设投资、产品方案和原材料来源等。

(2)初步设计或扩大初步设计图纸和说明书:有了初步设计图纸和说明书,才能了解其设计内容和要求,并计算主要工程量,这些是编制设计概算的基础资料。

(3)概算指标、概算定额或综合预算定额:概算指标、概算定额和综合概算定额,是由国家或地方基建主管部门颁发的,是计算价格的依据,不足部分可参照预算定额或其他有关资料。

(4)设备价格资料:各种定型设备均按国家有关部门规定的现行产品出厂价格计算;非标准设备按非标准设备制造厂的报价计算。此外,还应增加供销部门的手续费、包装费、运输费及采购包管等费用资料。

(5)地区工资标准和材料预算价格。

(6)有关取费标准和费用定额。

(三)园林工程设计概算文件的组成

(1)三级编制(总概算、综合概算、单位工程概算)形式设计概算文件的组成:

1)封面、签署页及目录;

2)编制说明;

3)总概算表;

4)其他费用表;

5)综合概算表;

6)单位工程概算表;

7)附件:补充单位估价表。

(2)二级编制(总概算、单位工程概算)形式设计概算文件的组成:

1)封面、签署页及目录;

2)编制说明;

3)总概算表;

4)其他费用表;

5)单位工程概算表;

6)附件:补充单位估价表。

(四)园林工程设计概算的编制方法

园林工程设计概算是从最基本的单位工程概算编制开始逐级汇总而成的。

1. 单位工程概算的编制方法

园林单位工程设计概算,是在初步设计或扩大初步设计阶段进行。它是利用国家颁发的概算定额、概算指标或综合预算定额等,按照设计要求进行概略地计算园林工程的造价以及确定人工、材料和机械等需要量的一种方法。因此,它的特点是编制工作较为简单,但在精度上没有施工图预算准确。

一般情况下,施工图预算造价不允许超过设计概算造价,以便使设计概算能起着控制施工图预算的作用。所以,单位工程设计概算的编制,既要保证它的及时性,又要保证它的正确性。工程概算的编制方法包括扩大单价法、概算指标法、类似工程预算法。

(1)扩大单价法。当初步设计达到一定深度、结构比较明确时,可采用这种方法编制工程概算。

采用扩大单价法编制概算,首先根据概算定额编制扩大单位估价表。概算定额是按一定计算单位规定的、扩大分部分项工程或扩大结构部门的劳动、材料和机械台班的消耗量标准。扩大单位估价表是确定单位工程中各扩大分部分项工程或完整的结构所需全部材料费、人工费、施工机械使用费之和的文件。计算公式为:

$$\begin{aligned}\text{概算定额基价}&=\text{概算定额单位材料费}+\text{概算定额单位人工费}\\&\quad+\text{概算定额单位施工机械使用费}\\&=\sum\left(\begin{matrix}\text{概算定额中}\\\text{材料消耗量}\end{matrix}\times\begin{matrix}\text{材料预}\\\text{算价格}\end{matrix}\right)+\sum\left(\begin{matrix}\text{概算定额中}\\\text{人工工日消耗量}\end{matrix}\times\begin{matrix}\text{人工工}\\\text{资价格}\end{matrix}\right)\\&\quad+\sum\left(\begin{matrix}\text{概算定额中}\\\text{施工机械台班消耗量}\end{matrix}\times\begin{matrix}\text{机械台班}\\\text{费用单价}\end{matrix}\right)\end{aligned}\tag{4-1}$$

然后用算出的扩大分部分项工程的工程量,乘以扩大单位估价,进行具体计算。其中工程量的计算,必须根据定额中规定的各个扩大分部分项工程内容,遵循定额中规定的计算单位、工程量计算规则及方法来进行。

完整的编制步骤如下:

1)根据初步设计图纸和说明书,按园林工程概算定额中划分的项目计算工程量。有些无法直接计算工程量的零星工程,可根据概算定额的规定,按主要工程费用的百分比(一般为5%~8%)计算。

2)根据计算的工程量套用相应的扩大单位估价,计算出材料费、人工费、施工机械使用费三者费用之和。

3)根据有关取费标准计算其他直接费、间接费、计划利润和税金。

4)将上述各项费用加在一起,其和为园林工程概算造价。

5)将概算造价除以建筑面积可求出有关经济技术指标。

采用扩大单价法编制园林工程概算比较准确,但计算比较烦琐。只有具备一定的设计基本知识,熟悉概算定额,才能弄清分部分项的扩大综合内容,才能正确地计算扩大分部分项的工程量。同时在套用扩大单位估计时,如果所在地区的工资标准及材料预算价格与概算定额不一致时,则需要重新编制扩大单位估价或测定系数加以调整。

(2)概算指标法。当初步设计深度不够,不能准确地计算工程量,但工程采用的技术比较成熟而又有类似概算指标可以利用时,可采用概算指标法来编制概算。

概算指标是指按一定计量单位规定的,比概算定额更综合扩大的分部工程或单位工程等的劳动、材料和机械台班的消耗量标准和造价指标。

用概算指标编制概算的方法有以下两种。

1)直接套用概算指标编制概算。如果设计工程项目,在结构上与概算指标中某类型结构的建筑物相符,则可直接套用指标进行编制。此时即以指标中所规定的土建工程每百平方米或每平方米(或每立方米)的造价或人工、主要材料消耗量,乘以设计工程项目的概算相对应的工程量,即可得出该设计工程的全部概算价值(即直接费)和主要材料消耗量。其计算公式如下:

$$\text{每平方米建筑面积人工费}=\text{指标规定人工工日数}\times\text{本地区日工资标准}\tag{4-2}$$

每平方米建筑面积主要材料费=∑(指标规定主要材料数量×本地区材料预算价格) (4-3)

每平方米建筑面积直接费=人工费+主要材料费+其他材料费+施工机械使用费 (4-4)

每平方米建筑面积概算单价=直接费+间接费+材料差价+税金 (4-5)

设计工程概算价值=设计工程建筑面积×每平方米建筑面积概算单价 (4-6)

设计工程所需主要材料、人工数量=设计工程建筑面积
×每平方米建筑面积主要材料、人工耗用量 (4-7)

2)用修正概算指标编制概算。当设计对象结构特征与概算指标的结构特征局部有差别时，可用修正概算指标，再根据已计算的建筑面积或建筑体积乘以修正后的概算指标及单位价值，算出工程概算价值。

2. 单项工程综合概算编制

综合概算是以单项工程为编制对象，确定建成后可独立发挥作用的建筑物或构筑物所需全部建设费用的文件，由该单项工程内各单位工程概算书汇总而成。

综合概算书是园林工程项目总概算书的组成部分，是编制总概算书的基础文件，一般由编制说明和综合概算表两个部分组成。

3. 园林工程总概算的编制

园林工程总概算是确定整个园林工程项目从筹建到建成全部建设费用的文件，它由组成园林工程项目的各个单项工程综合概算及园林工程建设其他费用和预备费、固定资产投资方向调节税等汇总编制而成。

园林工程总概算的编制方法如下：

(1)按总概算组成的顺序和各项费用的性质，将各个单项工程综合概算及其他工程和费用概算汇总列入总概算表。

(2)将园林工程项目和费用名称及各项数值填入相应各栏内，然后按各栏分别汇总。

(3)以汇总后总额为基础，按取费标准计算预备费用、建设期利息、固定资产投资方向调节税、铺底流动资金。

(4)计算回收金额。回收金额是指在整个基本建设过程中所获得的各种收入。如原有房屋拆除所回收的材料和旧设备等的变现收入；试车收入大于支出部分的价值等。回收金额的计算方法，应按地区主管部门的规定执行。

(5)计算总概算价值。

总概算价值=第一部分费用+第二部分费用+预备费+建设期利息
+固定资产投资方向调节税+铺底流动资金-回收金额 (4-8)

(6)计算技术经济指标。整个项目的技术经济指标应选择有代表性和能说明投资效果的指标填列。

(7)投资分析。为对基本建设投资分配、构成等情况进行分析，应在总概算表中计算出各项工程和费用投资占总投资比例，在表的末栏计算出每项费用的投资占总投资的比例。

(五)园林工程设计概算文件常用表格

(1)设计概算封面、签署页、目录、编制说明样式见表4-1至表4-4。

(2)概算表格格式见表4-5至表4-17：

1)总概算表(表4-5)为采用三级编制形式的总概算的表格；

2)总概算表(表 4-6)为采用二级编制形式的总概算的表格;

3)其他费用表(表 4-7);

4)其他费用计算表(表 4-8);

5)综合概算表(表 4-9)为单项工程综合概算的表格;

6)建筑工程概算表(表 4-10)为单位工程概算的表格;

7)设备及安装工程概算表(表 4-11)为单位工程概算的表格;

8)补充单位估价表(表 4-12);

9)主要设备、材料数量及价格表(表 4-13);

10)进口设备、材料货价及从属费用计算表(表 4-16);

11)工程费用计算程序表(表 4-17)。

(3)调整概算对比表。

1)总概算对比表(表 4-14);

2)综合概算对比表(表 4-15)。

表 4-1 设计概算封面式样

(工程名称) 设 计 概 算 档 案 号: 共 册 第 册 (编制单位名称) (工程造价咨询单位执业章) 年 月 日

表 4-2　　设计概算签署页式样

（工程名称）

设 计 概 算

档 案 号：

共 册　第 册

编　制　人：__________［执业（从业）印章］__________
审　核　人：__________［执业（从业）印章］__________
审　定　人：__________［执业（从业）印章］__________
法定负责人：______________________________

表 4-3　　设计概算目录式样

序　号	编　号	名　称	页　次
1		编制说明	
2		总概算表	
3		其他费用表	
4		预备费计算表	
5		专项费用计算表	
6		×××综合概算表	
7		×××综合概算表	
		……	
8		×××单项工程概算表	
9		×××单项工程概算表	
		……	
10		补充单位估价表	
11		主要设备、材料数量及价格表	
12		概算相关资料	

表 4-4　　编制说明式样

编制说明

1　工程概况。

2　主要技术经济指标。

3　编制依据。

4　工程费用计算表

1)建筑工程工程费用计算表；

2)工艺安装工程工程费用计算表；

3)配套工程工程费用计算表；

4)其他工程工程费计算表。

5　引进设备、材料有关费率取定及依据：国外运输费、国外运输保险费、海关税费、增值税、国内运杂费、其他有关税费。

6　其他有关说明的问题。

7　引进设备、材料从属费用计算表。

表 4-5　　　　总概算表(三级编制形式)

总概算编号:________　工程名称:________________　　(单位: 万元) 共 页 第 页

序号	概算编号	工程项目或费用名称	建筑工程费	设备购置费	安装工程费	其他费用	合计	其中:引进部分		占总投资比例(%)
								美元	折合人民币	
一		工程费用								
1		主要工程								
		××××××								
		××××××								
2		辅助工程								
		××××××								
3		配套工程								
		××××××								
二		其他费用								
1		××××××								
2		××××××								
三		预备费								
四		专项费用								
1		××××××								
2		××××××								
		建设项目概算总投资								

编制人:　　　　审核人:　　　　审定人:

表 4-6 **总概算表(二级编制形式)**

总概算编号:________ 工程名称:__________ (单位: 万元) 共 页第 页

序号	概算编号	工程项目或费用名称	建筑工程费	设备购置费	安装工程费	其他费用	合计	其中:引进部分		占总投资比例(%)
								美元	折合人民币	
一		工程费用								
1		主要工程								
(1)	×××	××××××								
(2)	×××	××××××								
2		辅助工程								
(1)	×××	××××××								
3		配套工程								
(1)	×××	××××××								
二		其他费用								
1		××××××								
2		××××××								
三		预备费								
四		专项费用								
1		××××××								
2		××××××								
		建设项目概算总投资								

编制人: 审核人: 审定人:

表 4-7　　　　　　　　　　　　其他费用表

工程名称：________________　　　　　　　　　　　　（单位：万元）（元）　共　页第　页

序号	费用项目编号	费用项目名称	费用计算基数	费率(%)	金额	计算公式	备　注
1							
2							

编制人：　　　　　　　　　　　　　　　　审核人：

表 4-8 **其他费用计算表**

其他费用编号:________ 费用名称:________ (单位: 万元(元)) 共 页 第 页

序号	费用项目编号	费用项目名称	费用计算基数	费率(%)	金额	计算公式	备 注

编制人: 审核人:

表 4-9 **综合概算表**

综合概算编号:____ 工程名称(单项工程):____ (单位: 万元) 共 页 第 页

序号	概算编号	工程项目或费用名称	设计规模或主要工程量	建筑工程费	设备购置费	安装工程费	其他费用	合计	其中:引进部分	
									美元	折合人民币
一		主要工程								
1	×××	××××××								
2	×××	××××××								
二		辅助工程								
1	×××	××××××								
2	×××	××××××								
三		配套工程								
1	×××	××××××								
2	×××	××××××								
		单项工程概算费用合计								

编制人: 审核人: 审定人:

表 4-10　　建筑工程概算表

单位工程概算编号：＿＿＿＿＿　工程名称(单项工程)：＿＿＿＿＿　共　页　第　页

序号	定额编号	工程项目或费用名称	单位	数量	单价(元)				合价(元)			
					定额基价	人工费	材料费	机械费	金额	人工费	材料费	机械费
一		土石方工程										
1	××	×××××										
2	××	×××××										
二		砌筑工程										
1	××	×××××										
三		楼地面工程										
1	××	×××××										
		小　计										
		工程综合取费										
		单位工程概算费用合计										

编制人：　　　　　　审核人：

表 4-11　　设备及安装工程概算表

单位工程概算编号：＿＿＿＿＿　工程名称(单项工程)：＿＿＿＿＿　共　页　第　页

序号	定额编号	工程项目或费用名称	单位	数量	单价(元)					合价(元)				
					设备费	主材费	定额基价	其中：		设备费	主材费	定额费	其中：	
								人工费	机械费				人工费	机械费
一		设备安装												
1	××	×××××												
2	××	×××××												
二		管道安装												
1	××	×××××												
三		防腐保温												
1	××	×××××												
		小　计												
		工程综合取费												
		合计(单位工程概算费用)												

编制人：　　　　　　审核人：

表 4-12　　　　**补充单位估价表**

子目名称：　　　　工作内容：　　　　共　页　第　页

补充单位估价表编号							
定 额 基 价							
人工费							
材料费							
机械费							
名　称		单位	单价	数　量			
综合工日							
材料							
	其他材料费						
机械							

编制人：　　　　审核人：

表 4-13　　　　**主要设备、材料数量及价格表**

序号	设备、材料	规格型号及材质	单位	数量	单价(元)	价格来源	备　注

编制人：　　　　审核人：

表 4-14

总概算对比表

总概算编号：__________ 工程名称：__________ （单位：万元） 共 页第 页

序号	工程项目或费用名称	原批准概算					调整概算					差额（调整概算一原批准概算）	备注
		建筑工程费	设备购置费	安装工程费	其他费用	合计	建筑工程费	设备购置费	安装工程费	其他费用	合计		
一	工程费用												
1	主要工程												
(1)	××××××												
(2)	××××××												
2	辅助工程												
(1)	××××××												
3	配套工程												
(1)	××××××												
二	其他费用												
1	××××××												
2	××××××												
三	预备费												
四	专项费用												
1	××××××												
2	××××××												
	建设项目概算总投资												

编制人： 审核人：

表 4-15　　综合概算对比表

综合概算编号：______　工程名称：______________　　（单位：万元）共　页第　页

序号	工程项目或费用名称	原批准概算					调整概算					差额（调整概算一原批准概算）	调整的主要原因
		建筑工程费	设备购置费	安装工程费	其他费用	合计	建筑工程费	设备购置费	安装工程费	其他费用	合计		
一	主要工程												
1	××××××												
2	××××××												
二	辅助工程												
(1)	××××××												
三	配套工程												
1	××××××												
2	××××××												
	单项工程概算费用合计												

编制人：　　　　　　　　　　　　　　审核人：

表 4-16　　进口设备、材料货价及从属费用计算表

序号	设备、材料规格、名称及费用名称	单位	数量	单价（美元）	外币金额（美元）					折合人民币（元）	关税	增值税	银行财务费	外贸手续费	国内运杂费	合计	合计（元）
					货价	运输费	保险费	其他费用	合计								

编制人：　　　　　　　　　　　　　　审核人：

表 4-17　　工程费用计算程序表

序　号	费用名称	取费基础	费　率	计算公式

三、园林工程施工图预算的编制

(一)园林施工图预算及其作用

园林施工图预算是在设计的施工图完成以后,以施工图为依据,根据预算定额、费用标准以及工程所在地区的人工、材料、施工机械设备台班的预算价格编制的确定园林工程预算造价的文件。其作用:

(1)是园林工程实行招标、投标的重要依据;

(2)是签订园林工程施工合同的重要依据;

(3)是办理工程财务拨款、工程贷款和工程结算的依据;

(4)是施工单位进行人工和材料准备、编制施工进度计划、控制园林工程成本的依据;

(5)是落实或调整年度进度计划和投资计划的依据;

(6)是施工企业降低园林工程成本、实行经济核算的依据。

(二)园林施工图预算编制依据

(1)各专业设计施工图和文字说明、工程地质勘察资料;

(2)当地和主管部门颁布的现行建筑工程和园林工程预算定额(基础定额)、单位估价表、地区资料、构配件预算价格(或市场价格)、间接费用定额和有关费用规定等文件；

(3)现行的有关设备原价(出厂价或市场价)及运杂费率；

(4)现行的有关其他费用定额、指标和价格；

(5)建设场地中的自然条件和施工条件，并据以确定的施工方案或施工组织设计。

(三)园林施工图预算的编制方法

1. 工料单价法

工料单价法指分部分项工程量的单价为直接费，直接费以人工、材料、机械的消耗量及其相应价格与措施费确定。间接费、利润、税金按照有关规定另行计算。

(1)传统施工图预算使用工料单价法，其计算步骤如下：

1)准备资料，熟悉施工图。准备的资料包括施工组织设计、预算定额、工程量计算标准、取费标准、地区材料预算价格等。

2)计算工程量。首先要根据工程内容和定额项目，列出分项工程目录；其次根据计算顺序和计算规划列出计算式；第三，根据图纸上的设计尺寸及有关数据，代入计算式进行计算；第四，对计算结果进行整理，使之与定额中要求的计量单位保持一致，并予以核对。

3)套工料单价。核对计算结果后，按单位工程施工图预算直接费计算公式求得单位工程人工费、材料费和机械使用费之和。同时注意以下几项内容：

①分项工程的名称、规格、计量单位必须与预算定额工料单价或单位计价表中所列内容完全一致。以防重套、漏套或错套工料单价而产生偏差；

②进行局部换算或调整时，换算指定额中已计价的主要材料品种不同而进行的换价，一般不调量；调整指施工工艺条件不同而对人工、机械的数量增减，一般调量不换价；

③若分项工程不能直接套用定额、不能换算和调整时，应编制补充单位计价表；

④定额说明允许换算与调整以外部分不得任意修改。

4)编制工料分析表。根据各分部分项工程项目实物工程量和预算定额中项目所列的用工及材料数量，计算各分部分项工程所需人工及材料数量，汇总后算出该单位工程所需各类人工、材料的数量。

5)计算并汇总造价。根据规定的税、费率和相应的计取基础，分别计算措施费、间接费、利润、税金等。将上述费用累计后进行汇总，求出单位工程预算造价。

6)复核。对项目填列、工程量计算公式、计算结果、套用的单价、采用的各项取费费率、数字计算、数据精确度等进行全面复核，以便及时发现差错，及时修改，提高预算的准确性。

7)填写封面、编制说明。封面应写明工程编号、工程名称、工程量、预算总造价和单方造价、编制单位名称、负责人和编制日期以及审核单位的名称、负责人和审核日期等。编制说明主要应写明预算所包括的工程内容范围、依据的图纸编号、承包企业的等级和承包方式、有关部门现行的调价文件号、套用单价需要补充说明的问题及其他需说明的问题等。

现在编制施工图预算时特别要注意，所用的工程量和人工、材料量是统一的计算方法和基础定额；所用的单价是地区性的(定额、价格信息、价格指数和调价方法)。由于在市场条件下价格是变动的，要特别重视定额价格的调整。

(2)实物法编制施工图预算的步骤：实物法编制施工图预算是先算工程量、人工、材料量、机械台班(即实物量)，然后再计算费用和价格的方法。这种方法适应市场经济条件下编制施工图预算的需要，在改革中应当努力实现这种方法的普遍应用。其编制步骤如下：

1)准备资料，熟悉施工图纸。

2)计算工程量。

3)套基础定额,计算人工、材料、机械数量。

4)根据当时、当地的人工、材料、机械单价,计算并汇总人工费、材料费、机械使用费,得出单位工程直接工程费。

5)计算措施费、间接费、利润和税金,并进行汇总,得出单位工程造价(价格)。

6)复核。

7)填写封面、编写说明。

2. 综合单价法

综合单价法指分部分项工程量的单价为全费用单价,既包括直接费、间接费、利润(酬金)、税金,也包括合同约定的所有工料价格变化风险等一切费用,是一种国际上通行的计价方式。综合单价法按其所包含项目工作的内容及工程计量方法的不同,又可分为以下三种表达形式:

(1)参照现行预算定额(或基础定额)对应子目所约定的工作内容、计算规则进行报价。

(2)按招标文件约定的工程量计算规则以及按技术规范规定的每一分部分项工程所包括的工作内容进行报价。

(3)由投标者依据招标图纸、技术规范,按其计价习惯,自主报价,即工程量的计算方法、投标价的确定,均由投标者根据自身情况决定。

综合单价是由分项工程的直接费、间接费、利润和税金组成的,而直接费是以人工、材料、机械的消耗量及相应价格与措施费确定的。因此计价顺序应当是:

1)准备资料,熟悉施工图纸。

2)划分项目,按统一规定计算工程量。

3)计算人工、材料和机械数量。

4)套综合单价,计算各分项工程造价。

5)汇总得分部工程造价。

6)各分部工程造价汇总得单位工程造价。

7)复核。

8)填写封面、编写说明。

四、园林工程竣工决算

(一)园林工程竣工决算的概念与作用

1. 园林工程竣工决算的概念

园林工程竣工决算是园林工程经济效益的全面反映,是项目法人核定各类新增资产价值、办理其交付使用的依据。通过竣工决算,一方面能够正确反映园林工程的实际造价和投资结果;另一方面可以通过竣工决算与概算、预算的对比分析,考核投资控制的工作成效,总结经验教训,积累技术经济方面的基础资料,提高未来园林工程的投资效益。

2. 园林工程竣工决算的作用

(1)园林竣工决算是综合、全面地反映工程竣工项目建设成果及财务情况的总结性文件,它采用货币指标、实物数量、建设工期和种种技术经济指标综合、全面地反映园林工程项目自开始建设到竣工为止的全部建设成果和财物状况。

(2)园林工程竣工决算是办理交付使用资产的依据,也是竣工验收报告的重要组成部分。建设单位与使用单位在办理交付资产的验收交接手续时,通过竣工决算反映了交付使用资产的全部价值,包括固定资产、流动资产、无形资产和其他资产的价值。同时,它还详细提供了交付使用资产的名称、规格、数量、型号和价值等明细资料,是使用单位确定各项新增资产价值并登记入账的依据。

(3)园林工程竣工决算是分析和检查设计概算的执行情况,考核投资效果的依据。

园林工程竣工决算反映了竣工项目计划、实际的建设规模、建设工期以及设计和实际的生产能力,反映了概算总投资和实际的建设成本,同时还反映了所达到的主要技术经济指标。通过对这些指标计划数、概算数与实际数进行对比分析,不仅可以全面掌握园林工程项目计划和概算执行情况,而且可以考核园林工程项目投资效果,为今后制定基建计划,降低园林工程成本,提高投资效果提供必要的资料。

(二)园林工程竣工决算的编制依据

(1)经批准的可行性研究报告及其投资估算。

(2)经批准的初步设计或扩大初步设计及其概算或修正概算。

(3)经批准的施工图设计及其施工图预算。

(4)设计交底或图纸会审纪要。

(5)招投标的标底、承包合同、工程结算资料。

(6)施工记录或施工签证单,以及其他施工中发生的费用记录,如:索赔报告与记录、停(交)工报告等。

(7)竣工图及各种竣工验收资料。

(8)历年基建资料、历年财务决算及批复文件。

(9)设备、材料调价文件和调价记录。

(10)有关财务核算制度、办法和其他有关资料、文件等。

(三)园林工程竣工决算的编制步骤

按照财政部印发的《基本建设财务管理若干规定》的通知要求,园林工程竣工决算的编制步骤如下:

(1)收集、整理、分析原始资料。从园林工程开始就按编制依据的要求,收集、清点、整理有关资料,主要包括园林工程档案资料,如:设计文件、施工记录、上级批文、概(预)算文件、工程结算的归集整理,财务处理、财产物资的盘点核实及债权债务的清偿,做到账账、账证、账实、账表相符。对各种设备、材料、工具、器具等要逐项盘点核实并填列清单,妥善保管,或按照国家有关规定处理,不准任意侵占和挪用。

(2)对照、核实工程变动情况,重新核实各单位工程、单项工程造价。将竣工资料与原设计图纸进行查对、核实,必要时可实地测量,确认实际变更情况;根据经审定的施工单位竣工结算等原始资料,按照有关规定对原概(预)算进行增减调整,重新核定工程造价。

(3)将审定后的待摊投资、设备工器具投资、园林建筑安装工程投资、园林工程建设其他投资严格划分和核定后,分别计入相应的成本栏目内。

(4)编制竣工财务决算说明书,力求内容全面、简明扼要、文字流畅、说明问题。

(5)填报竣工财务决算报表。

(6)作好园林工程造价对比分析。

(7)清理、装订好竣工图。

(8)按国家规定上报、审批、存档。

第二节 园林工程工程量清单计价

一、园林工程工程量清单计价格式

(一)封面

1. 工程量清单(封一1)

________________工程

工 程 量 清 单

招 标 人:________________ (单位盖章)	工程造价 咨 询 人:________________ (单位资质专用章)
法定代表人 或其授权人:________________ (签字或盖章)	法定代表人 或其授权人:________________ (签字或盖章)
编 制 人:________________ (造价人员签字盖专用章)	复 核 人:________________ (造价工程师签字盖专用章)
编制时间: 年 月 日	复核时间: 年 月 日

封一1

2. 招标控制价(封一2)

______________工程

招标控制价

招标控制价(小写)：______________

(大写)：______________

招　标　人：______________
(单位盖章)

工程造价
咨　询　人：______________
(单位资质专用章)

法定代表人
或其授权人：______________
(签字或盖章)

法定代表人
或其授权人：______________
(签字或盖章)

编　制　人：______________
(造价人员签字盖专用章)

复　核　人：______________
(造价工程师签字盖专用章)

编制时间：　年　月　日

复核时间：　年　月　日

封一2

3. 投标总价(封一3)

投 标 总 价

招　　标　　人：________________________________

工　程　名　称：________________________________

投标总价(小写)：________________________________

　　　　(大写)：________________________________

投　标　人：________________________________

(单位盖章)

法定代表人
或其授权人：________________________________

(签字或盖章)

编　制　人：________________________________

(造价人员签字盖专用章)

编 制 时 间：　　年　　月　　日

封一3

4. 竣工结算总价(封一4)

____________________工程

竣工结算总价

中标价(小写):________________　　(大写):________________

结算价(小写):________________　　(大写):________________

发　包　人:________ (单位盖章)	承　包　人:________ (单位盖章)	工程造价 咨　询　人:________ (单位资质专用章)
法定代表人 或其授权人:________ (签字或盖章)	法定代表人 或其授权人:________ (签字或盖章)	法定代表人 或其授权人:________ (签字或盖章)

编　制　人:____________　　核　对　人:____________

(造价人员签字盖专用章)　　(造价工程师签字盖专用章)

编制时间:　　年　月　日　　核对时间:　　年　月　日

封一4

(二)总说明

总 说 明

工程名称：　　　　　　　　　　　　　　　　　　第 页 共 页

表一01

(三)汇总表

1. 工程项目招标控制价/投标报价汇总表(表一02)

工程项目招标控制价/投标报价汇总表

工程名称：　　　　　　　　　　　　　　　　　　第 页 共 页

序号	单项工程名称	金额(元)	其中		
			暂估价(元)	安全文明施工费(元)	规费(元)
合计					

注:本表适用于工程项目招标控制价或投标报价的汇总。

表一02

2. 单项工程招标控制价/投标报价汇总表(表一03)

单项工程招标控制价/投标报价汇总表

工程名称：　　　　　　　　　　　　第　页共　页

序号	单项工程名称	金额(元)	其中		
			暂估价(元)	安全文明施工费(元)	规费(元)
	合计				

注：本表适用于单项工程招标控制价或投标报价的汇总。暂估价包括分部分项工程中的暂估价和专业工程暂估价。

表一03

3. 单位工程招标控制价/投标报价汇总表(表一04)

单位工程招标控制价/投标报价汇总表

工程名称： 标段： 第 页 共 页

序 号	汇 总 内 容	金额(元)	其中:暂估价(元)
1	分部分项工程		
1.1			
1.2			
1.3			
1.4			
1.5			
2	措施项目		—
2.1	安全文明施工费		—
3	其他项目		—
3.1	暂列金额		—
3.2	专业工程暂估价		—
3.3	计日工		—
3.4	总承包服务费		—
4	规费		—
5	税金		—
招标控制价合计=1+2+3+4+5			

注:本表适用于单位工程招标控制价或投标报价的汇总,如无单位工程划分,单项工程也使用本表汇总。

表一04

4. 工程项目竣工结算汇总表(表一05)

工程项目竣工结算汇总表

工程名称：　　　　　　　　　　　　　　　　　　　　　　　　　　第　页　共　页

<table>
<tr><th rowspan="2">序　号</th><th rowspan="2">单项工程名称</th><th rowspan="2">金　额(元)</th><th colspan="2">其　　中</th></tr>
<tr><th>安全文明施工费(元)</th><th>规费(元)</th></tr>
<tr><td></td><td></td><td></td><td></td><td></td></tr>
<tr><td colspan="2">合　　计</td><td></td><td></td><td></td></tr>
</table>

表一05

5. 单项工程竣工结算汇总表(表一06)

单项工程竣工结算汇总表

工程名称：　　　　　　　　　　　　　　　　　　　　　　　　　　第　页　共　页

<table>
<tr><th rowspan="2">序　号</th><th rowspan="2">单位工程名称</th><th rowspan="2">金额(元)</th><th colspan="2">其　　中</th></tr>
<tr><th>安全文明施工费(元)</th><th>规费(元)</th></tr>
<tr><td></td><td></td><td></td><td></td><td></td></tr>
<tr><td colspan="2">合　　计</td><td></td><td></td><td></td></tr>
</table>

表一06

6. 单位工程竣工结算汇总表(表一07)

单位工程竣工结算汇总表

工程名称　　　　标段:　　　　第　页共　页

序　号	汇　总　内　容	金　　额(元)
1	分部分项工程	
1.1		
1.2		
1.3		
1.4		
1.5		
2	措施项目	
2.1	安全文明施工费	
3	其他项目	
3.1	专业工程结算价	
3.2	计日工	
3.3	总承包服务费	
3.4	索赔与现场签证	
4	规费	
5	税金	
竣工结算总价合计=1+2+3+4+5		

注:如无单位工程划分,单项工程也使用本表汇总。

表一07

(四)分部分项工程量清单表

1. 分部分项工程量清单与计价表(表一08)

分部分项工程量清单与计价表

工程名称:　　　　　　　　　　　　　　　标段:　　　　　　　　　　　　　　　第　页　共　页

序　号	项目编码	项目名称	项目特征描述	计量单位	工程量	金　额(元)		
						综合单价	合　价	其中:暂估价
本页小计								
合　计								

注:根据原建设部、财政部发布的《建筑安装工程费用组成》(建标[2003]206号)的规定,为计取规费等的使用,可在表中增设其中:"直接费"、"人工费"或"人工费+机械费"。

表一8

2. 工程量清单综合单价分析表(表一09)

工程量清单综合单价分析表

工程名称　　　　　　　　　　　　标段:　　　　　　　　　　　　第　页　共　页

项目编码				项目名称				计量单位			
清单综合单价组成明细											
定额编号	定额名称	定额单位	数　量	单　价				人工费	材料费	机械费	管理费和利润
				人工费	材料费	机械费	管理费和利润				
人工单价		小　计									
元/工日		未计价材料费									
清单项目综合单价											
材料费明细	主要材料名称、规格、型号						单　位	数　量	单价(元)	合价(元)	暂估单价(元)	暂估合价(元)
	其他材料费								—		—	
	材料费小计								—		—	

注:1. 如不使用省级或行业建设主管部门发布的计价依据,可不填定额项目、编号等。

2. 招标文件提供了暂估单价的材料,按暂估的单价填入表内“暂估单价”栏及“暂估合价”栏。

表一09

(五)措施项目清单表

1. 措施项目清单与计价表(一)(表一10)

措施项目清单与计价表(一)

工程名称　　　　　　　　　　　　标段:　　　　　　　　　　　　第　页　共　页

序号	项　目　名　称	计算基础	费率(%)	金额(元)
1	安全文明施工费			
2	夜间施工费			
3	二次搬运费			
4	冬雨季施工			
5	大型机械设备进出场及安拆费			
6	施工排水			
7	施工降水			
8	地上、地下设施、建筑物的临时保护设施			
9	已完工程及设备保护			
10	各专业工程的措施项目			
11				
12				
合　计				

注:1. 本表适用于以"项"计价的措施项目。

2. 根据原建设部、财政部发布的《建筑安装工程费用组成》(建标[2003]206 号)的规定,"计算基础"可为"直接费"、"人工费"或"人工费+机械费"。

表一10

2. 措施项目清单与计价表(二)(表一11)

措施项目清单与计价表(二)

工程名称:　　　　　　　　　　　　标段:　　　　　　　　　　　　第　页　共　页

序　号	项目编码	项目名称	项目特征描述	计量单位	工程量	金　额(元)	
						综合单价	合　价
本页小计							
合　计							

注:本表适用于以综合单价形式计价的措施项目。

表一11

(六)其他项目清表

1. 其他项目清单与计价汇总表(表—12)

其他项目清单与计价汇总表

工程名称: 标段: 第 页 共 页

序 号	项目名称	计量单位	金额(元)	备 注
1	暂列金额			明细详见表—12—1
2	暂估价			
2.1	材料暂估价		—	明细详见表—12—2
2.2	专业工程暂估价			明细详见表—12—3
3	计日工			明细详见表—12—4
4	总承包服务费			明细详见表—12—5
5				
合 计				—

注:材料暂估单价进入清单项目综合单价,此处不汇总。

表—12

2. 暂列金额明细表(表—12—1)

暂列金额明细表

工程名称: 标段: 第 页 共 页

序 号	项 目 名 称	计量单位	暂定金额(元)	备 注
1				
2				
3				
4				
5				
6				
7				
8				
9				
10				
11				
合 计				—

注:此表由招标人填写,如不能详列,也可只列暂定金额总额,投标人应将上述暂列金额计入投标总价中。

表—12—1

3. 材料暂估单价表(表一12一2)

材料暂估单价表

工程名称：　　　　　　　　　　　　　标段：　　　　　　　　　　　　　　　　　第　页　共　页

序　号	材料名称	计量单位	单价(元)	备　注

注：1. 此表由招标人填写，并在备注栏说明暂估价的材料拟用在哪些清单项目上，投标人应将上述材料暂估单价计入工程量清单综合单价报价中。

2. 材料包括原材料、燃料、构配件以及按规定应计入建筑安装工程造价的设备。

表一12一2

4. 专业工程暂估价表(表—12—3)

专业工程暂估价表

工程名称：　　　　　　　　　　　　　　标段：　　　　　　　　　　　　　　第　页　共　页

序　号	工　程　名　称	工程内容	金额(元)	备　注
合　计				—

注：此表由招标人填写，投标人应将上述专业工程暂估价计入投标总价中。

表—12—3

5. 计日工表(表—12—4)

计日工表

工程名称：　　　　　　　　　　　　标段：　　　　　　　　　　　　第　页　共　页

编　号	项目名称	单　位	暂定数量	综合单价	合　价
一	人　工				
1					
2					
3					
人工小计					
二	材　料				
1					
2					
3					
材料小计					
三	施工机械				
1					
2					
施工机械小计					
总　计					

注：此表项目名称、数量由招标人填写，编制招标控制价时，单价由招标人按有关计价规定确定；投标时，单价由投标人自主报价，计入投标总价中。

表—12—4

6. 总承包服务费计价表(表—12—5)

总承包服务费计价表

工程名称：　　　　　　　　　　　　标段：　　　　　　　　　　　　第　页　共　页

序　号	项目名称	项目价值(元)	服务内容	费率(%)	金额(元)
1	发包人发包专业工程				
2	发包人供应材料				
合　计					

表—12—5

7. 索赔与现场签证计价汇总表(表—12—6)

索赔与现场签证计价汇总表

工程名称：　　　　　　　　　　　　　　　标段：　　　　　　　　　　　　　第　页共　页

序　号	签证及索赔项目名称	计量单位	数　量	单价(元)	合价(元)	索赔及签证依据
本页小计						—
合　计						—

注：签证及索赔依据是指经双方认可的签证单和索赔依据的编号。

表—12—6

8. 费用索赔申请(核准)表(表—12—7)

费用索赔申请(核准)表

工程名称：　　　　　　　　　　　　标段：　　　　　　　　　　第　页　共　页

<table>
<tr><td colspan="2">致：________________________________(发包人全称)
根据施工合同条款第____条的约定，由于__________原因，我方要求索赔金额(大写)__________元，(小写)________元，请予核准。
附：1. 费用索赔的详细理由和依据：
2. 索赔金额的计算：
3. 证明材料：

承包人(章)
承包人代表______
日　　期______</td></tr>
<tr><td>复核意见：
根据施工合同条款第____条的约定，你方提出的费用索赔申请经复核：
□不同意此项索赔，具体意见见附件。
□同意此项索赔，索赔金额的计算，由造价工程师复核

监理工程师______
日　　期______</td><td>复核意见：
根据施工合同条款第____条的约定，你方提出的费用索赔申请经复核，索赔金额为(大写)____元，(小写)____元。

造价工程师______
日　　期______</td></tr>
<tr><td colspan="2">审核意见：
□不同意此项索赔。
□同意此项索赔，与本期进度款同期支付。

发包人(章)
发包人代表______
日　　期______</td></tr>
</table>

注：1. 在选择栏中的“□”内作标识“√”。
2. 本表一式四份，由承包人填报，发包人、监理人、造价咨询人、承包人各存一份。

表—12—7

9. 现场签证表(表－12－8)

现场签证表

工程名称： 标段： 第 页 共 页

施工部位		日期	

致：________________________________(发包人全称)

根据________(指令人姓名) 年 月 日的口头指令或你方________(或监理人) 年 月 日的书面通知，我方要求完成此项工作应支付价款金额为(大写)______元，(小写)______元，请予核准。

附：1. 签证事由及原因：

2. 附图及计算式：

承包人(章)

承包人代表________

日 期________

复核意见： 你方提出的此项签证申请经复核： □不同意此项签证，具体意见见附件。 □同意此项签证，签证金额的计算，由造价工程师复核。 监理工程师________ 日 期________	复核意见： □此项签证按承包人中标的计日工单价计算，金额为(大写)____元，(小写)____元。 □此项签证因无计日工单价，金额为(大写)____元，(小写)____。 造价工程师________ 日 期________

审核意见：

□不同意此项签证。

□同意此项签证，价款与本期进度款同期支付。

发包人(章)

发包人代表________

日 期________

注：1. 在选择栏中的"□"内作标识"√"。

2. 本表一式四份，由承包人在收到发包人(监理人)的口头或书面通知后填写，发包人、监理人、造价咨询人、承包人各存一份。

表－12－8

（七）规费、税金项目清单与计价表

规费、税金项目清单与计价表

工程名称： 标段： 第 页 共 页

序号	项目名称	计算基础	费率(%)	金额(元)
1	规费			
1.1	工程排污费			
1.2	社会保障费			
(1)	养老保险费			
(2)	失业保险费			
(3)	医疗保险费			
1.3	住房公积金			
1.4	危险作业意外伤害保险			
1.5	工程定额测定费			
2	税金	分部分项工程费＋措施项目费＋其他项目费＋规费		
合计				

注：根据原建设部、财政部发布的《建筑安装工程费用组成》(建标[2003]206号)的规定，“计算基础”可为“直接费”、“人工费”或“人工费＋机械费”。

表—13

(八)工程款支付申请(核准)表

工程款支付申请(核准)表

工程名称: 标段: 第 页 共 页

致:____(发包人全称)

我方于___至___期间已完成了________工作,根据施工合同的约定,现申请支付本期的工程款额为(大写)____元,(小写)____元,请予核准。

序 号	名 称	金额(元)	备 注
1	累计已完成的工程价款		
2	累计已实际支付的工程价款		
3	本周期已完成的工程价款		
4	本周期完成的计日工金额		
5	本周期应增加和扣减的变更金额		
6	本周期应增加和扣减的索赔金额		
7	本周期应抵扣的预付款		
8	本周期应扣减的质保金		
9	本周期应增加或扣减的其他金额		
10	本周期实际应支付的工程价款		

承包人(章)

承包人代表________

日 期________

复核意见:

□与实际施工情况不相符,修改意见见附件。

□与实际施工情况相符,具体金额由造价工程师复核。

监理工程师________

日 期________

复核意见:

你方提出的支付申请经复核,本期间已完成工程款额为(大写)____元,(小写)____元。本期间应支付金额为(大写)____元,(小写)____。

造价工程师________

日 期________

审核意见:

□不同意。

□同意,支付时间为本表签发后的15天内。

发包人(章)

发包人代表________

日 期________

注:1. 在选择栏中的"□"内作标识"√"。

2. 本表一式四份,由承包人填报,发包人、监理人、造价咨询人、承包人各存一份。

表—14

二、园林工程工程量清单计价编制要求

(一)园林工程工程量清单

1. 工程量清单的概念

工程量清单是表现拟建工程的分部分项工程项目、措施项目、其他项目、规费项目和税金项目的名称和相应数量的明细清单。工程量清单包括分部分项工程量清单、措施项目清单、其他项目清单、规费项目清单和税金项目清单。

(1)工程量清单应由招标人负责编制,若招标人不具有编制工程量清单的能力,则可根据《工程造价咨询企业管理办法》(原建设部第149号令)的规定,委托具有工程造价咨询性质的工程造价咨询人编制。

(2)采用工程量清单方式招标,工程量清单必须作为招标文件的组成部分,其准确性和完整性由招标人负责。

(3)工程量清单是工程量清单计价的基础,应作为编制招标控制价、投标报价、计算工程量、支付工程款、调整合同价款、办理竣工结算以及工程索赔等的依据之一。

2. 工程量清单的编制依据

工程量清单应依据以下依据进行编制:

(1)《建设工程工程量清单计价规范》(GB 50500—2008);

(2)国家或省级、行业建设主管部门颁发的计价依据和办法;

(3)建设工程设计文件;

(4)与建设工程项目有关的标准、规范、技术资料;

(5)招标文件及其补充通知、答疑纪要;

(6)施工现场情况、工程特点及常规施工方案;

(7)其他相关资料。

3. 分部分项工程量清单

(1)分部分项工程量清单应包括项目编码、项目名称、项目特征、计量单位和工程量。这是构成分部分项工程量清单的五个要件,在分部分项工程量清单的组成中缺一不可。

(2)分部分项工程量清单应根据《建设工程工程量清单计价规范》(GB 50500—2008)中附录规定的项目编码、项目名称、项目特征、计量单位和工程量计算规则进行编制。

(3)分部分项工程量清单的项目编码应采用十二位阿拉伯数字表示。其中一、二位为工程分类顺序码,建筑工程为01,装饰装修工程为02,安装工程为03,市政工程为04,园林绿化工程为05,矿山工程为06;三、四位为专业工程顺序码;五、六位为分部工程顺序码;七、八、九位为分项工程项目名称顺序码;十至十二位为清单项目名称顺序码,应根据拟建工程的工程量清单项目名称设置,同一招标工程的项目编码不得有重码。

(4)分部分项工程量清单的项目名称应按《建设工程工程量清单计价规范》(GB 50500—2008)附录的项目名称结合拟建工程的实际确定。

(5)分部分项工程量清单中所列工程量应按《建设工程工程量清单计价规范》(GB 50500—2008)附录中规定的工程量计算规则计算。工程量的有效位数应遵守下列规定:

(6)分部分项工程量清单的计量单位应按《建设工程工程量清单计价规范》(GB 50500—2008)附录中规定的计量单位确定,当计量单位有两个或两个以上时,应根据拟建工程项目的实际,选择最适宜表现该项目特征并方便计量的单位。

(7)分部分项工程量清单项目特征应按《建设工程工程量清单计价规范》(GB 50500—2008)附录中规定的项目特征，结合拟建工程项目的实际予以描述。

(8)编制工程量清单出现《建设工程工程量清单计价规范》(GB 50500—2008)附录中未包括的项目，编制人应作补充，并报省级或行业工程造价管理机构备案，省级或行业工程造价管理机构应汇总报住房和城乡建设部标准定额研究所。

4. 措施项目清单

(1)措施项目清单应根据拟建工程的实际情况列项。通用措施项目可按表 4-18 选择列项，专业工程的措施项目可按《建设工程工程量清单计价规范》(GB 50500—2008)附录中规定的项目选择列项。若出现《建设工程工程量清单计价规范》(GB 50500—2008)未列的项目，可根据工程实际情况补充。

表 4-18　　通用措施项目一览表

序　号	项　目　名　称
1	安全文明施工(含环境保护、文明施工、安全施工、临时设施)
2	夜间施工
3	二次搬运
4	冬雨季施工
5	大型机械设备进出场及安拆
6	施工排水
7	施工降水
8	地上、地下设施，建筑物的临时保护设施
9	已完工程及设备保护

(2)措施项目中可以计算工程量的项目清单宜采用分部分项工程量清单的方式编制，列出项目编码、项目名称、项目特征、计量单位和工程量计算规则；不能计算工程量的项目清单，以“项”为计量单位。

(3)《建设工程工程量清单计价规范》(GB 50500—2008)将实体性项目划分为分部分项工程量清单，非实体性项目划分为措施项目。所谓非实体性项目，一般来说，其费用的发生和金额的大小与使用时间、施工方法或者两个以上工序相关，与实际完成的实体工程量的多少关系不大，典型的是大中型施工机械、文明施工和安全防护、临时设施等。但有的非实体性项目，则是可以计算工程量的项目，典型的是混凝土浇筑的模板工程，用分部分项工程量清单的方式采用综合单价，更有利于措施费的确定和调整，更有利于合同管理。

5. 其他项目清单

(1)其他项目清单宜按照下列内容列项：

1)暂列金额。暂列金额是招标人在工程量清单中暂定并包括在合同价款中的一笔款项。

2)暂估价。暂估价是指招标阶段直至签订合同协议时，招标人在招标文件中提供的用于支付必然发生但暂时不能确定价格的材料以及专业工程的金额。

3)计日工。计日工是为解决现场发生的零星工作的计价而设立的，其为额外工作和变更的计价提供了一个方便快捷的途径。计日工适用的所谓零星工作一般是指合同约定之外的或者因变更而产生的、工程量清单中没有相应项目的额外工作，尤其是那些时间不允许事先商定价格的额外工作。

4)总承包服务费。总承包服务费是为了解决招标人在法律、法规允许的条件下进行专业工程发包,以及自行供应材料、设备,并需要总承包人对发包的专业工程提供协调和配合服务,对供应的材料、设备提供收、发和保管服务以及进行施工现场管理时发生,并向总承包人支付的费用。招标人应预计该项费用并按投标人的投标报价向投标人支付该项费用。

(2)当工程实际中出现上述第(1)条中未列出的其他项目清单项目时,可根据工程实际情况进行补充。如工程竣工结算时出现的索赔和现场签证等。

6. 规费项目清单

规费项目清单中应按下列内容列项:

(1)工程排污费;

(2)工程定额测定费;

(3)社会保障费:包括养老保险费、失业保险费、医疗保险费;

(4)住房公积金;

(5)危险作业意外伤害保险。

7. 税金项目清单

税金项目清单应按下列内容列项:

(1)营业税;

(2)城市维护建设税;

(3)教育费附加。

(二)园林工程工程量清单计价

1. 招标控制价

招标控制价是招标人根据国家或省级、行业建设主管部门颁发的有关计价依据和办法,按设计施工图纸计算的,对招标工程限定的最高工程造价。国有资金投资的工程建设项目应实行工程量清单招标,并应编制招标控制价。

(1)分部分项工程费应根据招标文件中的分部分项工程量清单项目的特征描述及有关要求,按规定确定综合单价进行计算。综合单价中应包括招标文件中要求投标人承担的风险费用。招标文件提供了暂估单价的材料,按暂估的单价计入综合单价。

(2)措施项目费应按招标文件中提供的措施项目清单确定,措施项目采用分部分项工程综合单价形式进行计价的工程量,应按措施项目清单中的工程量,并按规定确定综合单价;以“项”为单位的方式计价的,按规定确定除规费、税金以外的全部费用。措施项目费中的安全文明施工费应当按照国家或省级、行业建设主管部门的规定标准计价:

(3)其他项目费应按下列规定计价。

1)暂列金额。暂列金额由招标人根据工程特点,按有关计价规定进行估算确定。为保证工程施工建设的顺利实施,在编制招标控制价时应对施工过程中可能出现的各种不确定因素对工程造价的影响进行估算,列出一笔暂列金额。暂列金额可根据工程的复杂程度、设计深度、工程环境条件(包括地质、水文、气候条件等)进行估算,一般可按分部分项工程费的10%~15%作为参考。

2)暂估价。暂估价包括材料暂估价和专业工程暂估价。暂估价中的材料单价应按照工程造价管理机构发布的工程造价信息或参考市场价格确定;暂估价中的专业工程暂估价应分不同专业,按有关计价规定估算;

3)计日工。计日工包括计日工人工、材料和施工机械。在编制招标控制价时,对计日工中的人工单价和施工机械台班单价应按省级、行业建设主管部门或其授权的工程造价管理机构公布的单价计算;材料应按工程造价管理机构发布的工程造价信息中的材料单价计算,工程造价信息未发布材料单价的材料,其价格应按市场调查确定的单价计算。

4)总承包服务费。招标人应根据招标文件中列出的内容和向总承包人提出的要求,参照下列标准计算:

①招标人仅要求对分包的专业工程进行总承包管理和协调时,按分包的专业工程估算造价的1.5%计算;

②招标人要求对分包的专业工程进行总承包管理和协调,并同时要求提供配合服务时,根据招标文件中列出的配合服务内容和提出的要求,按分包的专业工程估算造价的3%～5%计算;

③招标人自行供应材料的,按招标人供应材料价值的1%计算。

(4)招标控制价的规费和税金必须按国家或省级、行业建设主管部门的规定计算。

2. 投标价

(1)分部分项工程费。分部分项工程费包括完成分部分项工程量清单项目所需的人工费、材料费、施工机械使用费、企业管理费、利润,以及一定范围内的风险费用。分部分项工程费应按分部分项工程清单项目的综合单价计算。投标人投标报价时依据招标文件中分部分项工程量清单项目的特征描述确定清单项目的综合单价。在招投标过程中,当出现招标文件中分部分项工程量清单特征描述与设计图纸不符时,投标人应以分部分项工程量清单的项目特征描述为准,确定投标报价的综合单价。当施工中施工图纸或设计变更与工程量清单项目特征描述不一致时,发、承包双方应按实际施工的项目特征,依据合同约定重新确定综合单价。

招标文件中提供了暂估单价的材料,应按暂估的单价计入综合单价;

综合单价中应考虑招标文件中要求投标人承担的风险内容及其范围(幅度)产生的风险费用。在施工过程中,当出现的风险内容及其范围(幅度)在合同约定的范围内时,工程价款不做调整。

(2)措施项目费。

1)投标人可根据工程实际情况并结合施工组织设计,对招标人所列的措施项目进行增补。由于各投标人拥有的施工装备、技术水平和采用的施工方法有所差异,招标人提出的措施项目清单是根据一般情况确定的,没有考虑不同投标人的"个性",投标人投标时应根据自身编制的投标施工组织设计或施工方案确定措施项目,对招标人提供的措施项目进行调整。投标人根据投标施工组织设计或施工方案调整和确定的措施项目应通过评标委员会的评审。

2)措施项目费的计算包括:

①措施项目的内容应依据招标人提供的措施项目清单和投标人投标时拟定的施工组织设计或施工方案;

②措施项目费的计价方式应根据招标文件的规定,可以计算工程量的措施清单项目采用综合单价方式报价,其余的措施清单项目采用以"项"为计量单位的方式报价;

③措施项目费由投标人自主确定,但其中安全文明施工费应按国家或省级、行业建设主管部门的规定确定,且不得作为竞争性费用。

(3)其他项目费。投标人对其他项目费投标报价应按以下原则进行:

1)暂列金额应按照其他项目清单中列出的金额填写,不得变动;

2)暂估价不得变动和更改。暂估价中的材料必须按照其他项目清单中列出的暂估单价计入综合单价;专业工程暂估价必须按照其他项目清单中列出的金额填写;

3)计日工应按照其他项目清单列出的项目和估算的数量，自主确定各项综合单价并计算费用；

4)总承包服务费应依据招标人在招标文件中列出的分包专业工程内容和供应材料、设备情况，按照招标人提出协调、配合与服务要求和施工现场管理需要自主确定。

(4)规费和税金。规费和税金应按国家或省级、行业建设主管部门的规定计算，不得作为竞争性费用。规费和税金的计取标准是依据有关法律、法规和政策规定制定的，具有强制性。投标人是法律、法规和政策的执行者，不能改变，更不能制定，而必须按照法律、法规、政策的有关规定执行。

(5)投标总价。实行工程量清单招标，投标人的投标总价应当与组成工程量清单的分部分项工程费、措施项目费、其他项目费和规费、税金的合计金额相一致，即投标人在投标报价时，不能进行投标总价优惠(或降价、让利)，投标人对招标人的任何优惠(或降价、让利)均应反映在相应清单项目的综合单价中。

3. 工程合同价款的约定

(1)实行招标的工程，合同约定不得违背招标文件中关于工期、造价、资质等方面的实质性内容。所谓合同实质性内容，按照《中华人民共和国合同法》第三十条规定："有关合同标的、数量、质量、价款或者报酬、履行期限、履行地点和方式、违约责任和解决争议方法等的变更，是对要约内容的实质性变现"。

在工程招投标及建设工程合同签订过程中，招标文件应视为要约邀请，投标文件为要约，中标通知书为承诺。因此，在签订建设工程合同时，当招标文件与中标人的投标文件有不一致的地方，应以投标文件为准。

(2)工程合同价款的约定是建设工程合同的主要内容。根据有关法律条款的规定，实行招标的工程合同价款应在中标通知书发出之日起 30 天内，由发、承包双方依据招标文件和中标人的投标文件在书面合同中约定。

不实行招标的工程合同价款，在发、承包双方认可的工程价款基础上，由发、承包双方在合同中约定。

工程合同价款的约定应满足以下几个方面的要求：

1)约定的依据要求：招标人向中标的投标人发出的中标通知书；

2)约定的时间要求：自招标人发出中标通知书之日起 30 天内；

3)约定的内容要求：招标文件和中标人的投标文件；

4)合同的形式要求：书面合同。

(3)合同形式。工程建设合同的形式主要有单价合同和总价合同两种。合同的形式对工程量清单计价的适用性不构成影响，无论是单价合同还是总价合同均可以采用工程量清单计价。区别仅在于工程量清单中所填写的工程量的合同约束力。

《建设工程工程量清单计价规范》(GB 50500—2008)规定："实行工程量清单计价的工程，宜采用单价合同方式。"即合同约定的工程价款中所包含的工程量清单项目综合单价在约定条件内是固定的，不予调整，工程量允许调整。工程量清单项目综合单价在约定的条件外，允许调整。但调整方式、方法应在合同中约定。

清单计价规范规定实行工程量清单计价的工程宜采用单价合同，并不表示排斥总价合同。总价合同适用规模不大、工序相对成熟、工期较短、施工图纸完备的工程施工项目。

4. 工程计量与价款支付

(1)工程计量。

1)工程计量时,若发现工程量清单中出现漏项、工程量计算偏差,以及工程变更引起工程量的增减,应按承包人在履行合同义务过程中实际完成的工程量计算。

2)承包人应按照合同约定,向发包人递交已完工程量报告。发包人应在接到报告后按合同约定进行核对。当发、承包双方在合同中未对工程量的计量时间、程序、方法和要求作约定时,按以下规定处理:

①承包人应在每个月末或合同约定的工程段末向发包人递交上月或工程段已完工程量报告。

②发包人应在接到报告后7天内按施工图纸(含设计变更)核对已完工程量,并应在计量前24小时通知承包人。承包人应按时参加。

③计量结果:

a. 如发、承包双方均同意计量结果,则双方应签字确认;

b. 如承包人未按通知参加计量,则由发包人批准的计量应认为是对工程量的正确计量;

c. 如发包人未在规定的核对时间内进行计量,视为承包人提交的计量报告已经认可;

d. 如发包人未在规定的核对时间内通知承包人,致使承包人未能参加计量,则由发包人所作的计量结果无效;

e. 对于承包人超出施工图纸范围或因承包人原因造成返工的工程量,发包人不予计量;

f. 如承包人不同意发包人的计量结果,承包人应在收到上述结果后7天内向发包人提出,申明承包人认为不正确的详细情况。发包人收到后,应在2天内重新检查对有关工程量的计量,或予以确认,或将其修改。

发、承包双方认可的核对后的计量结果应作为支付工程进度款的依据。

(2)工程进度款支付申请。承包人应在每个付款周期末(月末或合同约定的工程段完成后),向发包人递交进度款支付申请,并附相应的证明文件。除合同另有约定外,进度款支付申请应包括下列内容:

1)本周期已完成工程的价款;

2)累计已完成的工程价款;

3)累计已支付的工程价款;

4)本周期已完成计日工金额;

5)应增加和扣减的变更金额;

6)应增加和扣减的索赔金额;

7)应抵扣的工程预付款;

(3)发包人支付工程进度款。发包人在收到承包人递交的工程进度款支付申请及相应的证明文件后,发包人应在合同约定时间内核对承包人的支付申请并应按合同约定的时间和比例向承包人支付工程进度款。发包人应扣回的工程预付款,与工程进度款同期结算抵扣。

当发、承包双方在合同中未对工程进度款支付申请的核对时间以及工程进度款支付时间、支付比例作约定时,按以下规定办理:

1)发包人应在收到承包人的工程进度款支付申请后14天内核对完毕。否则,从第15天起承包人递交的工程进度款支付申请视为被批准;

2)发包人应在批准工程进度款支付申请的14天内,向承包人按不低于计量工程价款的60%,不高于计量工程价款的90%向承包人支付工程进度款;

3)发包人在支付工程进度款时,应按合同约定的时间、比例(或金额)扣回工程预付款。

5. 索赔与现场签证

(1)索赔。

1)索赔的条件。合同一方向另一方提出索赔时，应有正当的索赔理由和有效证据，并应符合合同的相关约定。建设工程施工中的索赔是发、承包双方行使正当权利的行为，承包人可向发包人索赔，发包人也可向承包人索赔。任何索赔事件的确立，其前提条件是必须有正当的索赔理由。对正当索赔理由的说明必须具有证据，因为进行索赔主要是靠证据说话。没有证据或证据不足，索赔是难以成功的。

2)索赔证据。

①索赔证据的要求。一般有效的索赔证据都具有以下几个特征：

a. 及时性：既然干扰事件已发生，又意识到需要索赔，就应在有效时间内提出索赔意向。在规定的时间内报告事件的发展影响情况，在规定时间内提交索赔的详细额外费用计算账单，对发包人或工程师提出的疑问及时补充有关材料。如果拖延太久，将增加索赔工作的难度。

b. 真实性：索赔证据必须是在实际过程中产生，完全反映实际情况，能经得住对方的推敲。由于在工程过程中合同双方都在进行合同管理，收集工程资料，所以双方应有相同的证据。使用不实的、虚假证据是违反商业道德甚至法律的。

c. 全面性：所提供的证据应能说明事件的全过程。索赔报告中所涉及的干扰事件、索赔理由、索赔值等都应有相应的证据，不能凌乱和支离破碎，否则发包人将退回索赔报告，要求重新补充证据。这会拖延索赔的解决，损害承包商在索赔中的有利地位。

d. 关联性：索赔的证据应当能互相说明，相互具有关联性，不能互相矛盾。

e. 法律证明效力：索赔证据必须有法律证明效力，特别对准备递交仲裁的索赔报告更要注意这一点。

(a)证据必须是当时的书面文件，一切口头承诺、口头协议不算。

(b)合同变更协议必须由双方签署，或以会谈纪要的形式确定，且为决定性决议。一切商讨性、意向性的意见或建议都不算。

(c)工程中的重大事件、特殊情况的记录应由工程师签署认可。

②索赔证据的种类。

a. 招标文件、工程合同、发包人认可的施工组织设计、工程图纸、技术规范等。

b. 工程各项有关的设计交底记录、变更图纸、变更施工指令等。

c. 工程各项经发包人或合同中约定的发包人现场代表或监理工程师签认的签证。

d. 工程各项往来信件、指令、信函、通知、答复等。

e. 工程各项会议纪要。

f. 施工计划及现场实施情况记录。

g. 施工日报及工长工作日志、备忘录。

h. 工程送电、送水、道路开通、封闭的日期及数量记录。

i. 工程停电、停水和干扰事件影响的日期及恢复施工的日期记录。

j. 工程预付款、进度款拨付的数额及日期记录。

k. 工程图纸、图纸变更、交底记录的送达份数及日期记录。

l. 工程有关施工部位的照片及录像等。

m. 工程现场气候记录，如有关天气的温度、风力、雨雪等。

n. 工程验收报告及各项技术鉴定报告等。

o. 工程材料采购、订货、运输、进场、验收、使用等方面的凭据。

p. 国家和省级或行业建设主管部门有关影响工程造价、工期的文件、规定等。

3)承包人的索赔。

①若承包人认为非承包人原因发生的事件造成了承包人的经济损失，承包人应在确认该事件发生后，持证明索赔事件发生的有效证据和依据正当的索赔理由，按合同约定的时间向发包人发出索赔通知。发包人应按合同约定的时间对承包人提出的索赔进行答复和确认。发包人在收到最终索赔报告后并在合同约定时间内，未向承包人作出答复，视为该项索赔已经认可。

这种索赔方式称之为单项索赔，即在每一件索赔事项发生后，递交索赔通知书，编报索赔报告书，要求单项解决支付，不与其他的索赔事项混在一起。单项索赔是施工索赔通常采用的方式。它避免了多项索赔的相互影响制约，所以解决起来比较容易。

当施工过程中受到非常严重的干扰，以致承包人的全部施工活动与原来的计划不大相同，原合同规定的工作与变更后的工作相互混淆，承包人无法为索赔保持准确而详细的成本记录资料，无法采用单项索赔的方式，而只能采用综合索赔。综合索赔俗称一揽子索赔。即对整个工程(或某项工程)中所发生的数起索赔事项，综合在一起进行索赔。采取这种方式进行索赔，是在特定的情况下被迫采用的一种索赔方法。

采取综合索赔时，承包人必须提出以下证明：a. 承包商的投标报价是合理的；b. 实际发生的总成本是合理的；c. 承包商对成本增加没有任何责任；d. 不可能采用其他方法准确地计算出实际发生的损失数额。

当发、承包双方在合同中未对工程索赔事项作具体约定时，按以下规定处理。

a. 承包人应在确认引起索赔的事件发生后 28 天内向发包人发出索赔通知，否则，承包人无权获得追加付款，竣工时间不得延长。

b. 承包人应在现场或发包人认可的其他地点，保持证明索赔可能需要的记录。发包人收到承包人的索赔通知后，未承认发包人责任前，可检查记录保持情况，并可指示承包人保持进一步的同期记录。

c. 在承包人确认引起索赔的事件后 42 天内，承包人应向发包人递交一份详细的索赔报告，包括索赔的依据、要求追加付款的全部资料。

如果引起索赔的事件具有连续影响，承包人应按月递交进一步的中间索赔报告，说明累计索赔的金额。

承包人应在索赔事件产生的影响结束后 28 天内，递交一份最终索赔报告。

d. 发包人在收到索赔报告后 28 天内，应作出回应，表示批准或不批准并附具体意见。还可以要求承包人提供进一步的资料，但仍要在上述期限内对索赔作出回应。

e. 发包人在收到最终索赔报告后的 28 天内，未向承包人作出答复，视为该项索赔报告已经认可。

②承包人索赔的程序。承包人索赔应按下列程序处理：

a. 承包人在合同约定的时间内向发包人递交费用索赔意向通知书；

b. 发包人指定专人收集与索赔有关的资料；

c. 承包人在合同约定的时间内向发包人递交费用索赔申请表；

d. 发包人指定的专人初步审查费用索赔申请表，符合规定的条件时予以受理；

e. 发包人指定的专人进行费用索赔核对，经造价工程师复核索赔金额后，与承包人协商确定并由发包人批准；

f. 发包人指定的专人应在合同约定的时间内签署费用索赔审批表，或发出要求承包人提交有关索赔的进一步详细资料的通知，待收到承包人提交的详细资料后，按规定的程序进行。

③索赔事件发生后，在造成费用损失时，往往会造成工期的变动。当索赔事件造成的费用损失与工期相关联时，承包人应根据发生的索赔事件，在向发包人提出费用索赔要求的同时，提出工期延长的要求。

发包人在批准承包人的索赔报告时，应将索赔事件造成的费用损失和工期延长联系起来，综合作出批准费用索赔和工期延长的决定。

4)发包人的索赔。若发包人认为由于承包人的原因造成额外损失，发包人应在确认引起索赔的事件后，按合同约定向承包人发出索赔通知。承包人在收到发包人索赔通知后并在合同约定时间内，未向发包人作出答复，视为该项索赔已经认可。

当合同中未就发包人的索赔事项作具体约定，按以下规定处理。

①发包人应在确认引起索赔的事件发生后 28 天内向承包人发出索赔通知，否则，承包人免除该索赔的全部责任。

②承包人在收到发包人索赔报告后的 28 天内，应作出回应，表示同意或不同意并附具体意见，如在收到索赔报告后的 28 天内，未向发包人作出答复，视为该项索赔报告已经认可。

(2)现场签证。

1)承包人应发包人要求完成合同以外的零星工作或非承包人责任事件发生时，承包人应按合同约定及时向发包人提出现场签证。若合同中未对此作出具体约定，按照财政部、建设部印发的《建设工程价款结算暂行办法》(财建[2004]369 号)的规定，发包人要求承包人完成合同以外零星项目，承包人应在接受发包人要求的 7 天内就用工数量和单价、机械台班数量和单价、使用材料和金额等向发包人提出施工签证，发包人签证后施工，如发包人未签证，承包人施工后发生争议的，责任由承包人自负。

发包人应在收到承包人的签证报告 48 小时内给予确认或提出修改意见，否则，视为该签证报告已经认可。

2)按照财政部、建设部印发的《建设工程价款结算办法》(财建[2004]369 号)等十五条的规定："发包人和承包人要加强施工现场的造价控制，及时对工程合同外的事项如实记录并履行书面手续。凡由发、承包双方授权的现场代表签字的现场签证以及发、承包双方协商确定的索赔等费用，应在工程竣工结算中如实办理，不得因发、承包双方现场代表的中途变更改变其有效性"，《建设工程工程量清单计价规范》(GB 50500—2008)规定："发、承包双方确认的索赔与现场签证费用与工程进度款同期支付。"此举可避免发包方变相拖延工程款以及发包人以现场代表变更而不承认某些索赔或签证的事件发生。

6. 工程价款调整

(1)工程价款调整的原则。工程建设过程中，发、承包双方都是国家法律、法规、规章及政策的执行者。因此，在发、承包双方履行合同的过程中，当国家的法律、法规、规章及政策发生变化，国家或省级、行业建设主管部门或其授权的工程造价管理机构据此发布工程造价调整文件，工程价款应当进行调整。《建设工程工程量清单计价规范》(GB 50500—2008)中规定："招标工程以投标截止日前 28 天，非招标工程以合同签订前 28 天为基准日，其后国家的法律、法规、规章和政策发生变化影响工程造价的，应按省级或行业建设主管部门或其授权的工程造价管理机构发布的规定调整合同价款。"

(2)综合单价调整。

1)若施工中出现施工图纸(含设计变更)与工程量清单项目特征描述不符的，发、承包双方应按新的项目特征确定相应工程量清单项目的综合单价。如工程招标时，工程量清单对某实心砖墙砌体进行项目特征描述时，砂浆强度等级为 M2.5 混合砂浆，但施工过程中发包方将其变更为

(或施工图纸原本就采用)砂浆强度等级为 M5.0 混合砂浆,显然这时应重新确定综合单价,因为 M2.5 和 M5.0 混合砂浆的价格是不一样的。

2)因分部分项工程量清单漏项或非承包人原因的工程变更,造成增加新的工程量清单项目,其对应的综合单价按下列方法确定:

①合同中有已有适用的综合单价,按合同中已有综合单价确定。前提条件是其采用的材料、施工工艺和方法相同,亦不因此增加关键线路上工程的施工时间;

②合同中类似的综合单价,参照类似的综合单价确定。前提条件是其采用的材料、施工工艺和方法基本相似,不增加关键线路上工程的施工时间,可仅就其变更后的差异部分,参考类似的项目单价由发、承包双方协商新的项目单价;

③合同中没有适用或类似的综合单价,由承包人提出综合单价,经发包人确认后执行。

3)因非承包人原因引起的工程量增减,该项工程量变化在合同约定幅度以内的,应执行原有的综合单价;该项工程量变化在合同约定幅度以外的,其综合单价及措施项目费应予以调整,如何进行调整应在合同中约定。如合同中未作约定,按以下原则:

①当工程量清单项目工程量的变化幅度在 10%以内时,其综合单价不做调整,执行原有综合单价。

②当工程量清单项目工程量的变化幅度在 10%以外,且其影响分部分项工程费超过 0.1%时,其综合单价以及对应的措施费(如有)均应作调整。调整的方法是由承包人对增加的工程量或减少后剩余的工程量提出新的综合单价和措施项目费,经发包人确认后调整。

(3)措施费的调整。因分部分项工程量清单漏项或非承包人原因的工程变更,引起措施项目发生变化,造成施工组织设计或施工方案变更,原措施费中已有的措施项目,按原措施费的组价方法调整;原措施费中没有的措施项目,由承包人根据措施项目变更情况,提出适当的措施费变更,经发包人确认后调整。

7. 竣工结算

(1)办理竣工结算的原则。

1)工程完工后,发、承包双方应在合同约定时间内输工程竣工结算。合同中没有约定或约定不清的,按《建设工程工程量清单计价规范》(GB 50500—2008)中相关规定实施。

2)工程竣工结算由承包人或受其委托具有相应资质的工程造价咨询人编制,由发包人或受其委托具有相应资质的工程造价咨询人核对。

(2)办理竣工结算的依据。工程竣工结算的依据主要以下几个方面:

1)《建设工程工程量清单计价规范》(GB 50500—2008);

2)施工合同;

3)工程竣工图纸及资料;

4)双方确认的工程量;

5)双方确认追加(减)的工程价款;

6)双方确认的索赔、现场签证事项及价款;

7)投标文件;

8)招标文件;

9)其他依据。

(3)办理竣工结算的要求。

1)分部分项工程费的计算。分部分项工程费应依据发、承包双方确认的工程量、合同约定的综合单价计算。如发生调整的,以发、承包双方确认的综合单价计算。

2)措施项目费的计算。措施项目费应依据合同中约定的项目和金额计算,如合同中规定采用综合单价计价的措施项目,应依据发、承包双方确认的工程量和综合单价计算,规定采用“项”计价的措施项目,应依据合同约定的措施项目和金额或发、承包双方确认调整后的措施项目费金额计算。如发生调整的,以发承包双方确认调整的金额计算。

措施项目费中的安全文明施工费应按照国家或省级、行业建设主管部门的规定计算。施工过程中,国家或省级、行业建设主管部门对安全文明施工费进行了调整的,措施项目费中的安全文明施工费应作相应调整。

3)其他项目费的计算。办理竣工结算时,其他项目费的计算应按以下要求进行:

①计日工的费用应按发包人实际签证确认的数量和合同约定的相应单价计算;

②当暂估价中的材料是招标采购的,其单价按中标在综合单价中调整。当暂估价中的材料为非招标采购的,其单价按发、承包双方最终确认的单价在综合单价中调整。

当暂估价中的专业工程是招标采购的,其金额按中标价计算。当暂估价中的专业工程为非招标采购的,其金额按发、承包双方与分包人最终确认的金额计算;

③总承包服务费应依据合同约定的金额计算,发、承包双方依据合同约定对总承包服务进行了调整,应按调整后的金额计算;

④索赔事件产生的费用在办理竣工结算时应在其他项目费中反映。索赔费用的金额应依据发、承包双方确认的索赔事项和金额计算;

⑤现场签证发生的的费用在办理竣工结算时应在其他项目费中反映。现场签证费用金额依据发、承包双方签证资料确认的金额计算;

⑥合同价款中的暂列金额在用于各项价款调整、索赔与现场签证后,若有余额,则余额归发包人,若出现差额,则由发包人补足并反映在相应的工程价款中。

4)规费和税金的计算。办理竣工结算时,规费和税金应按照国家或省级、行业建设主管部门规定的计取标准计算。

(4)办理竣工结算的程序。

1)承包人应在合同约定时间内编制完成竣工结算书,并在提交竣工验收报告的同时递交给发包人。承包人未在合同约定时间内递交竣工结算书,经发包人催促后仍未提供或没有明确答复的,发包人可以根据已有资料办理结算。

对于承包人无正当理由在约定时间内未递交竣工结算书,造成工程结算价款延期支付的,其责任由承包人承担。

2)发包人在收到承包人递交的竣工结算书后,应按合同约定时间核对。竣工结算的核对是工程造价计价中发、承包双方应共同完成的重要工作。按照交易的一般原则,任何交易结束,都应做到钱、货两清,工程建设也不例外。工程施工的发、承包活动作为期货交易行为,当工程竣工验收合格后,承包人将工程移交给发包人时,发、承包双方应将工程价款结算清楚,即竣工结算办理完毕。发、承包双方在竣工结算核对过程中的权、责主要体现在以下方面:

①竣工结算的核对时间:按发、承包双方合同约定的时间完成。根据《最高人民法院关于审理建设工程施工合同纠纷案件适用法律问题的解释》(法释[2004]14 号)第二十条规定:“当事人约定,发包人收到竣工结算文件后,在约定期限内不予答复,视为认可竣工结算文件的,按照约定处理。承包人请求按照竣工结算文件结算工程价款的,应予支持”。发、承包双方不仅应在合同中约定竣工结算的核对时间,并应约定发包人在约定时间内对竣工结算不予答复,视为认可承包人递交的竣工结算。

合同中对核对竣工结算时间没有约定或约定不明的,根据财政部、建设部印发的《建设工程价款结算暂行办法》(财建[2004]369 号)的有关规定,按表 4-19 规定时间进行核对并提出核对意见。

表 4-19 工程竣工结算核对的时间规定

序号	工程竣工结算书金额	核对时间
1	500 万元以下	从接到竣工结算书之日起 20 天
2	500 万～2000 万元	从接到竣工结算书之日起 30 天
3	2000 万～5000 万元	从接到竣工结算书之日起 45 天
4	5000 万元以上	从接到竣工结算书之日起 60 天

建设项目竣工总结算在最后一个单项工程竣工结算核对确认后 15 天内汇总,送发包人后 30 天内核对完成。合同约定或《建设工程工程量清单计价规范》(GB 50500—2008)规定的结算核对时间含发包人委托工程造价咨询人核对的时间。

别外,《建设工程工程量清单计价规范》(GB 50500—2008)还规定:"同一工程竣工结算核对完成,发、承包双方签字确认后,禁止发包人又要求承包人与另一个或多个工程造价咨询人重复核对竣工结处。"这有效地解决了工程竣工结算中存在的一审再审、以审代拖、久审不结的现象。

3)发包人或受其委托的工程造价咨询人收到承包人递交的竣工结算书后,在合同约定时间内,不核对竣工结算或未提出核对意见的,视为承包人递交的竣工结算书已经认可,发包人应向承包人支付工程结算价款。

承包人在接到发包人提出的核对意见后,在合同约定时间内,不确认也未提出异议的,视为发包人提出的核对意见已经认可,竣工结算办理完毕。发包人按核对意见中的竣工结算金额向承包人支付结算价款。

承包人如未在规定时间内提供完整的工程竣工结算资料,经发包人催促后 14 天内仍未提供或没有明确答复,发包人有权根据已有资料进行审查,责任由承包人自负。

4)发包人应对承包人递交的竣工结算书签收,拒不签收的,承包人可以不交付竣工工程。

承包人未在合同约定时间内递交竣工结算书的,发包人要求交付竣工工程,承包人应当交付。

5)竣工结算书是反映工程造价计价规定执行情况的最终文件。工程竣工结算办理完毕,发包人应将竣工结算书报送工程所在地工程造价管理机构备案。竣工结算书作为工程竣工验收备案、交付使用的必备文件。

6)竣工结算办理完毕,发包人应根据确认的竣工结算书在合同约定时间内向承包人支付工程竣工结算价款。

7)工程竣工结算办理完毕后,发包人应按合同约定向承包人支付工程价款。发包人按合同约定应向承包人支付而未支付的工程款视为拖欠工程款。根据《最高人民法院关于审理建设工程施工合同纠纷案件适用法律问题的解释》(法释[2004]14 号)第十七条:"当事人对欠付工程价款利息计付标准有约定的,按照约定处理;没有约定的,按照中国人民银行发布的同期同类贷款利率信息。发包人应向承包人支付拖欠工程款的利息,并承担违约责任。"和《中华人民共和国合同法》第二百八十六条:"发包人未按照合同约定支付价款的,承包人可以催告发包人在合理期限内支付价款。发包人逾期不支付的,除按照建设工程的性质不宜折价、拍卖的以外,承包人可以与发包人协议将该工程折价,也可以申请人民法院将该工程依法拍卖。建设工程的价款就该工程折价或者拍卖的价款优先受偿。"等规定,《建设工程工程量清单计价规范》(GB 50500—2008)

指出:"发包人未在合同约定时间内向承包人支付工程结算价款的,承包人可催告发包人支付结算价款。如达成延期支付协议的,发包人应按同期银行同类贷款利率支付拖欠工程价款的利息。如未达成延期支付协议,承包人可以与发包人协商将该工程折价,或申请人民法院将该工程依法拍卖。承包人就该工程折价或者拍卖的价款优先受偿。"

所谓优先受偿,最高人民法院在《关于建设工程价款优先受偿权的批复》(法释[2002]16号)中规定如下:

①人民法院在审理房地产纠纷案件和办理执行案件中,应当依照《中华人民共和国合同法》第二百八十六条的规定,认定建筑工程的承包人的优先受偿权优于抵押权和其他债权。

②消费者交付购买商品房的全部或者大部分款项后,承包人就该商品房享有的工程价款优先受偿权不得对抗买受人。

③建筑工程价款包括承包人为建设工程应当支付的工作人员报酬、材料款等实际支出的费用,不包括承包人因发包人违约所造成的损失。

④建设工程承包人行使优先权的期限为六个月,自建设工程竣工之日或者建设工程合同约定的竣工之日起计算。

第三节　园林工程工程量清单计价与定额计价的差别

一、编制工程量的单位不同

(1)传统定额预算计价办法是:建设工程的工程量分别由招标单位和投标单位分别按图计算。

(2)工程量清单计价是:工程量由招标单位统一计算或委托有工程造价咨询资质单位统一计算,"工程量清单"是招标文件的重要组成部分,各投标单位根据招标人提供的"工程量清单",根据自身的技术装备、施工经验、企业成本、企业定额、管理水平自主填写报单价。

二、编制工程量清单时间不同

(1)传统的定额预算计价法是在发出招标文件后编制(招标与投标人同时编制或投标人编制在前,招标人编制在后)。

(2)工程量清单报价法必须在发出招标文件前编制。

三、表现形式不同

(1)采用传统的定额预算计价法一般是总价形式。

(2)工程量清单报价法采用综合单价形式,综合单价包括人工费、材料费、机械使用费、管理费、利润,并考虑风险因素。工程量清单报价具有直观、单价相对固定的特点,工程量发生变化时,单价一般不作调整。

四、编制依据不同

(1)传统的定额预算计价法依据图纸;人工、材料、机械台班消耗量依据建设行政主管部门颁发的预算定额;人工、材料、机械台班单价依据工程造价管理部门发布的价格信息进行计算。

(2)工程量清单报价法,根据原建设部第107号令规定,标底的编制根据招标文件中的工程量清单和有关要求、施工现场情况、合理的施工方法以及按建设行政主管部门制定的有关工程造价计价办法编制。企业的投标报价则根据企业定额和市场价格信息,或参照建设行政主管部门发布的社会平均消耗量定额编制。

五、费用组成不同

(1)传统预算定额计价法的工程造价由直接工程费、措施费、间接费、利润、税金组成。

(2)工程量清单计价法工程造价包括分部分项工程费、措施项目费、其他项目费、规费、税金;包括完成每项工程包含的全部工程内容的费用;包括完成每项工程内容所需的费用(规费、税金除外);包括工程量清单中没有体现的,施工中又必须发生的工程内容所需费用,包括风险因素而增加的费用。

六、评标所用的方法不同

(1)传统预算定额计价投标一般采用百分制评分法。

(2)采用工程量清单计价法投标,一般采用合理低报价中标法,既要对总价进行评分,还要对综合单价进行分析评分。

七、项目编码不同

(1)采用传统的预算定额项目编码,全国各省市采用不同的定额子目。

(2)采用工程量清单计价全国实行统一编码,项目编码采用十二位阿拉伯数字表示。一到九位为统一编码,其中,一、二位为附录顺序码,三、四位为专业工程顺序码,五、六位为分部工程顺序码。七、八、九位为分项工程项目名称顺序码,十到十二位为清单项目名称顺序码。前九位码不能变动,后三位码,由清单编制人根据项目设置的清单项目编制。

八、合同价调整方式不同

(1)传统的定额预算计价合同价调整方式有:变更签证、定额解释、政策性调整。

(2)工程量清单计价法合同价调整方式主要是索赔。工程量清单的综合单价一般通过招标中报价的形式体现,一旦中标,报价作为签订施工合同的依据相对固定下来,工程结算按承包商实际完成工程量乘以清单中相应的单价计算。减少了调整活口。采用传统的预算定额经常有定额解释及定额规定,结算中又有政策性文件调整。工程量清单计价单价不能随意调整。

九、工程量计算时间前置

工程量清单,在招标前由招标人编制。也可能业主为了缩短建设周期,通常在初步设计完成后就开始施工招标,在不影响施工进度的前提下陆续发放施工图纸,因此承包商据以报价的工程量清单中各项工作内容下的工程量一般为概算工程量。

十、投标计算口径达到了统一

因为各投标单位都根据统一的工程量清单报价,达到了投标计算口径统一。不再是传统预算定额招标,各投标单位各自计算工程量,各投标单位计算的工程量均不一致。

十一、索赔事件增加

因承包商对工程量清单单价包含的工作内容一目了然,故凡建设方不按清单内容施工的,任意要求修改清单的,都会增加施工索赔的因素。

第五章　园林绿化种植工程

第一节　工程内容

一、绿地整理

1. 伐树、挖树根、砍挖灌木丛、挖竹根、清除草皮

(1)伐除树木:凡土方开挖深度不大于50cm或填方高度较小的土方施工,对于现场及排水沟中的树木应按当地有关部门的规定办理审批手续。如是名木古树,必须注意保护,并做好移植工作。伐树时必须连根拔除,清理树墩除用人工挖掘外,直径在50cm以上的大树墩可用推土机或用爆破方法清除。建筑物、构筑物基础下土方中不得混有树根、树枝、草及落叶等。

(2)掘苗:将树苗从某地连根(裸根或带土球)起出的操作叫掘苗。

(3)挖坑(槽):挖坑看似简单,但其质量好坏,对今后植株生长有很大的影响。城市绿化植树必须保证位置准确,符合设计意图。挖坑的规格大小,应根据根系或土球的规格以及土质情况来确定,一般坑径应较根径大一些。挖坑深浅与树种根系分布深浅有直接联系,在确定挖坑深度规格时应予充分考虑。其主要方法有人力挖坑和机械挖坑。前者适合于规格比较小的坑槽挖掘。

(4)清理障碍物:绿化工程用地边界确定之后,凡地界之内,有碍施工的市政设施、农田设施、房屋、树木、坟墓、堆放杂物、违章建筑等,一律应进行拆除和迁移。对这些障碍物的处理,应在现场踏勘的基础上逐项落实,根据有关部门对这些地上物的处理要求,办理各种手续,凡能自行拆除的限期拆除,无力清理的,施工单位应安排力量进行统一清理。对现有房屋的拆除要结合设计要求,如不妨碍施工,可物尽其用,保留一部分作为施工时的工棚或仓库,待施工后期进行拆除。对现有树木的处理要持慎重态度,对于病虫严重的、衰老的树木应予砍伐;凡能结合绿化设计可以保留的尽量保留,无法保留的可进行迁移。

(5)现场清理:植树工程竣工后(一般指定植灌完3次水后),应将施工现场彻底清理干净。其主要内容为:封堰,单株浇水的应将树堰埋平,若是秋季植树,应在树堰内起约20cm高的土堆;整畦,大畦灌水的应将畦埂整理整齐,畦内进行深中耕;清扫保洁,最后将施工现场全面清扫一次,将无用杂物处理干净,并注意保洁,真正做到场光地净、文明施工。

(6)清除草皮:杂草与杂物的清除,清除目的是为了便于土地的耕翻与平整,但更主要的是为了消灭多年生杂草,为避免草坪建成后杂草与草坪争水分、养料,所以在种草前应彻底加以消灭。可用“草甘磷”等灭生性的内吸传导型除草剂[0.2～0.4mL/m^2(成分量)],使用后2周可开始种草。此外还应把瓦块、石砾等杂物全部清出场地外。瓦砾等杂物多的土层应用10mm×10mm的网筛过一遍,以确保杂物除净。

2. 整理绿化用地

(1)土方开挖。挖方边坡坡度应根据使用时间(临时或永久性)、土的种类、物理力学性质(内摩擦角、粘聚力、密度、湿度)、水文情况等确定。对于永久性场地,挖方边坡坡度应按设计要求放坡,如设计无规定,应根据工程地质和边坡高度,结合当地实践经验确定。对软土土坡或极易风化的软质岩石边坡,应对坡脚、坡面采取喷浆、抹面、嵌补、砌石等保护措施,并做好坡顶、坡脚排

水，避免在影响边坡稳定的范围内积水。挖方上边缘至土堆坡脚的距离，应根据挖方深度、边坡高度和土的类别确定。当土质干燥密实时，不得小于 3m；当土质松软时，不得小于 5m。在挖方下侧弃土时，应将弃土堆表面整平低于挖方场地标高并向外倾斜，或在弃土堆与挖方场地之间设置排水沟，防止雨水排入挖方场地。

1)人工挖方。挖土施工中一般不垂直向下挖得很深，要有合理的边坡，并要根据土质的疏松或密实情况确定边坡坡度的大小。必须垂直向下挖土的，则在松软土情况下挖深不超过 0.7m，中密度土质的挖深不超过 1.25m，硬土情况下不超过 2m 深。

对岩石地面进行挖方施工，一般要先行爆破，将地表一定厚度的岩石层炸裂为碎块，再进行挖方施工。爆破施工时，要先打好炮眼，装上炸药雷管，待清理施工现场及其周围地带，确认爆破区无人滞留之后，才点火爆破。爆破施工的最紧要处就是要确保人员安全。

相邻场地、基坑开挖时，应遵循先深后浅或同时进行的施工程序。挖土应自上而下水平分段分层进行，每层 0.3m 左右。边挖边检查坑底宽度及坡度，不够时及时修整，每 3m 左右修一次坡，至设计标高，再统一进行一次修坡清底，检查坑底宽和标高，要求坑底凹凸不超过 1.5cm。在已有建筑物侧挖基坑(槽)应间隔分段进行，每段不超过 2m，相邻段开挖应待已挖好的槽段基础完成并回填夯实后进行。

基坑开挖应尽量防止对地基土的扰动。当用人工挖土，基坑挖好后不能立即进行下道工序时，应预留 15～30cm 一层土不挖，待下道工序开始再挖至设计标高。采用机械开挖基坑时，为避免破坏基底土，应在基底标高以上预留一层人工清理。使用铲运机、推土机或多斗挖土机时，保留上层厚度为 20cm；使用正铲、反铲或拉铲挖土时为 30cm。

在地下水位以下挖土，应在基坑(槽)四侧或两侧挖好临时排水沟和集水井，将水位降低至坑槽底以下 500mm，以利挖方进行。降水工作应持续到施工完成(包括地下水位下回填土)。

2)机械挖方。在机械作业之前，技术人员应向机械操作员进行技术交底，使其了解施工场地的情况和施工技术要求。并对施工场地中的定点放线情况进行深入了解，熟悉桩位和施工标高等，对土方施工做到心中有数。

施工现场布置的桩点和施工放线要明显。应适当加高桩木的高度，在桩木上做出醒目的标志或将桩木漆成显眼的颜色。在施工期间，施工技术人员应和推土机手密切配合，随时随地用测量仪器检查桩点和放线情况，以免挖错位置。

在挖湖工程中，施工坐标桩和标高桩一定要保护好。挖湖的土方工程因湖水深度变化比较一致，而且放水后水面以下部分不会暴露，所以在湖底部分的挖土作业可以比较粗放，只要挖到设计标高处，并将湖底地面推平即可。但对湖岸线和岸坡坡度要求很准确的地方，为保证施工精度，可以用边坡样板来控制边坡坡度的施工。

挖土工程中对原地面表土要注意保护。因表土的土质疏松肥沃，适于种植园林植物。所以对地面 50cm 厚的表土层(耕作层)挖方时，要先用推土机将施工地段的这一层表面熟土推到施工场地外围，待地形整理停当，再把表土推回铺好。

(2)土方的转运。在土方调配图中，一般都按照就近挖方就近填方的原则，采取土石方就地平衡的方式。土石方就地平衡可以极大地减小土方的搬运距离，从而能够节省人力，降低施工费用。

人工转运土方一般为短途的小搬运。搬运方式有用人力车拉、用手推车推或由人力肩挑背扛等。这种转运方式在有些园林局部或小型工程施工中常采用。

机械转运土方通常为长距离运土或工程量很大时的运土，运输工具主要是装载机和汽车。根据工程施工特点和工程量大小的不同，还可采用半机械化和人工相结合的方式转运土方。另外，在土方转运过程中，应充分考虑运输路线的安排、组织，尽量使路线最短，以节省运力。土方的装卸应有专人指挥，要做到卸土位置准确，运土路线顺畅，能够避免混乱和窝工。汽车长距离转运土方需要经过城市街道时，车厢不能装得太满，在驶出工地之前应当将车轮粘上的泥土全扫掉，不得在街道上撒落泥土和污染环境。

(3)土方回填。

1)土料要求。填方土料应符合设计要求，保证填方的强度和稳定性，如设计无要求，则应符合下列规定：

①碎石类土、砂土和爆破石渣(粒径不大于每层铺厚的2/3，当用振动碾压时，不超过3/4)，可用于表层下的填料。

②含水量符合压实要求的黏性土，可作各层填料。

③碎块草皮和有机质含量大于8%的土，仅用于无压实要求的填方。

④淤泥和淤泥质土，一般不能用作填料，但在软土或沼泽地区，经过处理含水量符合压实要求的，可用于填方中的次要部位。

⑤含盐量符合规定的盐渍土，一般可用作填料，但土中不得含有盐晶、盐块或含盐植物根茎。

2)基底处理按以下规定处理：

①场地回填应先清除基底上草皮、树根、坑穴中积水、淤泥和杂物，并应采取措施防止地表滞水流入填方区，浸泡地基，造成基土下陷。

②当填方基底为耕植土或松土时，应将基底充分夯实或碾压密实。

③当填方位于水田、沟渠、池塘或含水量很大的松软土地段，应根据具体情况采取排水疏干，或将淤泥全部挖出换土、抛填片石、填砂砾石、翻松掺石灰等措施进行处理。

④当填土场地地面陡于1/5时，应先将斜坡挖成阶梯形，阶高0.2～0.3m，阶宽大于1m，然后分层填土，以利于接合和防止滑动。

3)填土含水量按以下规定执行：

①水量的大小，直接影响到夯实(碾压)质量，在夯实(碾压)前应先试验，以得到符合密实度要求条件下的最优含水量和最少夯实(或碾压)遍数。

②遇到黏性土或排水不良的砂土时，其最优含水量与相应的最大干密度，应用击实试验测定。

③土料含水量一般以手握成团、落地开花为适宜。当含水量过大，应采取翻松、晾干、风干、换土回填、掺入干土或其他吸水性材料等措施；如土料过干，则应预先洒水润湿，亦可采取增加压实遍数或使用大功能压实机械等措施。

④在气候干燥时，须采取加速挖土、运土、平土和碾压过程，以减少土的水分散失。

4)填埋顺序按以下规定执行：

①先填石方，后填土方。土、石混合填方时，或施工现场有需要处理的建筑渣土而填方区又比较深时，应先将石块、渣土或粗粒废土填在底层，并紧紧地筑实；然后再将壤土或细土在上层填实。

②先填底土，后填表土。在挖方中挖出的原地面表土，应暂时堆在一旁；而要将挖出的底土先填入到填方区底层；待底土填好后，才将肥沃表土回填到填方区作面层。

③先填近处，后填远处。近处的填方区应先填，待近处填好后再逐渐填向远处。但每填一处，还是要分层填实。

5)填埋方式按以下规定执行：

①一般的土石方填埋，都应采取分层填筑方式，一层一层地填，不要图方便而采取沿着斜坡

向外逐渐倾倒的方式。分层填筑时，在要求质量较高的填方中，每层的厚度应为30cm以下，而在一般的填方中，每层的厚度可为30～60cm。填土过程中，最好能够填一层就筑实一层，层层压实。

②在自然斜坡上填土时，要注意防止新填土方沿着坡面滑落。为了增加新填土方与斜坡的咬合性，可先把斜坡挖成阶梯状，然后再填入土方。这样，只要在填方过程中做到了层层筑实，便可保证新填土方的稳定。

(4)土方压实。

1)铺土厚度和压实遍数。填土每层铺土厚度和压实遍数视土的性质、设计要求的压实系数和使用的压(夯)实机具性能而定，一般应进行现场碾(夯)压试验确定。

2)土方压实要求。土方的压实工作应先从边缘开始，逐渐向中间推进。这样碾压，可以避免边缘土被向外挤压而引起坍落现象。填方时必须分层堆填、分层碾压夯实。不要一次性地填到设计土面高度后，才进行碾压打夯。如果是这样，就会造成填方地面上紧下松，沉降和塌陷严重的情况。碾压、打夯要注意均匀，要使填方区各处土壤密度一致，避免以后出现不均匀沉降。在夯实松土时，打夯动作应先轻后重。先轻打一遍，使土中细粉受震落下，填满下层土粒间的空隙；然后再加重打压，夯实土壤。

3)土方压实方法按以下规定执行：

①人工夯实方法。人力打夯前应将填土初步整平，打夯要按一定方向进行，一夯压半夯，夯夯相接，行行相连，两遍纵横交叉，分层打夯。夯实基槽及地坪时，行夯路线应由四边开始，然后再夯向中间。用蛙式打夯机等小型机具夯实时，一般填土厚度不宜大于25cm，打夯之前对填土应初步平整，打夯机依次夯打，均匀分布，不留间隙。

②机械压实方法。为保证填土压实的均匀性及密实度，避免碾轮下陷，提高碾压效率，在碾压机械碾压之前，宜先用轻型推土机、拖拉机推平，低速预压4～5遍，使表面平实；采用振动平碾压实爆破石渣或碎石类土，应先静压，而后振压。碾压机械压实填方时，应控制行驶速度，一般平碾、振动碾不超过2km/h；羊足碾不超过3km/h；并要控制压实遍数。碾压机械与基础或管道应保持一定的距离，防止将基础或管道压坏或使之位移。

4)抹水泥砂浆找平层。

①洒水湿润：抹找平层水泥砂浆前，应适当洒水湿润基层表面，主要是利于基层与找平层的结合，但不可洒水过量，以免影响找平层表面的干燥，防水层施工后窝住水汽，使防水层产生空鼓。所以洒水以达到基层和找平层能牢固结合为度。

②贴点标高、冲筋：根据坡度要求，拉线找坡，一般按1～2m贴点标高(贴灰饼)，铺抹找平砂浆时，先按流水方向以间距1～2m冲筋，并设置找平层分格缝，宽度一般为20mm，并且将缝与保温层连通，分格缝最大间距为6m。

③铺装水泥砂浆：按分格块装灰、铺平，用刮扛靠冲筋条刮平，找坡后用木抹子搓平，铁抹子压光。待浮水沉失后，人踏上去有脚印但不下陷为度，再用铁抹子压第二遍即可交活。找平层水泥砂浆一般配合比为1∶3，拌和稠度控制在7cm。

④养护：找平层抹平、压实以后24h可浇水养护，一般养护期为7d，经干燥后铺设防水层。

5)防水层铺设：种植屋面应先做防水层，防水层材料应选用耐腐蚀、耐碱、耐霉烂和耐穿刺性好的材料。为提高防水设防的可靠性，宜采用涂料和高分子卷材复合。高分子卷材强度高、耐穿刺性能好，涂料是无接缝的防水层，可以弥补卷材接缝可靠性差的缺陷。

6)排水层铺设：首先用粉笔在屋面上根据设计要求划出花坛花架、道路排水孔道、浇灌设备的位置。先在屋面铺设5～10cm的排水层，排水层的材料可选用废弃的聚苯乙烯珠粒、煤渣或稻壳，排水层上铺尼龙窗纱或玻璃纤维布与石棉布的过滤层，以防轻质人造土颗粒下漏堵塞排水层。然后在过滤层上铺设轻质人造土种植层，厚度依栽植植物而定。

7)填轻质土壤：人工轻质土壤是使用不含天然土壤，以保湿性强的珍珠岩轻质混凝土为主成分的土壤。在潮湿状态下的比重为0.6～0.8。人工轻质土壤泥泞小，可在雨天施工，施工条件非常好。使用轻质土壤，因其干燥时易飞散，应边洒水边施工。施工中遇强风，则应中止作业。

二、栽植花木

1. 栽植乔木、竹类、棕榈类、灌木

(1)起挖：起挖应先根据树干的种类、株行距和干径的大小确定在植株根部留土台的大小。一般按苗胸高直径的8～10倍确定土台。按着比土台大10cm左右，划一正方形，然后沿线印外缘挖一宽60～80cm的沟，沟深应与土台高度相等。挖掘树木时，应随时用箱板进行校正，保证土台的上端尺寸与箱板尺寸完全符合，土台下端可比上端略小。挖掘时如遇有较大的侧根，可用手锯或剪子切断。

1)选苗。在掘苗之前，首先要进行选苗，除了根据设计提出对规格和树形的特殊要求外，还要注意选择生长健壮、无病虫害、无机械损伤、树形端正和根系发达的苗木。做行道树种植的苗木分枝点应不低于2.5m。选苗时还应考虑起苗包装运输的方便，苗木选定后，要挂牌或在根基部位画出明显标记，以免挖错。

2)掘苗前的准备工作。起苗时间最好是在秋天落叶后或土冻前、解冻后均可，因此时正值苗木休眠期，生理活动微弱，起苗对它们影响不大，起苗时间和栽植时间最好能紧密配合，做到随起随栽。

为了便于挖掘，起苗前1～3d可适当浇水使泥土松软，对起裸根苗来说也便于多带宿土，少伤根系。

3)掘苗规格。掘苗规格主要指根据苗高或苗木胸径确定苗木的根系大小。苗木的根系是苗木的重要器官，受伤的、不完整的根系将影响苗木生长和苗木成活，苗木根系是苗木分级的重要指标。因此，起苗时要保证苗木根系符合有关的规格要求。

4)掘苗。掘苗时间和栽植时间最好能紧密配合，做到随起随栽。为了挖掘方便，掘苗前1～3d可适当浇水使泥土松软，对起裸根苗来说也便于多带宿土，少伤根系。掘苗时，常绿苗应当带有完整的根团土球，土球散落的苗木成活率会降低。土球的大小一般可按树木胸径的10倍左右确定。对于特别难成活的树种要考虑加大土球。土球高度一般可比宽度少5～10cm。一般的落叶树苗也多带有土球，但在秋季和早春起苗移栽时，也可裸根起苗。裸根苗木若运输距离比较远，需要在根蔸里填塞湿草，或在其外包裹塑料薄膜保湿，以免根系失水过多，影响栽植成活率。为了减少树苗水分蒸腾，提高移栽成活率，掘苗后，装车前应进行粗略修剪。

5)包装。花木在掘苗后装车前应进行粗略修剪，以便于装车运输和减少树木水分的蒸发。

包装前应先对根系进行处理，一般是先用泥浆或水凝胶等吸水保水物质蘸根，以减少根系失水，然后再包装。泥浆一般是用黏度比较大的土壤，如水调成糊状，水凝胶是由吸水极强的高分子树脂加水稀释而成的。

包装要在背风庇荫处进行，有条件时可在室内、棚内进行。包装材料可用麻袋、蒲包、稻草包、塑料薄膜、牛皮纸袋、塑膜纸袋等。无论是包裹根系，还是全苗包装，包裹后要将封口扎紧，减少水分蒸发、防止包装材料脱落。将同一品种相同等级的存放在一起，挂上标签，便于管理和销售。

包装的程度视运输距离和存放时间确定。运距短，存放时间短，包装可简便一些；运距长，存放时间长，包装要细致一些。

(2)运输。

1)装运根苗：装运乔木时，应将树根朝前，树梢向后，顺序安(码)放。车后厢板，应铺垫草袋、蒲包等物，以防碰伤树根、干皮。树梢不得拖地，必要时要用绳子围绕吊起，捆绳子的地方也要用蒲包垫上，不要使其勒伤树皮。装车不得超高，压得不要太紧。装完后用苫布将树根盖严、捆好，以防树根失水。

2)装运带土球苗：2m 以下的苗木可以立装；2m 以上的苗木必须斜放或平放。土球朝前，树梢向后，并用木架将树冠架稳。土球直径大于 20cm 的苗木只装一层，小土球可以码放 2～3 层。土球之间必须安(码)放紧密，以防摇晃。土球上不准站人或放置重物。

3)卸车：苗木在装卸车时应轻吊轻放，不得损伤苗木和造成散球。起吊带土球(台)的小型苗木时，应用绳网兜土球吊起，不得用绳索缚捆根茎起吊。重量超过 1t 的大型土球，应在土球外部套钢丝缆起吊。

(3)栽植。

1)栽植的方法：栽植应根据树木的习性和当地的气候条件，选择最适宜的时期进行。首先将苗木的土球或根蔸放入种植穴内，使其居中，再将树干立起扶正，使其保持垂直，然后分层回填种植土，填土后将树根稍向上提一提，使根群舒展开，每填一层土就要用锄把将土压紧实，直到填满穴坑，并使土面能够盖住树木的根茎部位，检查扶正后，把余下的穴土绕根茎一周进行培土，做成环形的拦水围堰。其围堰的直径应略大于种植穴的直径。堰土要拍压紧实，不能松散。

种植裸根树木时，将原根际埋下 3～5cm 即可，应将种植穴底填土呈半圆土堆，置入树木填土至 1/3 时，应轻提树干使根系舒展，并充分接触土壤，随填土分层踏实。带土球树木必须踏实穴底土层，而后置入种植穴，填土踏实。绿篱成块种植或群植时，应由中心向外顺序退植。坡式种植时应由上向下种植。大型块植或不同彩色丛植时，宜分区分块。假山或岩缝间种植，应在种植土中掺入苔藓、泥炭等保湿透气材料。落叶乔木在非种植季节种植时，应根据不同情况分别采取以下技术措施：

①苗木必须提前采取疏枝、环状断根或在适宜季节起苗用容器假植等处理。

②苗木应进行强修剪，剪除部分侧枝，保留的侧枝也应疏剪或短截，并应保留原树冠的 1/3，同时必须加大土球体积。

③可摘叶的应摘去部分叶片，但不得伤害幼芽。

④夏季可搭棚遮阴、树冠喷雾、树干保湿，保持空气湿润；冬季应防风防寒。

⑤干旱地区或干旱季节，种植裸根树木应采取根部喷布生根激素、增加浇水次数等措施。

⑥对排水不良的种植穴，可在穴底铺 10～15cm 沙砾或铺设渗入管、盲沟，以利排水。

⑦栽植较大的乔木时，在定植后应加支撑，以防浇水后大风吹倒苗木。

2)栽植注意事项和要求：

①树身上、下应垂直。如果树干有弯曲，其弯向应朝当下风方向。行列式栽植必须保持横平竖直，左右相差最多不超过树干一半。

②栽植深度，裸根乔木苗，应较原根茎土痕深 5～10cm；灌木应与原土痕齐；带土球苗木比土球顶部深 2～3cm。

③行列式植树，应事先栽好“标杆树”。方法是：每隔 20 株左右，用皮尺量好位置，先栽好一株，然后以这些标杆树为瞄准依据，全面开展栽植工作。

④灌水堰筑完后，将捆拢树冠的草绳解开取下，使枝条舒展。

(4)养护：栽植后及时采取养护管理措施，具体如下。

1)立支柱。较大苗木为了防止被风吹倒,应立支柱支撑,多风地区尤应注意;沿海多台风地区,往往需埋水泥预制柱以固定高大乔木。

①单支柱:用固定的木棍或竹竿,斜立于下风方向,深埋入土30cm。支柱与树干之间用草绳隔开,并将两者捆紧。

②双支柱:用两根木棍在树干两侧,垂直钉入土中。支柱顶部捆一横挡,先用草绳将树干与横挡隔开以防擦伤树皮,然后用绳将树干与横挡捆紧。

行道树立支柱,应注意不影响交通,一般不用斜支法,常用双支柱、三脚撑或定型四脚撑。

2)灌水。树木定植后24h内必须浇上第一遍水,定植后第一次灌水称为头水。水要浇透,使泥土充分吸收水分,灌头水主要目的是通过灌水将土壤缝隙填实,保证树根与土壤紧密结合以利根系发育,故亦称为压水。

水灌完后应作一次检查,由于踩不实树身会倒歪,要注意扶正,树盘被冲坏时要修好。之后应连续灌水,尤其是大苗,在气候干旱时,灌水极为重要,千万不可疏忽。常规做法为定植后必须连续灌3次水,之后视情况适时灌水。第一次连续3d灌水后,要及时封堰(穴),即将灌足水的树盘撒上细面土封住,称为封堰,以免蒸发和土表开裂透风。

3)扶直封堰。

①扶直:浇第一遍水渗入后的次日,应检查树苗是否有倒、歪现象,发现后应及时扶直,并用细土将堰内缝隙填严,将苗木固定好。

②中耕:水分渗透后,用小锄或铁耙等工具,将土堰内的土表锄松,称"中耕"。中耕可以切断土壤的毛细管,减少水分蒸发,有利保墒。植树后浇三水之间,都应中耕一次。

③封堰:浇第三遍水并待水分渗入后,用细土将灌水堰内填平,使封堰土堆稍高于地面。土中如果含有砖石杂质等物,应挑拣出来,以免影响下次开堰。华北、西北等地秋季植树,应在树干基部堆成30cm高的土堆,以保持土壤水分,并能保护树根,防止风吹摇动,影响成活。

4)其他养护管理措施:

①对受伤枝条和栽前修剪不理想的枝条,应进行复剪。

②对绿篱进行造型修剪。

③防治病虫害。

④进行巡查、围护、看管,防止人为破坏。

⑤清理场地,做到工完场净,文明施工。

2. 栽植绿篱

(1)栽植单行绿篱:绿篱栽植时,先按设计的位置放线,绿篱中心线距道路的距离应等于绿篱养成后宽度的一半。绿篱栽植一般用沟植法。即按行距的宽度开沟,沟深应比苗根深30~40cm,以便换施肥土,栽植后即日灌足水,次日扶正踩实,并保留一定高度将上部剪去。

(2)栽植双行绿篱:栽植绿篱时,栽植位点有矩形和三角形两种排列方式,株行距视苗木树冠而定;一般株距在20~40cm之间,最小可为15cm,最大可达60cm(如珊瑚树绿篱)。行距可和株距相等,也可略小于株距。一般的绿篱多采用双行三角形栽种方式,但最窄的绿篱则要采取单行栽种方式,最宽的绿篱也有栽成5~6行的。苗木一棵棵栽好后,要在根部均匀地覆盖细土,并用锄把插实;之后,还应全面检查一遍,发现有歪斜的应及时扶正。绿篱的种植沟两侧,要用余下的土做成直线形围堰,以便于拦水。土堰做好后,浇灌定根水,要一次浇透。

绿篱用苗要求下部枝条密集,为达到这一目的,应在苗木出圃的前一年春季剪梢,促使其下部多发枝条。用作绿篱的常绿树,如桧柏、侧柏的土球直径,可比一般常绿树的小一些(土球直径可按树高的1/3来确定),栽植绿篱,株行距要均匀,丰满的一面要向外,树冠的高矮和冠丛的大小，要搭配均匀合理。栽植深浅要合适，一般树木应与原土痕印相平，速生杨、柳树可较原土痕印深栽 3～5cm。

3. 栽植攀缘植物、色带、花卉

(1)攀缘植物栽植：在植物材料选择、具体栽种等方面，攀缘植物的栽植应当按下述方法处理。

1)植物材料处理：用于棚架栽种的植物材料，若是藤本植物，如紫藤、常绿油麻藤等，最好选一根独藤长 5m 以上的；如果是如木香、蔷薇之类的攀缘类灌木，因其多为丛生状，要下决心剪掉多数的丛生枝条，只留 1～2 根最长的茎干，以集中养分供应，使今后能够较快地生长，较快地使枝叶盖满棚架。

2)种植槽、穴准备：在花架边栽植藤本植物或攀缘灌木，种植穴应当确定在花架柱子的外侧。穴深 40～60cm，直径 40～80cm，穴底应垫一层基肥并覆盖一层壤土，然后才栽种植物。不挖种植穴，而在花架边沿用砖砌槽填土，作为植物的种植槽，也是花架植物栽植的一种常见方式。种植槽净宽度在 35～100cm 之间，深度不限，但槽顶与槽外地坪之间的高度应控制在 30～70cm 为好。种植槽内所填的土壤，一定要是肥沃的栽培土。

3)栽植：花架植物的具体栽种方法与一般树木基本相同。但是，在根部栽种施工完成之后，还要用竹竿搭在花架柱子旁，把植物的藤蔓牵引到花架顶上。若花架顶上的檩条比较稀疏，还应在檩条之间均匀地放一些竹竿，增加承托面积，以方便植物枝条生长和铺展开来。特别是对缠绕性的藤本植物如紫藤、金银花、常绿油麻藤等更需如此，不然以后新生的藤条相互缠绕一起，难以展开。

(2)栽植色带：栽植色带时，一般选用 3～5 年生的大苗造林，只有在人迹较少，且又容许造林周期拖长的地方，造林才可选用 1～2 年生小苗或营养杯幼苗。栽植时，按白灰点标记的种植点挖穴、栽苗、填土、插实、做围堰、灌水。栽植完毕后，最好在色带的一侧设立临时性的护栏，阻止行人横穿色带，保护新栽的树苗。

(3)栽植花卉：从花圃挖起花苗之前，应先灌水浸湿圃地，起苗时根土才不易松散。同种花苗的大小、高矮应尽量保持一致，过于弱小或过于高大的都不要选用。花卉栽植时间，在春、秋、冬三季基本没有限制，但夏季的栽种时间最好在上午 11 时之前和下午 4 时以后，要避开太阳暴晒。

花苗运到后，应及时栽种，不要放了很久才栽。栽植花苗时，一般的花坛都从中央开始栽，栽完中部图案纹样后，再向边缘部分扩展栽下去。在单面观赏花坛中栽植时，则要从后边栽起，逐步栽到前边。宿根花卉与一二年生花卉混植时，应先种植宿根花卉，后种植一二年生花卉；大型花坛，宜分区、分块种植。在单面观赏花坛中栽植时，则要从后边栽起，逐步栽到前边。若是模纹花坛和标题式花坛，则应先栽模纹、图线、字形，后栽底面的植物。在栽植同一模纹的花卉时，若植株稍有高矮不齐，应以矮植株为准，对较高的植株则栽得深一些，以保持顶面整齐。立体花坛制作模型后，按上述方法种植。

花苗的株行距应随植株大小高低而确定，以成苗后不露出地面为宜。植株小的，株行距可为 15cm×15cm；植株中等大小的，可为 20cm×20cm 至 40cm×40cm；对较大的植株，则可采用 50cm×50cm 的株行距，五色苋及草皮类植物是覆盖型的草类，可不考虑株行距，密集铺种即可。

栽植的深度，对花苗的生长发育有很大的影响，栽植过深，花苗根系生长不良，甚至会腐烂死亡；栽植过浅，则不耐干旱，而且容易倒伏，一般栽植深度，以所埋之土刚好与根茎处相齐为最好。球根类花卉的栽植深度，应更加严格掌握，一般覆土厚度应为球根高度的 1～2 倍。

栽植完成后，要立即浇一次透水，使花苗根系与土壤密切接合，并应保持植株清洁。

4. 草坪的施工

(1)草种选择。影响草坪草种或具体品种选择的因素很多。要在了解掌握各草坪草生物学特性和生态适应性的基础上,根据当地的气候、土壤、用途、对草坪质量的要求及管理水平等因素,进行综合考虑后加以选择。具体步骤包括确定草坪建植区的气候类型,分析掌握其气候特点,决定可供选择的草坪草种,选择具体的草坪草种。

(2)种子建植。大部分冷季型草坪草都能用种子建植法建坪。暖季型草坪草中,假俭草、斑点雀稗、地毯草、野牛草和普通狗牙根均可用种子建植法来建植,也可用无性建植法来建植。马尼拉结缕草、杂交狗牙根则一般常用无性繁殖的方法建坪。

1)播种时间:主要根据草种与气候条件来决定。播种草籽,自春季至秋季均可进行。冬季不过分寒冷的地区,以早秋播种为最好;此时土温较高,根部发育好,耐寒力强,有利越冬。如在初夏播种,冷季型草坪草的幼苗常因受热和干旱而不易存活。同时,夏季一年生杂草也会与冷季型草坪草发生激烈竞争,而且夏季胁迫前根系生长不充分,抗性差。反之,如果播种延误至晚秋,较低的温度会不利于种子的发芽和生长,幼苗越冬时出现发育不良、缺苗、霜冻和随后的干燥脱水会使幼苗死亡。最理想的情况是:在冬季到来之前,新植草坪已成坪,草坪草的根和匍匐茎纵横交错,这样才具有抵抗霜冻和土壤侵蚀的能力。

2)播种量:播种量的多少受多种因素限制,包括草坪草种类及品种、发芽率、环境条件、苗床质量、播后管理水平和种子价格等。一般由两个基本要素决定:生长习性和种子大小。每个草坪草种的生长特性各不相同。匍匐茎型和根茎型草坪草一旦发育良好,其蔓伸能力将强于母体。因此,相对低的播种量也能够达到所要求的草坪密度,成坪速度要比种植丛生型草坪草快得多。草地早熟禾具有较强的根茎生长能力,在草地早熟禾草皮生产中,播种量常低于推荐的正常播种量。

3)播种方法按以下各项执行。

①撒播法。播种草坪草时要求把种子均匀地撒于坪床上,并把它们混入6mm深的表土中。播深取决于种子大小,种子越小,播种越浅。播得过深或过浅都会导致出苗率低。如播得过深,在幼苗进行光合作用和从土壤中吸收营养元素之前,胚胎内储存的营养不能满足幼苗的营养需求而导致幼苗死亡。播得过浅,没有充分混合时,种子会被地表径流冲走、被风刮走或发芽后干枯。

②喷播法。喷播是一种把草坪草种子、覆盖物、肥料等混合后加入液流中进行喷射播种的方法。喷播机上安装有大功率、大出水量单嘴喷射系统,把预先混合均匀的种子、黏结剂、覆盖物、肥料、保湿剂、染色剂和水的浆状物,通过高压喷到土壤表面。施肥、播种与覆盖一次操作完成,特别适宜陡坡场地,如高速公路、堤坝等大面积草坪的建植。该方法中,混合材料选择及其配比是保证播种质量效果的关键。喷播使种子留在表面,不能与土壤混合和进行滚压,通常需要在上面覆盖植物(秸秆或无纺布)才能获得满意的效果。当气候干旱、土壤水分蒸发太大、太快时,应及时喷水。

(3)营养体建植。用于建植草坪的营养体繁殖方法包括铺草皮、栽草块、栽枝条和匍匐茎。除铺草皮之外,以上方法仅限于在强匍匐茎或强根茎生长习性的草坪草繁殖建坪中使用。营养体建植与播种相比,其主要优点是见效快。

1)草皮铺栽法。这种方法的主要优点是形成草坪快,可以在任何时候(北方封冻期除外)进行,且栽后管理容易,缺点是成本高,并要求有丰富的草源。质量良好的草皮均匀一致、无病虫、杂草,根系发达,在起卷、运输和铺植操作过程中不会散落,并能在铺植后1～2周内扎根。起草皮时,厚度应该越薄越好,所带土壤以1.5～2.5cm为宜,草皮中无或有少量枯草层形成。也可以把草皮上的土壤洗掉以减轻重量,促进扎根,减少草皮土壤与移植地土壤质地差异较大而引起土壤层次形成的问题。

2)直栽法。直栽法是将草块均匀栽植在坪床上的一种草坪建植方法。草块是由草坪或草皮分割成的小的块状草坪。草块上带有约 5cm 厚的土壤。

3)枝条匍茎法。枝条和匍匐茎是单株植物或者是含有几个节的植株的一部分,节上可以长出新的植株。插枝条法通常的做法是把枝条种在条沟中,相距 15~30cm,深 5~7cm。每根枝条要有 2~4 个节,栽植过程中,要在条沟填土后使一部分枝条露出土壤表层。插入枝条后要立刻滚压和灌溉,以加速草坪草的恢复和生长。也可使用直栽法中使用的机械来栽植,它把枝条(而非草坪块)成束地送入机器的滑槽内,并且自动地种植在条沟中。有时也可直接把枝条放在土壤表面,然后用扁棍把枝条插入土壤中。

三、绿地喷灌

1. 挖土石方

详细内容请参照前述绿地整理工程中相关部分。

2. 阀门井砌筑

(1)给阀门井砌筑技术要点:

1)在已安装完毕的排水管的检查井位置,放出检查井中心位置线,按检查井半径摆出井壁砌墙位置。

2)在检查井基础面上,先铺砂浆后再砌砖,一般圆形检查井采用一砖墙砌筑。采用内缝小外缝大的摆砖方法,外灰缝塞碎砖,以减少砂浆用量。每层砖上下皮竖灰缝应错开。随砌筑随检查弧形尺寸。

3)井内踏步,应随砌随安随坐浆,其埋入深度不得小于设计规定。踏步安装后,在砌筑砂浆未达到规定强度前,不得踩踏。混凝土检查井井壁的踏步在预制或现浇时安装。

4)排水管管口伸入井室 30mm,当管径大于 30mm 时,管顶应砌砖圈加固,以减少管顶压力,当管径大于或等于 1000mm 时,拱圈高应为 250mm;当管径小于 1000mm 时,拱圈高应为 125mm。

5)砖砌圆形检查井时,随砌随检查井直径尺寸,当需收口时,若四面收进,则每次收进应不超过 30mm,若三面收进,则每次收进最大不超过 50mm。

6)排水检查井内的流槽,应在井壁砌到管顶时进行砌筑。污水检查井流槽的高度与管顶齐平;雨水检查井流槽的高度为管径的 1/2。当采用砖砌筑时,表面应用 1∶2 水泥砂浆分层压实抹光,流槽应与上下游管道接顺。

7)砌筑检查井的预留支管,应随砌随安,预留管的管径、方向、标高应符合设计要求。管与井壁衔接处应严密不得漏水,预留支管口宜用低强度等级砂浆砌筑,封口抹平。

(2)抹面、勾缝技术要求:砌筑检查井、井室和雨水口的内壁应用原浆勾缝,有抹面要求时,内壁抹面应分层压实,外壁用砂浆严密搓缝。其抹面、勾缝、坐浆、抹三角灰等均采用 1∶2 水泥砂浆,抹面、勾缝用水泥砂浆的砂子应过筛。抹面要求:当无地下水时,污水井内壁抹面高度抹至工作顶板底;雨水井抹至底槽顶以上 200mm。其余部分用 1∶2 水泥砂浆勾缝。当有地下水时,井外壁抹面,其高度抹至地下水位以上 500mm。抹面厚度 20mm。抹面时用水泥板搓平,待水泥砂浆初凝后及时抹光、养护。勾缝一般采用平缝,要求勾缝砂浆塞入灰缝中,应压实拉平深浅一致,横竖缝交接处应平整。

(3)井口、井盖的安装:检查井、井室及雨水口砌筑安装至规定高程后,应及时浇筑或安装井圈，盖好井盖。安装时砖墙顶面应用水冲刷干净，前铺砂浆。按设计高程找平，井口安装就位后，井口四周用1：2水泥砂浆嵌牢，井口四周围成45°三角。安装铸铁井口时，核正标高后，井口周围用C20细石混凝土筑牢。

防冻给水井外表面加盖，并采取了相关的防冻措施，在外界温度较低情况下，不会发生冰冻现象，不会影响水量的供给。所以在寒冷季节，低温地区，砌筑防冻给水井是有必要的。

3. 管道安装

(1)管道安装方法。管道安装方法因管道类型的不同而不同，下面介绍几种安装方法。

1)孔洞的预留与套管的安装。在绿地喷灌及其他设施工程中，地层上安装管道应在钢筋绑扎完毕时进行。工程施工到预留孔部位时，参照模板标高或正在施工的毛石、砖砌体的轴线标高确定孔洞模具的位置，并加以固定。遇到较大的孔洞，模具与多根钢筋相碰时，须经土建技术人员校核，采取技术措施后进行安装固定。对临时性模具应便于拆除，永久性模具应进行防腐处理。预留孔洞不能适应工程需要时，要进行机械或人工打孔洞，尺寸一般比管径大两倍左右。钢管套管应在管道安装时及时套入，放入指定位置，调整完毕后固定。铁皮套管在管道安装时套入。

2)管道穿基础或孔洞、地下室外墙的套管要预留好，并校验符合设计要求，室内装饰的种类确定后，可以进行室内地下管道及室外地下管道的安装。安装前对管材、管件进行质量检查并清除污物，按照各管段排列顺序、长度，将地下管道试安装，然后动工，同时按设计的平面位置、与墙面间的距离分出立管接口。

3)立管的安装应在土建主体的基础上完成。沟槽按设计位置和尺寸留好。检验沟槽，然后进行立管安装，栽立管卡，最后封沟槽。

4)横支管安装。在立管安装完毕、卫生器具安装就位后可进行横支管安装。

(2)管架制作安装。

1)放样：在正式施工或制造之前，制作成所需要的管架模型，作为样品。

2)画线：检查核对材料；在材料上画出切割、刨、钻孔等加工位置；打孔；标出零件编号等。

3)截料：将材料按设计要求进行切割。钢材截料的方法有氧割、机切、冲模落料和锯切等。

4)平直：利用矫正机将钢材的弯曲部分调平。

5)钻孔：将经过画线的材料利用钻机在作有标记的位置制孔。有冲击和旋转两种制孔方式。

6)拼装：把制备完成的半成品和零件按图纸的规定，装成构件或部件，然后经过焊接或铆接等工序使之成为整体。

7)焊接：将金属熔融后对接为一个整体构件。

8)成品矫正：将不符合质量要求的成品经过再加工后达到标准，即为成品矫正。一般有冷矫正、热矫正和混合矫正三种。

4. 管道固筑

管道固筑是指用水泥砂浆或混凝土支墩对管道的某些部位进行压实或支撑固定。采取这项措施的目的在于减少喷灌系统在启动、关闭或运行时，产生的水锤和震动，增加管网系统的安全性。管道加固措施一般在水压试验和泄水试验合格后实施，具体要求如下：

(1)对于管径为75mm以上，或水流速度大于2.5m/s的管道一般均应采取加固措施。

(2)对于沟槽中敷设的管道，采用水泥砂浆压实的方法加固；对于阀门井中的管道，采用砖或混凝土支墩进行加固。

(3)对于地埋管道，需要采取加固措施的管道位置一般为：弯头、三通、变径、堵头以及间隔一定距离的直线管段。

(4)管道的支墩不应设置在松土上，其后背应紧靠原状土；如无条件，应采取措施保证支墩的稳定。

5. 感应电控设施安装

(1)控制器的安装。控制器的安装可有室内型和室外型两种。室内型控制器多采用挂墙方式安装。安装高度以利于维修和操作为宜；室外型控制器应安装于喷灌区以外或边缘，且要将控制器安放在防水型控制箱内。安装于喷灌区以外的宜用挂墙式，置于喷灌区边缘的一般采用混凝土基础低位安装，混凝土基础应高出绿地 10cm，且使控制面板向外。控制器的安装位置要离电机、配电箱等电器设备最少 5m。

(2)电磁阀安装。安装电磁阀时，要先对管路进行全面冲洗，根据电磁阀安装方向与水流方向一致的原则，在电磁阀的上游安装球阀，在电磁阀的下游安装泄水阀，以便于电磁阀的检修和冬季泄水。

(3)控制电缆安装。控制电缆要根据电缆的护套类型选择适当的安装方法，对于铠装控制电缆可直接地埋，但塑料、橡胶护套电缆必须用管线铺设。电缆的安装可与喷灌管道施工同时进行，多直接铺设于管槽一侧或两侧，铺时电缆的两端要统一编号，以利于控制器与电磁阀的连接。

6. 水压试验

施工安装期间应对管道进行分段水压试验，施工安装结束后应进行管网水压试验。试验结束后，均应编写水压试验报告。对于较小的工程可不做分段水压试验。

(1)耐水压试验。

1)管道试验段长度不宜大于 1000m。

2)管道注满水后，金属管道和塑料管道经 24h、水泥制品管道经 48h 后，方可进行耐水压试验。

3)试验宜在环境温度 5℃以上进行，否则应有防冻措施。

4)试验压力不应小于系统设计压力的 1.25 倍。

5)试验时升压应缓慢，达到试验压力后，保压 10min，无泄漏、无变形即为合格。

(2)渗水量试验。

1)在耐水压试验保压 10min 期间，如压力下降大于 0.05MPa(0.5kg · f/cm^2)，则应进行渗水量试验。

2)试验时应先充水，排净空气，然后缓慢升压至试验压力，立即关闭进水阀门，记录下降 0.1MPa(1kg · f/cm^2)压力所需的时间 T_1(min)；再将水压升至试验压力，关闭进水阀并立即开启放水阀，往量水器中放水，记录下降 0.1MPa(1kg · f/cm^2)压力所需的时间 T_2(min)，测量在 T_2 时间内的放水量 W(L)，按式(5-1)计算实际渗水量：

$$q_B = \frac{W}{T_1 - T_2} \times \frac{1000}{L} \tag{5-1}$$

式中 q_B——1000m 长管道实际渗水量(L/min)；

L——试验管段长度(m)。

3)允许渗水量按式(5-2)计算：

$$q_B = K_B\sqrt{d} \tag{5-2}$$

式中 q_B——1000m 长管道允许渗水量(L/min)；

K_B——渗水系数；钢管为 0.05，硬聚氯乙烯管、聚丙烯管为 0.08，铸铁管为 0.10，聚乙烯管为0.12,钢筋混凝土管、钢丝网水泥管为0.14。

4)实际渗水量小于允许渗水量即为合格;实际渗水量大于允许渗水量时,应修补后重测,直至合格为止。

7. 刷油漆

(1)常用的油漆有以下几种。

1)樟丹防锈漆:用于钢铁表面第一层,能防止钢铁表面生锈,和其他油漆黏结力较好。

2)银粉漆:一般用于面漆,它主要起美观作用。

3)沥青底漆:是用70%的汽油与30%的沥青配制而成。当金属不加热而涂刷沥青时应先涂刷底漆,它能使沥青和金属面很好地粘结在一起。

4)沥青黑漆:市场有成品出售,使用方便。阀门等防锈漆均是这种材料。

(2)刷漆的作用是:

防锈、保温、防水和美化等,对保护管道、钢铁铸件有非常重要的作用。

(3)刷漆的方法是:

在经过除锈且干燥的防腐材料表面均匀涂上一层油漆,保持干燥,使管道等不受大气、地下水、管道本身的介质腐蚀以及电化学腐蚀。

8. 回填

回填土可分为人工回填土和机械回填土碾压两种。机械回填土碾压按施工图纸的图示尺寸,以立方米为单位计算,其土方体积应乘以1.10系数。人工回填土可分为松填和夯填两种。基础工程完成后或为了达到室内垫层以下的设计标高,都必须进行土方回填。回填土一般在距离5m内取用,故常称就地回填土。夯填包括碎土、平土和打夯。松填则不包括打夯工序。夯实填土和松填土方的工程量分别以立方米为计量单位。室外地槽、地坑回填土,按地槽、地坑挖土量减去地槽、地坑内设计室外地坪以下建筑物被埋置部分所占体积。设计室外标高以下埋设的基础及垫层等体积,一般包括:基础垫层、墙基础、柱基础和管道基础等砌筑工程体积。

第二节　园林绿化种植工程定额工程量计算规则

园林绿化种植工程主要包括绿化种植工程的准备工作,植树工程,花卉种植与草坪铺栽工程,大树移植工程,绿化养护管理工程。

一、有关规定

(1)几个名词。

胸径:是指距地面1.3m处的树干的直径。

苗高:指从地面起到顶梢的高度。

冠径:指异型枝条幅度的水平直径。

条长:指攀缘植物,从地面起到顶梢的长度。

年生:指从繁殖起到掘苗时止的树龄。

(2)各种植物材料在运输、栽植过程中的合理损耗率:乔木、果树、花灌木、常绿树为1.5%;绿篱、攀缘植物为2%;草坪、木本花卉、地被植物为4%;草花为10%。

(3)绿化工程,新栽树木浇水以三遍为准,浇齐三遍水即为工程结束。

二、园林绿化种植准备工作工程量计算规则

园林绿化种植准备工作工程量的计算规则见表5-1所示。

表 5-1　　园林绿化种植准备工作工程量计算规则

项　目	内　　容
准备工作的内容	(1)勘察现场。绿化工程施工前需对现场调查，对架高物、地下管网、各种障碍物以及水源、地质、交通等状况做全面的了解，并做好施工安排或施工组织设计。 (2)清理绿化用地。 1)人工平整。是指地面凹凸高差在±30cm以内的就地挖填找平，凡高差超出±30cm的，每10cm增加人工费35%，不足10cm的按10cm计算。 2)机械平整场地。不论地面凹凸高差多少，一律执行机械平整
工程量计算规则	(1)勘察现场以植株计算：灌木类以每丛折合1株，绿篱每延长1米折合一株，乔木不分品种规格一律按株计算。 (2)拆除障碍物视实际拆除体积以立方米计算。 (3)平整场地按设计供栽植的绿地范围以平方米计算

三、园林植树工程工程量的计算规则

园林植树工程工程量计算规则见表5-2所示。

表 5-2　　园林植树工程工程量计算规则

项　目	内　　容
植树工程内容	(1)刨树坑。分三项：刨树坑、刨绿篱沟、刨绿带沟。 土壤划分为坚硬土、杂质土、普通土三种。 刨树坑系从设计地面标高下掘，无设计标高的以一般地面水平为准。 (2)施肥。分七项：乔木施肥、观赏乔木施肥、花灌木施肥、常绿乔木施肥、绿篱施肥、攀缘植物施肥、草坪及地被施肥(施肥主要指有机肥，其价格已包括场外运费)。 (3)修剪。分三项：修剪、强剪、绿篱平剪。修剪指栽植前的修根、修枝；强剪指“抹头”；绿篱平剪指栽植后的第一次顶部定高平剪及两侧面垂直或正梯形坡剪。 (4)防治病虫害。分三项：刷药、涂白、人工喷药。 1)刷药：泛指以波美度为0.5石硫合剂为准，刷药的高度至分枝点均匀全面。 2)涂白：其浆料以生石灰：氯化钠：水＝2.5：1：18为准，刷涂料高度在1.3m以下，要上口平齐、高度一致。 3)人工喷药：指栽植前需要人工肩背喷药防治病虫害，或必要的土壤有机肥人工拌农药灭菌消毒。 (5)树木栽植。分七项：乔木、果树、观赏乔木、花灌木、常绿灌木、绿篱、攀缘植物。 1)乔木。根据其形态及计量的标准分为：按苗高计量的有西府海棠、木槿等；按冠径计量的有丁香、金银木等。 2)常绿树。根据其形态及操作时的难易程度分为两种：常绿乔木指桧柏、刺柏、黑松、雪松等；常绿灌木指松柏球、黄柏球、爬地柏等。 3)绿篱。绿篱分为：落叶绿篱指小白榆、雪柳等；常绿绿篱指侧柏、小桧柏等。 4)攀缘植物。分为两类：紫藤、葡萄、凌霄(属高档)；爬山虎类(属低档)两种类型。 (6)树木支撑。分五项：两架一拐、三架一拐、四脚钢筋架、竹竿支撑、绑扎幌绳。 (7)新树浇水。分两项：人工胶管浇水、汽车浇水。 人工胶管浇水，距水源以100m以内为准，每超50m用工增加14%。 (8)清理废土分。人力车运土、装载机自卸车运土。 (9)铺设盲管。包括找泛水、接口、养护、清理并保证管内无滞塞物。 (10)铺淋水层。由上至下、由粗至细配级按设计厚度均匀干铺。 (11)原土过筛。在保证工程质量的前提下，充分利用原土降低造价，但必须是原土含瓦砾、杂物不超过30%，且土质理化性质符合种植土地要求的

续表

项　目	内　　容
工程量计算规则	(1)刨树坑。以个计算,刨绿篱沟以延长米计算,刨绿带沟以立方米计算。 (2)原土过筛。按筛后的好土以立方米计算。 (3)土坑换土。以实挖的土坑体积乘以系数 1.43 计算。 (4)施肥、刷药、涂白、人工喷药、栽植支撑等项目的工程量均按植物的株数计算,其他均以平方米计算。 (5)植物修剪、新树浇水的工程量。除绿篱以延长米计算外,树木均按株数计算。 (6)清理竣工现场。每株树木(不分规格)按 $5m^2$ 计算,绿篱每延长米按 $3m^2$ 计算。 (7)盲管工程量。按管道中心线全长以延长米计算

四、花卉种植与草坪铺栽工程工程量计算规则

花卉种植与草坪铺栽工程工程量计算规则见表 5-3 所示。

表 5-3　　花卉种植与草坪铺栽工程工程量计算规则

项　目		内　　容
工程内容	花卉种植	(1)花卉的种植方法。 1)移植:移植之前,播种的幼苗一般要间枝疏苗,除去过密、瘦弱或有病的小苗。也可将疏下来的幼苗,另行栽植。地栽苗在 4～5 片真叶时作第一次移植。盆播的幼苗,常在出现 1～2 片真叶时就开始移植。移植的株行距视苗的大小、苗的生长速度及移植后的留床期而定。助苗移植苗床的准备与播种苗床基本相同。移植时的土壤要干湿得当,一般要在土干时移植,但土壤过分干燥时,易使幼苗萎蔫,应在种植的前一天在畦头上浇水,待上粒吸水涨干后不粘手时移檀。土湿时,不仅不便操作,且在种植后土壤板结,不利幼苗生长。移植时不要压上过紧,以免根部受伤,待浇水时土粒随水下沉,就可和根系密接。移植以无风阴天为好,如果天气晴朗、光强、炎热,宜在傍晚移植。移植前,要分清品种,避免混杂。挖苗时切断主根,不伤根须,尽可能带护根上移植。挖苗与种植要配合,随挖随种。如果风大,蒸发强烈,挖起幼苗要覆盖遮荫。移植穴要稍大,使根舒畅伸展。种植深度要与原种植深度一致,或再深 1～2 公分。过浅易倒伏;过深则发育不好,种植后要立即充分浇水,并复浇一次,保证足量。天旱时,要边种边浇水。夏季移植初期要遮荫,以减低蒸发避免萎蔫。 2)定植:定植包括将移植后的大苗、盆栽苗、经过贮藏的球根以及木本花卉、草本花卉,种植于不再移动的地方。定植前,要根据植物的需要,改良土壤结构,调整酸碱度,改良排水条件,一般植物都需要肥沃、疏松而排水良好的土壤。肥料可在整地时拌入或在挖穴后施入穴底。定植时所采用的株间距离,应根据花卉植株成年时的大小,或配植要求而定。挖苗,一般应带护根土,土壤太湿或太干都不宜挖苗,带土多少视根系大小而定。落时树种在休眠期种植不必带土。常绿花木及移栽不易的种类一定要带完整的泥团,并要用草绳把泥团扎好。定植时要开穴,穴应比种苗的根系或泥团稍大稍深,将种苗茎基提近土面,扶正入穴。然后将穴周土壤铲人穴内约 2/3 时,抖动苗株使土粒和根系密接,然后在根系外围压紧土壤,最后用松土填平土穴使其与地面相平而略凹,种后立即浇水 2 次。草花苗种植后,次日要复浇水。球根花卉种植初期一般不需浇水,如果过于干旱,则应浇一次透水。大株的木本花卉和本本花卉定植时要结合进行根部修剪,伤根、烂根和枯根都要剪去。大树苗定植后,还要设立支柱,或在三对角设置绳索牵引,防止倾倒。 (2)种植时间。花卉的播种时间。简单地说,花卉的最佳播种时间通常就是当地农作物最适宜播种的时间。 在气候冷凉地区,如我国北方大部分区域,不管是一年生草花,还是多年生草花或者草花组合,春天、早夏、晚秋均为播种的理想时期。 在气候温暖地区,只要是气温适合的月份都可播种(草花的发芽适温一般为 20℃～25℃),但是仍以春秋两季播种的表现效果最好。在我国南方大部分地区,如果采用秋播的方式,往往在来年的春天就能获得满意的效果

续表

项目		内容
工程内容	花卉种植	(3)播种量的控制。花卉的播种量。任何一个花种以及野花组合都有一个最大和最小的播种量。最小播种量一般是在土壤条件较好、杂草控制得力的情况下，为建立一个较好的缀花族而确定的，我们推荐的播种量约为每平方米0.5～2g。如果土壤条件较差、杂草较多或要求最大限度的突出色彩效果时，就需要一个最大播种量，约为每平方米1～4g。不管是最大还是最小播种量范围，都是根据种子的大小来确定的，越小的种子，播种量当然越小，而对于种子特别大的草花品种，其播种量也可在我们推荐的范围上适当增加。 (4)花卉的越冬。花卉的越冬。通常来说，在我国南方及部分北方地区(北方过渡带)，大多数多年生品种都可安全越冬，但是在一些比较极端的条件下，比如东北、新疆等地，由于冬天温度很低，而多年生草花品种间的耐寒性也存在着差异，因此我们还要把越冬品种再做区分： 1)完全可以露地越冬，这主要是些极耐寒宿根品种。例如：紫松果菊、草原松果菊、大花金鸡菊等。 2)第一年必须保护越冬，以后就可露地越冬的品种。例如：毛地黄、火炬花等。 3)完全需要保护越冬。例如：须苞石竹、飞燕草、美女樱、羽扇豆等
	草坪铺栽	(1)草种的选择。 1)确定草坪建植区的气候类型。 2)决定可供选择的草坪草种。 3)选择具体的草坪草种。 (2)场地准备 1)场地清理。 2)翻耕和整地。 3)土壤改良。 4)排灌系统。 5)施肥。 (3)建植方法。 1)种子建植。 2)营养体建植。 3)覆盖。 (4)苗期管理。 (5)养护
工程量计算规则		每平方米栽植数量按：草花25株；本木花卉5株；植根花卉草本9株、木本5株

五、大树移植工程工程量计算规则

大树移植工程工程量计算规则见表5-4所示。

表5-4　大树移植工程工程量计算规则

项目	内容
大树移植工程的内容	(1)带土方木箱移植法。 1)掘苗前，应先按照绿化设计要求的树种、规格选苗，并在选好的树上做出明显标记(在树干上拴绳或在北侧点漆)，将树木的品种、规格(高度、干径、分枝点高度、树形及主要观赏面)分别记入卡片，以便分类，编出栽植顺序。 2)掘苗与运输。 ①掘苗。掘苗时，应先根据树木的种类、株行距和干径的大小确定在植株根部留土台的大小。一般可按苗木胸径(即树木高1.3m处的树干直径)的7～10倍确定土台

续表

项　目	内　　容
大树移植工程的内容	②运输。修整好土台之后，应立即上箱板，其操作顺序如下：上侧板、上钢丝绳、钉铁皮、掏底和上底板、上盖板、吊运装车、运输、卸车。 3)栽植。 ①挖坑。 ②吊树入坑。 ③拆除箱板和回填土。 ④栽后管理。 (2)软包装土球移植法。 1)掘苗准备工作 掘苗的准备工作，与方木箱的移植相似，但是它不需要用木箱板、铁皮等材料和某些工具，材料中只要有蒲包片、草绳等物即可。 2)掘苗与运输。 ①确定土球的大小。 ②挖掘。 ③打包。 ④吊装运输。 ⑤假植。 ⑥栽植
工程量计算规则	(1)包括大型乔木移植、大型常绿树移植两部分，每部分又分带土台、装木箱两种。 (2)大树移植的规格，乔木以胸径 10cm 以上为起点，分 10～15cm、15～20cm、20～30cm、30cm 以上四个规格。 (3)浇水系按自来水考虑，为三遍水的费用。 (4)所用吊车、汽车按不同规格计算。 (5)工程量按移植株数计算

六、绿化养护管理工程工程量计算规则

绿化养护管理工程工程量计算规则见表 5-5 所示。

表 5-5　绿化养护管理工程工程量计算规则

项　目	内　　容
绿化养护管理的内容	(1)乔木浇透水 10 次，常绿树木 6 次，花灌木浇透水 13 次，花卉每周浇透水 1～2 次。 (2)中耕除草：乔木 3 遍，花灌木 6 遍，常绿树木 2 遍；草坪除草可按草种不同修剪 2～4 次，草坪清杂草应随时进行。 (3)喷药：乔木、花灌木、花卉 7～10 遍。 (4)打芽及定型修剪：落叶乔木 3 次，常绿树木 2 次，花灌木 1～2 次。 (5)喷水：移植大树浇水适当喷水，常绿类 6～7 月份共喷 124 次，植保用农药化肥随浇水执行
工程量计算规则	乔灌木以株计算；绿篱以延长米计算；花卉、草坪、地被类以平方米计算

第三节　园林绿化种植工程工程量清单项目设置及工程量计算规则

一、园林绿化种植工程量清单项目编制说明

绿化种植工程共3节19个项目。包括绿地整理、栽植苗木、绿地喷灌等工程项目。

1. 有关项目的说明

(1)整理绿化地是指土石方的挖方、凿石、回填、运输、找平、找坡、耙细。

(2)伐树、挖树根，砍挖灌木林，挖竹根，挖芦苇根，除草等项目包括：砍、锯、挖、剔枝、截断、废弃物装、运、卸、集中堆放、清理现场等全部工序。

(3)屋顶花园基底处理项目包括：铺设找平层、粘贴防水层、闭水试验、透水管、排水口埋设、填排水材料、过滤材料剪切、粘接，填轻质土，材料水平、垂直运输等全部工序。

(4)栽植苗木项目包括：起挖苗木、临时假植、苗木包装、装卸押运，回土填塘、挖穴假植、栽植、支撑、回土踏实、筑水围浇水、覆土保墒、养护等全部工序。

(5)喷播植草项目包括：人工细整坡地、阴坡、草籽配制、洒黏结剂(丙烯酰胺、丙烯酸钾交链共聚物等)、保水剂(无毒高分子聚合物)、喷播草籽、铺覆盖物、钉固定钉、施肥浇水、养护及材料运输等全部工序。

(6)喷灌设施安装项目包括：阀门井砌筑或浇筑、井盖安装、管道检查、清扫、切割、焊接(粘接)、套丝、调直和阀门、管件、喷头安装，感应电控装置安装，管道固筑，管道水压实验调试、管沟回填等全部工序。

2. 有关项目特征的说明

(1)屋顶高度指室外地面至屋顶顶面的高度。

(2)屋顶花园基底处理的垂直运输方式，包括人工、电梯或采用井字架等垂直运输。

(3)苗木种类应根据设计具体描述苗木的名称。

(4)喷灌设施项目防护材料种类，包括阀门井需要的防护材料(如防潮、防水材料)，管道、管材、阀门的防护材料。

3. 有关工程量计算规则的说明

(1)伐树、挖树根项目应根据树干的胸径或区分不同胸径范围(如胸径150～250mm等)，以实际树木的株数计算。

(2)砍挖灌木丛项目应根据灌木丛高或区分不同丛高范围(如丛高800～1200mm等)，以实际灌木丛数计算。

(3)栽植乔木等项目应根据胸径、株高、丛高或区分不同胸径、株高、丛高范围，以设计数量计算。

(4)喷灌设施项目工程量应分不同管径从供水主管接口处算至喷头各支管(不扣除阀门所占长度，喷头长度不计算)的总长度计算。

4. 有关工程内容的说明

(1)屋顶花园基底处理项目材料运输，包括水平运输和垂直运输。

(2)苗木栽植项目，如苗木由市场购入，投标人则不计起挖苗木、临时假植、苗木包装、装卸押运、回土填塘等的价值，以苗木购入价及相关费用进行报价。

二、工程量清单项目设置及工程量计算规则

1. 绿地整理

绿地整理工程量清单项目设置及工程量计算规则见表5-6。

表5-6　　绿地整理(编码:050101)

项目编码	项目名称	项目特征	计量单位	工程量计算规则	工程内容
050101001	伐树、挖树根	树干胸径	株	按数量计算	1. 伐树、挖树根 2. 废弃物运输 3. 场地清理
050101002	砍挖灌木丛	丛高	株(株丛)	按数量计算	1. 灌木砍挖 2. 废弃物运输 3. 场地清理
050101003	挖竹根	根盘直径	株(株丛)	按数量计算	1. 砍挖竹根 2. 废弃物运输 3. 场地清理
050101004	挖芦苇根	丛高	m^2	按面积计算	1. 苇根砍挖 2. 废弃物运输 3. 场地清理
050101005	清除草皮	丛高	m^2	按面积计算	1. 除草 2. 废弃物运输 3. 场地清理
050101006	整理绿化用地	1. 土壤类别 2. 土质要求 3. 取土运距 4. 回填厚度 5. 弃渣运距	m^2	按设计图示尺寸以面积计算	1. 排地表水 2. 土方挖、运 3. 耙细、过筛 4. 回填 5. 找平、找坡 6. 拍实
050101007	屋顶花园基底处理	1. 找平层厚度、砂浆种类、强度等级 2. 防水层种类、做法 3. 排水层厚度、材质 4. 过滤层厚度、材质 5. 回填轻质土厚度、种类 6. 屋顶高度 7. 垂直运输方式	m^2	按设计图示尺寸以面积计算	1. 抹找平层 2. 防水层铺设 3. 排水层铺设 4. 过滤层铺设 5. 填轻质土壤 6. 运输

2. 栽植花木

栽植花木工程量清单项目设置及工程量计算规则见表5-7。

表 5-7　　　　栽植花木(编码:050102)

<table>
<tr><th>项目编码</th><th>项目名称</th><th>项目特征</th><th>计量单位</th><th>工程量计算规则</th><th>工程内容</th></tr>
<tr><td>050102001</td><td>栽植乔木</td><td>1. 乔木种类
2. 乔木胸径
3. 养护期</td><td rowspan="2">株(株丛)</td><td rowspan="4">按设计图示数量计算</td><td rowspan="10">1. 起挖
2. 运输
3. 栽植
4. 养护</td></tr>
<tr><td>050102002</td><td>栽植竹类</td><td>1. 竹种类
2. 竹胸径
3. 养护期</td></tr>
<tr><td>050102003</td><td>栽植棕榈类</td><td>1. 棕榈种类
2. 株高
3. 养护期</td><td rowspan="2">株</td></tr>
<tr><td>050102004</td><td>栽植灌木</td><td>1. 灌木种类
2. 冠丛高
3. 养护期</td></tr>
<tr><td>050102005</td><td>栽植绿篱</td><td>1. 绿篱种类
2. 篱高
3. 行数
4. 养护期</td><td>m/m²</td><td>按设计图示以长度或面积计算</td></tr>
<tr><td>050102006</td><td>栽植攀缘植物</td><td>1. 植物种类
2. 养护期</td><td>株</td><td>按设计图示数量计算</td></tr>
<tr><td>050102007</td><td>栽植色带</td><td>1. 苗木种类
2. 苗木株高
3. 养护期</td><td>m²</td><td>按设计图示尺寸以面积计算</td></tr>
<tr><td>050102008</td><td>栽植花卉</td><td>1. 花卉种类
2. 养护期</td><td>株/m²</td><td rowspan="2">按设计图示数量或面积计算</td></tr>
<tr><td>050102009</td><td>栽植水生植物</td><td>1. 植物种类
2. 养护期</td><td>丛/m²</td></tr>
<tr><td>050102010</td><td>铺种草皮</td><td>1. 草皮种类
2. 铺种方式
3. 养护期</td><td rowspan="2">m²</td><td rowspan="2">按设计图示尺寸以面积计算</td></tr>
<tr><td>050102011</td><td>喷播植草</td><td>1. 草籽种类
2. 养护期</td><td>1. 坡地细整
2. 阴坡
3. 草籽喷播
4. 覆盖
5. 养护</td></tr>
</table>

3. 绿地喷灌

绿地喷灌工程量清单项目设置及工程量计算规则见表5-8。

表5-8 绿地喷灌(编码:050103)

项目编码	项目名称	项目特征	计量单位	工程量计算规则	工程内容
050103001	喷灌设施	1. 土石类别 2. 阀门井材料种类、规格 3. 管道品种、规格、长度 4. 管件、阀门、喷头品种、规格、数量 5. 感应电控装置品种、规格、品牌 6. 管道固定方式 7. 防护材料种类 8. 油漆品种、刷漆遍数	m	按设计图示尺寸以长度计算	1. 挖土石方 2. 阀门井砌筑 3. 管道铺设 4. 管道固筑 5. 感应电控设施安装 6. 水压试验 7. 刷防护材料、油漆 8. 回填

4. 其他相关问题的处理

其他相关问题,应按下列规定处理。

(1)挖土外运、借土回填、挖(凿)土(石)方应包括在相关项目内。

(2)苗木计量应符合下列规定:

1)胸径(或干径)应为地表面向上1.2m高处树干的直径。

2)株高应为地表面至树顶端的高度。

3)冠丛高应为地表面至乔(灌)木顶端的高度。

4)篱高应为地表面至绿篱顶端的高度。

5)生产期应为苗木种植至起苗的时间。

6)养护期应为招标文件中要求苗木栽植后承包人负责养护的时间。

第四节 园林绿化种植工程工程量清单计价编制实例

某公园绿地喷灌设施,从供水主管接出分管为43m,管外径$\phi32$;从分管至喷头支管为54m,管外径$\phi20$,共97m;喷头采用美国鱼鸟牌旋转喷头2″共6个;分管、支管均采用川路牌PPR塑料管。

(1)业主根据施工图计算:分管为$\phi32$、43m,支管为$\phi20$、54m,共97m,喷头6个,低压塑料丝扣阀门1个,水表1个。

(2)投标人计算:

1)挖管沟土方及回填19.4m^3。

①人工费:25元/工日×(0.3374工日/m^3+0.2940工日/m^3)×19.4m^3=306.23元

②机械费:11元/台班×(0.0018台班/m^3+0.0798台班/m^3)×19.4m^3=17.41元

③合计:323.64元

2)低压塑料丝扣阀门安装。

①人工费:25 元/工日×0.44 工日/个×1 个=11.0 元

②材料费:9.46 元+64 元/个×1 个+5.6 元/个×2 个=84.66 元

③机械费:7.69 元

④合计:103.35 元(包括主材价)

3)水表安装。

①人工费:25 元/工日×0.56 工日/组×1 组=14.0 元

②材料费:37.44 元/组×1 组+18.2 元/个×1 个=55.64 元

③合计:69.64 元

4)塑料管安装 $\phi32$、$\phi20$。

①人工费:25 元/工日×0.086 工日/m×43m+25 元/工日×0.068 工日/m×54m=184.25 元

②材料费:5.4 元/m×43m+3.23 元/m×54m=106.62 元

③机械费:0.07 元/m×43m+0.06 元/m×54m=6.25 元

④合计:597.12 元

5)喷头安装。

①人工费:25 元/工日×0.039 工日/个×6 个=5.85 元

②材料费:120.14 元/个×6=720.84 元

③机械费:0.04 元/个×6 个=0.24 元

④合计:726.93 元

6)综合。

①直接费合计:1820.68 元

②管理费:直接费×34%=619.03 元

③利润:直接费×8%=145.65 元

④总计:2585.35 元

⑤综合单价:2585.35 元÷97m=26.65 元/m

以上绿化工程分部分项工程工程量清单计价及综合单价计算见表 5-9 和表 5-10。

表 5-9　分部分项工程量清单计价表

工程名称:公园绿地　　　　标段:　　　　第　页　共　页

序号	项目编码	项目名称	项目特征描述	计量单位	工程量	金额(元)		
						综合单价	合价	其中:暂估价
	050103001001	喷灌设施	分管 $\phi32$、43m(PPR 塑料管) 支管 $\phi20$、54m(PPR 塑料管) 美国雨鸟旋转喷头 2″、6 个,水表 1 个 低压塑料扣阀门 1 个 挖土深度 0.5m　一类土	m	97.00	26.65	2585.35	
		合计					2585.35	

表 5-10　　　　**工程量清单综合单价分析表**

工程名称：公园绿地　　　　标段：　　　　第　页　共　页

项目编码		050103001001		项目名称			喷灌设施		计量单位		m
综合单价组成明细											
定额编号	定额名称	定额单位	数量	单价				合价			
				人工费	材料费	机械费	管理费和利润	人工费	材料费	机械费	管理费和利润
基 1—5，1—66	挖管沟土及回填（深 2m 以内，一类土）	m³	0.200	15.80		0.90	25.10	3.16		0.18	5.02
安 06—1348	低压塑料扣阀门安装	组	0.011	10.00	79.09	7.27	143.64	0.11	0.87	0.08	1.58
安 08—0355	水表安装	组	0.011	12.73	51.82		97.27	0.14	0.57		1.07
北 5—30	塑料管安装	m	1.000	1.90	4.19	0.06	9.22	1.90	4.19	0.06	9.22
北 5—82	喷头安装	个	0.062	0.97	119.84		181.29	0.06	7.43		11.24
人工单价		小计						5.37	13.06	0.32	28.13
42 元/工日		未计价材料费									
清单项目综合单价											

材料明细	名称、规格、型号	单位	数量	单价（元）	合价（元）	暂估单价（元）	暂估合价（元）
	低压塑料扣阀门	个	0.011	64	0.70		
	水表	个	0.011	37.44	0.41		
	川路牌 PPR 塑料管 $\phi32$	m	0.440	5.4	2.38		
	川路牌 PPR 塑料管 $\phi20$	m	0.560	3.23	1.81		
	美国鱼鸟牌旋转喷头 2″	个	0.062	120.14	7.45		
	其他材料费			—	0.31	—	
	材料费小计			—	13.06	—	

注：本书工程量清单计价编制实例中参考的定额除特殊注明者外，均是《全国统一工程基础定额》。在实际工作中，各企业应根据自身的实际情况套用相应标准定额。

一、××园区园林绿化工程工程量清单编制

某园区园林绿化 工程

工 程 量 清 单

工程造价

招 标 人：××公司 咨 询 人：××工程造价咨询企业资质专用章

（单位盖章） （单位资质专用章）

法定代表人
或其授权人：××单位法定代表人

（签字或盖章）

法定代表人
或其授权人：××工程造价咨询企业法定代表人

（签字或盖章）

编 制 人：××签字盖造价工程师或造价员专用章

（造价人员签字盖专用章）

复 核 人：××签字盖造价工程师专用章

（造价工程师签字盖专用章）

编制时间：××××年××月××日 复核时间：××××年××月××日

注：此为招标人委托工程造价咨询企业编制的编制工程量清单的封面。

封一2

总 说 明

工程名称：某园区园林绿化工程　　　　第 页 共 页

1. 工程概况：本园区位于××区，交通便利园区中建筑与市政建设均已完成。园林绿化面积约为850m²，整个工程由圆形花坛、伞亭、连做花坛、花架、八角花坛以及绿地等组成。栽种的植物主要有桧柏、垂柳、龙爪槐、大叶黄杨、金银木、珍珠海、月季等。

2. 招标范围：绿化工程、庭院工程。

3. 工程质量要求：优良工程。

4. 工程量清单编制依据：本工程依据《建设工程工程量清单计价规范》编制工程量清单，依据××单位设计的本工程施工设计图纸计算实物工程量。

5. 投标人在投标文件中应按《建设工程工程量清单计价规范》规定的统一格式，提供"分部分项工程量清单综合单价分析表"、"措施项目费分析表"。

其他：略

表一01

分部分项工程量清单与计价表

工程名称：某园区园林绿化工程　　　　标段：　　　　第 页 共 页

序号	项目编码	项目名称	项目特征描述	计量单位	工程量	金额(元)		
						综合单价	合价	其中：暂估价
		E.1 绿化工程						
1	050101006001	整理绿化用地	整理绿化用地，普坚土	m²	850.00			
2	050102001001	栽植乔木	桧柏，高1.2～1.5m，土球苗木	株	2			
			(其他略)					
			分部小计					
		E.2 园路、园桥、假山工程						
1	050201001001	园路	200mm厚砂垫层，150mm厚3∶7灰土垫层，水泥方格砖路面	m²	176.54			
2	050201002002	路牙铺设	3∶7灰土垫层，150mm厚，花岗石	m³	91.20			
			(其他略)					
			分部小计					
			本页小计					
			合 计					

注：根据原建设部、财政部发布的《建筑安装工程费用组成》(建标[2003]206号)的规定，为计取规费等的使用，可在表中增设其中："直接费"、"人工费"或"人工费＋机械费"。

表一08

分部分项工程量清单与计价表

工程名称:某园区园林绿化工程　　　　标段:　　　　第　页　共　页

序号	项目编码	项目名称	项目特征描述	计量单位	工程量	金额(元)		
						综合单价	合价	其中:暂估价
		E.3　园林景观工程						
1	050303001001	现浇混凝土花架柱、梁	柱6根,高2.2m	m^3	2.17			
2	050304005001	预制混凝土桌凳	C20预制混凝土座凳,水磨石面	个	8			
3	020204001004	石材墙面	圆形花坛混凝土池壁贴大理石	m^2	10.05			
4	020202001001	柱面一般抹灰	混凝土柱水泥砂浆抹面	m^2	10.20			
		(其他略)						
		分部小计						
		本页小计						
		合　计						

注:根据原建设部、财政部发布的《建筑安装工程费用组成》(建标[2003]206号)的规定,为计取规费等的使用,可在表中增设其中:"直接费"、"人工费"或"人工费+机械费"。

表—08

措施项目清单与计价表(一)

工程名称:某园区园林绿化工程　　　　标段:　　　　第　页　共　页

序号	项　目　名　称	计算基础	费率(%)	金额(元)
1	脚手架费			
2	混凝土模板及支架			
3	安全文明施工费			
4	冬雨期施工费			
合　计				

注:1. 本表适用于以“项”计价的措施项目。

2. 根据原建设部、财政部发布的《建筑安装工程费用组成》(建标[2003]206 号)的规定,“计算基础”可为“直接费”、“人工费”或“人工费+机械费”。

表一10

措施项目清单与计价表(二)

工程名称:某园区园林绿化工程　　　　标段:　　　　第　页共　页

序号	项目编码	项目名称	项目特征描述	计量单位	工程量	金额(元)	
						综合单价	合价
1	AB001	脚手架费	柱面一般抹灰	m^2			
		(其他略)					
本页小计							
合　计							

注:本表适用于以综合单价形式计价的措施项目。

表一11

其他项目清单与计价汇总表

工程名称:某园区园林绿化工程　　　　标段:　　　　第　页共　页

序　号	项目名称	计量单位	金额(元)	备　注
1	暂列金额	项	50000.00	明细见表—12—1
2	暂估价		—	
2.1	材料暂估价		—	明细详见表—12—4
2.2	专业工程暂估价	项		
3	计日工		19000.00	明细详见表—12—4
4	总承包服务费			
	合　计		69000.00	

注:材料暂估单价进入清单项目综合单价,此处不汇总。

表—12

暂列金额明细表

工程名称：某园区园林绿化工程　　　　标段：　　　　第　页共　页

序号	项目名称	计量单位	暂列金额(元)	备注
1	政策性调整和材料价格风险	项	25000.00	
2	工程量清单中工程量变更和设计变更	项	15000.00	
3	其他	项	10000.00	
合计			50000.00	—

注：此表由招标人填写，也可只列暂定金额总额，投标人应将上述暂列金额计入投标总价中。

表—12—1

材料暂估单价表

工程名称:某园区园林绿化工程　　　　标段:　　　　第　页共　页

序　号	材料名称	计量单位	单价(元)	备　注
1	桧柏	株	9.50	
2	龙爪槐	株	30.20	
	其他:(略)			

注:1. 此表由招标人填写,并在备注栏说明暂估价的材料拟用在哪些清单项目上,投标人应将上述材料暂估单价计入工程量清单综合单价报价中。

2. 材料包括原材料、燃料、构配件以及按规定应计入建筑安装工程造价的设备。

表—12—2

计日工表

工程名称：某园区园林绿化工程　　　　标段：　　　　第　页共　页

编　号	项目名称	单　位	暂定数量	综合单价	合　价
一	人　工				
1	技工	工日	40		
小　计					
二	材料				
1	32.5级普通水泥	t	15.000		
材料小计					
三	机械				
1	汽车起重机20t	台班	5		
施工机械小计					
总　计					

注：此表项目名称、数量由招标人填写，编制招标控制价时，单价由招标人按有关计价规定确定；投标时，单价由投标人自主报价，计入投标总价中。

表—12—4

规费、税金项目清单与计价表

工程名称：某园区园林绿化工程　　　　标段：　　　　第　页　共　页

序号	项 目 名 称	计 算 基 础	费率(%)	金额(元)
1	规费			
1.1	工程排污费	按工程所在地环保部门规定按实计算		
1.2	社会保障费	(1)+(2)+(3)		
(1)	养老保险	定额人工费		
(2)	失业保险	定额人工费		
(3)	医疗保险	定额人工费		
1.3	住房公积金	定额人工费		
1.4	危险作业意外伤害保险	定额人工费		
1.5	工程定额测定费	税前工程造价		
2	税金	分部分项工程费＋措施项目费＋其他项目费＋规费		
合　计				

注：根据原建设部、财政部发布的《建筑安装工程费用组成》(建标[2003]206号)的规定，“计算基础”可为“直接费”、“人工费”或“人工费＋机械费”。

表—13

二、××园区园林绿化工程清单计价编制

工程量清单计价包括招标控制价、投标总价及竣工结算价，由于篇幅有限，本章仅介绍工程量清单计价中投标总价的编制。

投 标 总 价

招　标　人：××公司

工程名称：某园区园林绿化工程

投标总价(小写)：198158.05

(大写)：壹拾玖万捌仟壹佰伍拾捌元零角伍分

投　标　人：××建筑公司
(单位盖章)

法定代表人
或其授权人：××建筑公司法定代表人
(签字或盖章)

编　制　人：××签字盖造价工程师或造价工程师专用章
(造价人员签字盖专用章)

编 制 时 间：××年××月××日

总 说 明

工程名称:某园区园林绿化工程　　　　第 页 共 页

1. 编制依据:

1.1 建设方提供的工程施工图、《某园区园林绿化工程投标邀请书》、《投标须知》、《某园区园林绿化工程招标答疑》等一系列招标文件。

1.2 ××市建设工程造价管理站××××年第×期发布的材料价格,并参照市场价格。

2. 报价需要说明的问题:

2.1 该工程因无特殊要求,故采用一般施工方法。

2.2 因考虑到市场材料价格近期波动不大,故主要材料价格在××市建设工程造价管理站××××年第×期发布的材料价格基础上下浮3%。

3. 综合公司经济现状及竞争力,公司所报费率如下:(略)

4. 税金按3.413%计取。

表一01

工程项目投标报价汇总表

工程名称:某园区园林绿化工程　　　　标段:　　　　第 页 共 页

序号	单项工程名称	金额(元)	其 中		
			暂估价(元)	安全文明施工费(元)	规费(元)
1	某园区园林绿化工程	198158.05	42092.13	8067.36	18646.15
合 计		198158.05	42092.13	8067.36	18646.15

注:本表适用于工程项目招标控制价或投标报价的汇总。

说明:本工程是单项工程,所以单项工程即为工程项目。

表一02

单项工程投标报价汇总表

工程名称：某园区园林绿化工程　　　　标段：　　　　第　页　共　页

序号	单项工程名称	金额(元)	其中		
			暂估价(元)	安全文明施工费(元)	规费(元)
1	某园区园林绿化工程	198158.05	42092.13	8067.36	18646.15
	合计	198158.05	42092.13	8067.36	18646.15

注：本表适用于单项工程招标控制价或投标报价的汇总。暂估价包括分部分项工程中的暂估价和专业工程暂估价。

表一03

单位工程投标报价汇总表

工程名称：某园区园林绿化工程　　　　标段：　　　　第　页共　页

序号	单项工程名称	金额(元)	其中：暂估价(元)
1	分部分项	74547.90	42092.13
	E.1　绿化工程	16860.19	10560.00
	E.2　园路、园桥、假山工程	20841.58	11885.54
	E.3　园林景观工程	36846.13	16446.59
2	措施项目	29424.07	
2.1	安全文明施工费	8067.36	
3	其他项目	69000.00	
3.1	暂列金额	50000.00	
3.2	计日工	19000.00	
3.3	总承包服务费	0.00	
4	规费	18646.15	
5	税金	6539.93	
招标控制价合计＝1＋2＋3＋4＋5		198158.05	42092.13

注：本表适用于单位工程招标控制价或投标报价的汇总，如无单位工程划分，单项工程也使用本表汇总。

表一04

分部分项工程量清单与计价表

工程名称：某园区园林绿化工程　　　　标段：　　　　第　页共　页

序号	项目编码	项目名称	项目特征描述	计量单位	工程量	金额(元)		
						综合单价	合价	其中：暂估价
			E.1 绿化工程					
1	050101006001	整理绿化用地	整理绿化用地，普坚土	m^2	834.32	1.21	1009.53	
2	050102001001	栽植乔木	桧柏，高 1.2～1.5m，土球苗木	株	3	69.54	208.62	18.00
			(其他略)					
			分部小计				16860.19	10560.00
			E.2 园路、园桥、假山工程					
3	050201001001	园路	200mm 厚砂垫层，150mm 厚 3∶7 灰土垫层，水泥方格砖路面	m^2	180.25	64.46	11618.92	54276.24
4	050201002002	路牙铺设	3∶7 灰土垫层，150mm 厚，花岗石	m^3	96.23	90.21	8680.91	42927.67
			(其他略)					
			分部小计				20741.58	11885.54
			本页小计				37701.77	22445.54
			合　计				37701.77	22445.54

注：根据原建设部、财政部发布的《建筑安装工程费用组成》(建标[2003]206 号)的规定，为计取规费等的使用，可在表中增设其中："直接费"、"人工费"或"人工费＋机械费"。

表一08

分部分项工程量清单与计价表

工程名称：某园区园林绿化工程　　　　标段：　　　　第　页共　页

序号	项目编码	项目名称	项目特征描述	计量单位	工程量	金额(元)		
						综合单价	合价	其中：暂估价
		E.3　园林景观工程						
5	050303001001	现浇混凝土花架柱、梁	柱6根，高2.2m	m^3	2.22	375.36	833.30	
6	050304005001	预制混凝土桌凳	C20预制混凝土座凳，水磨石面	个	7	34.05	238.35	
7	020204001004	石材墙面	圆形花坛混凝土池壁贴大理石	m^2	11.02	284.80	3138.50	1735.35
8	020202001001	柱面一般抹灰	混凝土柱水泥砂浆抹面	m^2	10.13	13.03	131.99	
			(其他略)					
			分部小计				36846.13	16446.59
			本页小计				36846.13	16446.59
			合　计				74547.90	42092.13

注：根据原建设部、财政部发布的《建筑安装工程费用组成》(建标[2003]206号)的规定，为计取规费等的使用，可在表中增设其中："直接费"、"人工费"或"人工费+机械费"。

表—08

综合单价分析表

工程名称：某园区园林绿化工程　　　　标段：　　　　第　页　共　页

<table>
<tr><td colspan="2">项目编码</td><td colspan="3">050102001002</td><td colspan="2">项目名称</td><td colspan="3">栽植乔木，垂柳</td><td>计量单位</td><td>株</td></tr>
<tr><td colspan="12">综合单价组成明细</td></tr>
<tr><td rowspan="2">定额编号</td><td rowspan="2">定额名称</td><td rowspan="2">定额单位</td><td rowspan="2">数量</td><td colspan="4">单价</td><td colspan="4">合价</td></tr>
<tr><td>人工费</td><td>材料费</td><td>机械费</td><td>管理费和利润</td><td>人工费</td><td>材料费</td><td>机械费</td><td>管理费和利润</td></tr>
<tr><td>EA0921</td><td>普坚土种植垂柳</td><td>株</td><td>1</td><td>5.38</td><td>12.85</td><td>0.31</td><td>2.09</td><td>5.38</td><td>12.85</td><td>0.31</td><td>2.09</td></tr>
<tr><td>EA0961</td><td>垂柳后期管理费</td><td>株</td><td>1</td><td>11.71</td><td>12.13</td><td>2.21</td><td>4.13</td><td>11.71</td><td>12.13</td><td>2.21</td><td>4.13</td></tr>
<tr><td></td><td></td><td></td><td></td><td></td><td></td><td></td><td></td><td></td><td></td><td></td><td></td></tr>
<tr><td colspan="2">人工单价</td><td colspan="6">小　计</td><td>17.09</td><td>24.98</td><td>2.51</td><td>6.22</td></tr>
<tr><td colspan="2">41.8元/工日</td><td colspan="6">未计价材料费</td><td colspan="4"></td></tr>
<tr><td colspan="8">清单项目综合单价</td><td colspan="4">50.63</td></tr>
<tr><td rowspan="12">材料费明细</td><td colspan="4">名称、规格、型号</td><td>单位</td><td colspan="2">数量</td><td>单价（元）</td><td>合价（元）</td><td>暂估单价（元）</td><td>暂估合价（元）</td></tr>
<tr><td colspan="4">垂柳</td><td>株</td><td colspan="2">1</td><td>9.60</td><td>9.60</td><td></td><td></td></tr>
<tr><td colspan="4">毛竹竿</td><td>根</td><td colspan="2">1.100</td><td>12.54</td><td>12.54</td><td></td><td></td></tr>
<tr><td colspan="4">水费</td><td>t</td><td colspan="2">0.680</td><td>3.20</td><td>2.18</td><td></td><td></td></tr>
<tr><td colspan="4"></td><td></td><td colspan="2"></td><td></td><td></td><td></td><td></td></tr>
<tr><td colspan="4"></td><td></td><td colspan="2"></td><td></td><td></td><td></td><td></td></tr>
<tr><td colspan="4"></td><td></td><td colspan="2"></td><td></td><td></td><td></td><td></td></tr>
<tr><td colspan="4"></td><td></td><td colspan="2"></td><td></td><td></td><td></td><td></td></tr>
<tr><td colspan="4"></td><td></td><td colspan="2"></td><td></td><td></td><td></td><td></td></tr>
<tr><td colspan="4"></td><td></td><td colspan="2"></td><td></td><td></td><td></td><td></td></tr>
<tr><td colspan="7">其他材料费</td><td>—</td><td>0.66</td><td>—</td><td></td></tr>
<tr><td colspan="7">材料费小计</td><td>—</td><td>24.98</td><td>—</td><td></td></tr>
</table>

注：1. 如不使用省级或行业建设主管部门发布的计价依据，可不填定额项目、编号等。

2. 招标文件提供了暂估单价的材料，按暂估的单价填入表内“暂估单价”栏及“暂估合价”栏。

表—09

措施项目清单与计价表(一)

工程名称:某园区园林绿化工程　　　　标段:　　　　第　页共　页

序号	项目名称	计算基础	费率(%)	金额(元)
1	脚手架费			1422.46
2	混凝土模板及支架			18093.84
3	安全文明施工费	直接费	0.66	8067.36
4	冬雨期施工费	人工费	1.8	1840.41
	合计			29424.07

注:1. 本表适用于以"项"计价的措施项目。

2. 根据原建设部、财政部发布的《建筑安装工程费用组成》(建标[2003]206号)的规定,"计算基础"可为"直接费"、"人工费"或"人工费+机械费"。

表—10

措施项目清单与计价表(二)

工程名称:某园区园林绿化工程　　　　标段:　　　　第　页　共　页

序号	项目编码	项目名称	项目特征描述	计量单位	工程量	金额(元)	
						综合单价	合价
1	AB001	脚手架费	柱面一般抹灰	m^2	10.20	6.53	66.61
			(其他略)				
本页小计							
合　计							18492.97

注:本表适用于以综合单价形式计价的措施项目。

表一11

其他项目清单与计价汇总表

工程名称:某园区园林绿化工程　　　　　　标段:　　　　　　第　页　共　页

序号	项　目　名　称	计量单位	金额(元)	备　注
1	暂列金额	项	50000.00	明细见表—12—1
2	暂估价		—	
2.1	材料暂估价		—	明细见表—12—2
2.2	专业工程暂估价	项		
3	计日工		19000.00	明细见表—12—4
4	总承包服务费			
合　计			69000.00	

注:材料暂估单价进入清单项目综合单价,此处不汇总。

表—12

暂列金额明细表

工程名称:某园区园林绿化工程　　　　标段:　　　　第　页　共　页

序号	项　目　名　称	计量单位	暂列金额(元)	备　注
1	政策性调整和材料价格风险	项	25000.00	
2	工程量清单中工程量变更和设计变更	项	15000.00	
3	其他	项	10000.00	
合　计			50000.00	—

注:此表由招标人填写,也可只列暂定金额总额,投标人应将上述暂列金额计入投标总价中。

表—12—1

材料暂估单价表

工程名称：某园区园林绿化工程　　　　标段：　　　　第　页　共　页

序号	材料名称	计量单位	单价(元)	备　注
1	桧柏	株	9.50	
2	龙爪槐	株	30.20	
	其他：(略)			

注：1. 此表由招标人填写，并在备注栏说明暂估价的材料拟用在哪些清单项目上，投标人应将上述材料暂估单价计入工程量清单综合单价报价中。

2. 材料包括原材料、燃料、构配件以及按规定应计入建筑安装工程造价的设备。

表一12一2

计 日 工 表

工程名称：某园区园林绿化工程　　　　标段：　　　　第　页　共　页

编　号	项目名称	单　位	暂定数量	综合单价	合　价
一	人　工				
1	技工	工日	40.00	50.00	2000.00
小　计					2000.00
二	材料				
1	32.5级普通水泥	t	15.00	300.00	4500.00
材料小计					4500.00
三	机械				
1	汽车起重机20t	台班	5.00	2500.00	12500.00
施工机械小计					12500.00
总　计					19000.00

注：此表项目名称、数量由招标人填写，编制招标控制价时，单价由招标人按有关计价规定确定；投标时，单价由投标人自主报价，计入投标总价中。

表—12—4

规费、税金项目清单与计价表

工程名称：某园区园林绿化工程　　　　标段：　　　　第　页　共　页

序号	项目名称	计算基础	费率(%)	金额(元)
1	规费			18646.15
1.1	工程排污费	按工程所在地环保部门规定按实计算		
1.2	社会保障费	(1)+(2)+(3)		11756.84
(1)	养老保险	定额人工费	3.5	3578.17
(2)	失业保险	定额人工费	2	2044.67
(3)	医疗保险	定额人工费	6	6134.00
1.3	住房公积金	定额人工费	6	6134.00
1.4	危险作业意外伤害保险	定额人工费	0.5	511.17
1.5	工程定额测定费	税前工程造价	0.14	244.14
2	税金	分部分项工程费＋措施项目费＋其他项目费＋规费	3.413	6539.93
合　计				25186.08

注：根据原建设部、财政部发布的《建筑安装工程费用组成》（建标[2003]206号）的规定，“计算基础”可为“直接费”、“人工费”或“人工费＋机械费”。

表—13

第六章　园路、园桥、假山工程

第一节　工 程 内 容

一、园路工程

1. 园路路基、路床整理

(1)放线。按路面设计中的中线，在地面上每 20～50m 放一中心桩，在弯道的曲线上，应在曲线的两端及中间各放一中心桩。在每一中心桩上要写上桩号。然后以中心桩为基准，定出边桩。沿着两边的边桩连成圆滑的曲线，这就是路面的平曲线。

(2)准备路槽。按设计路面的宽度，每侧放出 20cm 挖槽。路槽的深度应与路面的厚度相等，并且要有 2%～3%的横坡度，使其成为中间高、两边低的圆弧形或折线形。

路槽挖好后，洒上水，使土壤湿润，然后用蛙式跳夯夯 2～3 遍，槽面平整度允许误差在 2cm 以下。

(3)地基施工。首先确定路基作业使用的机械及其进入现场的日期；重新确认水准点；调整路基表面高程与其他高程的关系；然后进行路基的填挖、整平、碾压作业。按已定的园路边线，每侧放宽 200mm 开挖路基的基槽；路槽深度应等于路面的厚度。按设计横坡度，进行路基表面整平，再碾压或打夯，压实路槽地面；路槽的平整度允许误差不大于 20mm。对填土路基，要分层填土分层碾压；对于软弱地基，要做好加固处理。施工中注意随时检查横断面坡度和纵断面坡度。其次，要用暗渠、侧沟等排除流入路基的地下水、涌水、雨水等。

2. 垫层铺筑

运入垫层材料，将灰土、砂石按比例混合，进行垫层材料的铺垫、刮平和碾压。如用灰土做垫层，铺垫一层灰土就叫一步灰土，一步灰土的夯实厚度应为 150mm；而铺填时的厚度根据土质不同，在 210～240mm 之间。

3. 路面铺筑

确认路面基层的厚度与设计标高；运入基层材料，分层填筑。基层的每层材料施工碾压厚度是：下层为 200mm 以下，上层 150mm 以下；基层的下层要进行检验性碾压。基层经碾压后，没有到达设计标高的，应该翻起已压实部分，一面摊铺材料，一面重新碾压，直到压实为设计标高的高度。施工中的接缝，应将上次施工完成的末端部分翻起来，与本次施工部分一起滚碾压实。在完成的路面基层上，重新定点、放线，放出路面的中心线及边线。设置整体现浇路面边线处的施工挡板，确定砌块路面的砌块行列数及拼装方式。面层材料运入现场。

(1)散料类面层铺砌。先铺设基层，一般用砂作基层，当砂不足时，可以用煤渣代替。基层厚约 20～25cm，铺后用轻型压路机压 2～3 次。面层(碎石层)一般为 14～20cm 厚，填后平整压实。当面层厚度超过 20cm 时，要分层铺压，下层 12～16cm，上层 10cm。面层铺设的高度应比实际高度大些。

(2)块料类面层铺砌。用石块、砖、预制水泥板等做路面的，统称为块料路面。此类路面花纹变化较多，铺设方便，因此在园林中应用较广。施工总的要求是要有良好的路基，并加砂垫层，块料接缝处要加填充物。

(3)胶结料类面层铺砌。

1)水泥混凝土面层施工：

①核实、检验和确认路面中心线、边线及各设计标高点的正确无误。

②若是钢筋混凝土面层，则按设计选定钢筋并编扎成网。钢筋网应在基层表面以上架离，架离高度应距混凝土面层顶面50mm。钢筋网接近顶面设置要比在底部加筋更能保证防止表面开裂，也更便于充分捣实混凝土。

③按设计的材料比例，配制、浇筑、捣实混凝土，并用长1m以上的直尺将顶面刮平。顶面稍干一点，再用抹灰砂板抹平至设计标高。施工中要注意做出路面的横坡与纵坡。

④混凝土面层施工完成后，应即时开始养护。养护期应为7d以上，冬期施工后的养护期还应更长些。可用湿的织物、稻草、锯木粉、湿砂及塑料薄膜等覆盖在路面上进行养护。冬季寒冷，养护期中要经常用热水浇洒，要对路面保温。

⑤混凝土路面因热胀冷缩可能造成破坏，故在施工完成、养护一段时间后用专用锯割机按6～9m间距割伸缩缝，深度约50mm。缝内要冲洗干净后用弹性胶泥嵌缝。园林施工中也常用楔形木条预埋、浇捣混凝土后拆除的方法留伸缩缝，还可免去锯割手续。

2)简易水泥路。底层铺碎砖瓦6～8cm厚，也可用煤渣代替。压平后铺一层极薄的水泥砂浆(粗砂)抹平，浇水保养2～3d即可，此法常用于小路。也可在水泥路上划成方格或各种形状的花纹，既增加艺术性，也增强实用性。

3)嵌草路面的铺砌。无论用预制混凝土铺路板、实心砌块、空心砌块，还是用顶面平整的乱石、整形石块或石板，都可以铺装成砌块嵌草路面。施工时，先在整平压实的路基上铺垫一层栽培壤土作垫层。壤土要求比较肥沃，不含粗颗粒物，铺垫厚度为100～150mm。然后在垫层上铺砌混凝土空心砌块或实心砌块，砌块缝中半填壤土，并播种草籽。

实心砌块的尺寸较大，草皮嵌种在砌块之间预留的缝中。草缝设计宽度可在20～50mm之间，缝中填土达砌块的2/3高。砌块下面如上所述用壤土作垫层并起找平作用，砌块要铺装得尽量平整。实心砌块嵌草路面上，草皮形成的纹理是线网状的。空心砌块的尺寸较小，草皮嵌种在砌块中心预留的孔中。砌块与砌块之间不留草缝，常用水泥砂浆黏结。砌块中心孔填土亦为砌块的2/3高；砌块下面仍用壤土作垫层找平，使嵌草路面保持平整。空心砌块嵌草路面上，草皮呈点状而有规律地排列。要注意的是，空心砌块的设计制作，一定要保证砌块的结实坚固和不易损坏，因此其预留孔径不能太大，孔径最好不超过砌块直径的1/3长。

采用砌块嵌草铺装的路面，砌块和嵌草层是道路的结构面层，其下面只能有一个壤土垫层，在结构上没有基层，只有这样的路面结构才能有利于草皮的存活与生长。

4. 道牙、边条、槽块

道牙基础宜与地床同时填挖碾压，以保证有整体的均匀密实度。结合层用1∶3的白砂浆2cm。安道牙要平稳、牢固，后用M10水泥砂浆勾缝，道牙背后应用灰土夯实，其宽度50cm，厚度15cm，密实度值在90%以上。

边条用于较轻的荷载处，且尺寸较小，一般50mm宽，150～250mm高，特别适用于步行道、草地或铺砌场地的边界。施工时应减轻它作为垂直阻拦物的效果，增加它对地基的密封深度。边条铺砌的深度相对于地面应尽可能低些，如广场铺地、边条铺砌可与铺地地面相平。槽块分凹面槽块和空心槽块，一般紧靠道牙设置，以利于地面排水，路面应稍稍高于槽块。

二、园桥工程

1. 桥基

桥基是介于墩身与地基之间的传力结构。桥身指桥的上部结构，包括人行道、栏杆与灯柱等部分。

(1)基础与拱碹工程施工：

1)模板安装。模板是施工过程中的临时性结构，对梁体的制作十分重要。桥梁工程中常用空心板梁的木制芯模构造。

模板在安装过程中，为避免壳板与混凝土黏结，通常均需在壳板面上涂以隔离剂，如石灰乳浆、肥皂水或废机油等。

2)钢筋成型绑扎。在钢筋绑扎前要先拟定安装顺序。一般的梁肋钢筋，先放箍筋，再安下排主筋，后装上排钢筋。

3)混凝土搅拌。混凝土一般应采用机械搅拌，上料的顺序一般是先石子，次水泥，后砂子。人工搅拌只许用于少量混凝土工程的塑性混凝土或硬性混凝土。不管采用机械或人工搅拌，都应使石子表面包满砂浆、拌合料混合均匀、颜色一致。人工拌合应在铁板或其他不渗水的平板上进行，先将水泥和细骨料拌匀，再加入石子和水，拌至材料均匀、颜色一致为止，如需掺外加剂，应先将外加剂调成溶液，再加入拌合水中，与其他材料拌匀。

4)浇捣。当构件的高度(或厚度)较大时，为了保证混凝土能振捣密实，就应采用分层浇筑法。浇筑层的厚度与混凝土的稠度及振捣方式有关，在一般稠度下，用插入式振捣器振捣时，浇筑层厚度为振捣器作用部分长度的1.25倍；用平板式振捣器时，浇筑厚度不超过20cm。薄腹T梁或箱形的梁肋，当用侧向附着式振捣器振捣时，浇筑层厚度一般为30～40cm。采用人工捣固时，视钢筋密疏程度，通常取浇筑厚度为15～25cm。

5)养护。在混凝土终凝后，在构件上覆盖草袋、麻袋、稻草或砂子，经常洒水，以保持构件经常处于湿润状态。这是5℃以上桥梁施工的自然养护。

6)灌浆。石活安装好后，先用麻刀灰对石活接缝进行勾缝(如缝子很细，可勾抹油灰或石膏)以防灌浆时漏浆。灌浆前最好先灌注适量清水，以湿润内部空隙，有利于灰浆的流动。灌浆应在预留的“浆口”进行，一般分三次灌入，第一次要用较稀的浆，后两次逐渐加稠，每次相隔约3～4h左右。灌完浆后，应将弄脏的石面洗刷干净。

(2)细石安装。石活的连接方法一般有三种，即构造连接、铁件连接和灰浆连接。

1)构造连接是指将石活加工成公母榫卯、做成高低企口的“磕绊”、剔凿成凸凹仔口等形式，进行相互咬合的一种连接方式。

2)铁件连接是指用铁制拉接件，将石活连接起来，如铁“拉扯”、铁“银锭”、铁“扒锔”等。铁“拉扯”是一种长脚丁字铁，将石构件打凿成丁字口和长槽口，埋入其中，再灌入灰浆。铁“银锭”是两头大，中间小的铁件，需将石构件剔出大小槽口，将银锭嵌入。铁“扒锔”是一种两脚扒钉，将石构件凿眼钉入。

3)灰浆连接是最常用的一种方法，即采用铺垫坐浆灰、灌浆汁或灌稀浆灰等方式，进行砌筑连接。灌浆所用的灰浆多为桃花浆、生石灰浆或江米浆。

(3)混凝土构件。混凝土构件制作的工程内容有模板制作、安装、拆除、钢筋成型绑扎、混凝土搅拌运输、浇捣、养护等全过程。

1)模板制作：

①木模板配制时要注意节约，考虑周转使用以及以后的适当改制使用；

②配制模板尺寸时，要考虑模板拼装结合的需要；

③拼制模板时，板边要找平刨直，接缝严密，不漏浆；木料上有节疤、缺口等疵病的部位，应放在模板反面或者截去，钉子长度一般宜为木板厚度的2～2.5倍；

④直接与混凝土相接触的木模板宽度不宜大于20cm；工具式木模板宽度不宜大于15cm梁和板的底板，如采用整块木板，其宽度不加限制；

⑤混凝土面不做粉刷的模板，一般宜刨光；

⑥配制完成后，不同部位的模板要进行编号，写明用途，分别堆放，备用的模板要遮盖保护，以免变形。

2)拆模。模板安装主要是用定型模板和配制以及配件支承件根据构件尺寸拼装成所需模板。及时拆除模板，将有利于模板的周转和加快工程进度，拆模要把握时机，应使混凝土达到必要的强度。拆模时要注意以下几点：

①拆模时不要用力过猛过急，拆下来的木料要及时运走、整理；

②拆模程序一般是后支的先拆，先支的后拆，先拆除非承重部分，后拆除承重部分，重大复杂模板的拆除，事先应预先制定拆模方案；

③定型模板，特别是组合式钢模板要加强保护，拆除后逐块传递下来，不得抛掷，拆下后，即清理干净，板面涂油，按规格堆放整齐，以利于再用。如背面油漆脱落，应补刷防锈漆。

2. 桥面

桥面指桥梁上构件的上表面。通常布置要求为线型平顺，与路线顺利搭接。城市桥梁在平面上宜做成直桥，特殊情况下可做成弯桥，如采用曲线形时，应符合线路布设要求。桥梁平面布置应尽量采用正交方式，避免与河流或桥上路线斜交。若受条件限制时，跨线桥斜度不宜超过15°，在通航河流上不宜超过15°。

梁桥的桥面通常由桥面铺装、防水和排水设施、伸缩缝、人行道、栏杆、灯柱等构成。

(1)桥面铺装。桥面铺装的作用是防止车轮轮胎或履带直接磨耗行车道板；保护主梁免受雨水浸蚀，分散车轮的集中荷载。因此桥面铺装的要求是：具有一定强度，耐磨，防止开裂。

桥面铺装一般采用水泥混凝土或沥青混凝土，厚6～8cm，混凝土强度等级不低于行车道板混凝土的强度等级。在不设防水层的桥梁上，可在桥面上铺装厚8～10cm有横坡的防水混凝土，其强度等级亦不低于行车道板的混凝土强度等级。

(2)桥面排水和防水。桥面排水是借助于纵坡和横坡的作用，使桥面水迅速汇向集水碗，并从泄水管排出桥外。横向排水是在铺装层表面设置1.5%～2%的横坡，横坡的形成通常是铺设混凝土三角垫层构成，对于板桥或就地建筑的肋梁桥，也可在墩台上直接形成横坡，而做成倾斜的桥面板。

当桥面纵坡大于2%而桥长小于50m时，桥上可不设泄水管，而在车行道两侧设置流水槽以防止雨水冲刷引道路基，当桥面纵坡大于2%但桥长大于50m时，应沿桥长方向12～15m设置一个泄水管，如桥面纵坡小于2%，则应将泄水管的距离减小至6～8m。

桥面防水是将渗透过铺装层的雨水挡住并汇集到泄水管排出。一般可在桥面上铺8～10cm厚的防水混凝土，其强度等级一般不低于桥面板混凝土强度等级。当对防水要求较高时，为了防止雨水渗入混凝土微细裂纹和孔隙，保护钢筋，可以采用“三油三毡”防水层。

(3)伸缩缝。为了保证主梁在外界变化时能自由变形，就需要在梁与桥台之间，梁与梁之间设置伸缩缝(也称变形缝)。伸缩缝的作用除保证梁自由变形外，还能使车辆在接缝处平顺通过，防止雨水及垃圾泥土等渗入，其构造应方便施工安装和维修。常用的伸缩缝有：U形镀锌薄钢板式伸缩缝、钢板伸缩缝、橡胶伸缩缝。

(4)人行道、栏杆和灯柱。桥梁一般均应设置人行道，人行道一般采用肋板式构造。

栏杆是桥梁的防护设备，城市桥梁栏杆应该美观实用、朴素大方，栏杆高度通常为1.0～1.2m，标准高度是1.0m。栏杆柱的间距一般为1.6～2.7m，标准设计为2.5m。

桥梁应设照明设备，照明灯柱可以设在栏杆扶手的位置上，也可靠近边缘石处，其高度一般高出车道5m左右。

(5)梁桥的支座。梁桥支座的作用是将上部结构的荷载传递给墩台，同时保证结构的自由变形，使结构的受力情况与计算简图相一致。

梁桥支座一般按桥梁的跨径、荷载等情况分为：简易垫层支座、弧形钢板支座、钢筋混凝土摆柱、橡胶支柱。

3. 栏杆安装

(1)寻杖栏板。寻杖栏板是指在两栏杆柱之间的栏板中，最上面为一根圆形模杆的扶手，即为寻杖，其下由雕刻云朵状石块承托，此石块称为云扶，再下为瓶颈状石件称为瘿项。支立于盆臀之上，再下为各种花饰的板件。

(2)罗汉板。罗汉板是指只有栏板而不用望板的栏杆，在栏杆端头用抱鼓石封头。

位于雁翅桥面里端拐角处的柱子叫"八字折柱"，其余的栏杆柱都叫"正柱"或"望柱"，简称栏杆柱。

(3)栏杆地栿。栏杆地栿是栏杆和栏板最下面一层的承托石，在桥长正中带弧形的叫"罗锅地栿"，在桥面两头的叫"扒头地栿"。

三、假山工程

1. 置石

(1)特置。特置是指将体量较大、形态奇特，具有较高观赏价值的山石单独布置成景的一种植石方式，亦称单点、孤置山石。

特置山石应选用体量大、轮廓线分明、姿态多变、色彩突出、具有较高观赏价值的山石。特置山石常用作入门的障景和对景，或置于廊间、亭侧、天井中间、漏窗后面、水边、路口或园路转折之处。特置山石也可以和壁山、花台、岛屿、驳岸等结合布置。现代园林中的特置多结合花台、水池或草坪、花架来布置。特置好比单字书法或特写镜头，本身应具有比较完整的构图关系，古典园林中的特置山石常镌刻题咏和命名。

特置山石布置的要点在于相石立意，山石体量与环境应协调，前置框景、背景衬托和利用植物弥补山石的缺陷等。

特置山石还可以结合台景布置。台景也是一种传统的布置手法，用石头或其他建筑材料做成整形的台，内盛土壤，台下有一定的排水设施，然后在台上布置山石和植物。或仿作大盆景布置，使人欣赏这种有组合的整体美。北京故宫御花园绛雪轩前面就是用琉璃贴面为基座，以植物和山石组合成台景。

(2)散置。散置是仿照山野岩石自然分布之状而施行点置的一种手法，亦称"散点"。散置并非散乱随意点摆，而是断续相连的群体。散置山石时，要有疏有密，远近适合，彼此呼应，切不可众石纷杂，零乱无章。

散置的运用范围甚广，在土山的山麓、山坡、山头，在池畔水际，在溪涧河流中，在林下、在花径、在路旁均可以散点山石而得到意趣。北京北海琼华岛南山西路山坡上有用房山石作的散置，处理得比较成功，不仅起到了护坡作用，同时也增添了山势的变化。

(3)对置和群置。

1)对置。指沿建筑中轴线两侧作对称布置的山石。对置在北京古典园林中运用较多，如颐和园仁寿殿前的山石布置等。

2)群置。群置是指运用数块山石互相搭配点置，组成一个群体，亦称聚点。这类置石的材料要求可低于对置，但要组合有致。

群置常用于园门两侧、廊间、粉墙前、路旁、山坡上、小岛上、水池中或与其他景物结合造景。如苏州耦园二门两侧，几块山石和松枝结合护卫园门，共同组成诱人入游的门景。避暑山庄卷阿胜境遗址东北角尚存山石一组，寥寥数块却层次多变，主次分明，高低错落，具有寸石生情的效果。

(4)山石器设。用山石作室内外的家具或器设也是我国园林中的传统做法。山石几案不仅有实用价值，而且又可与造景密切结合。特别是用于有起伏地形的自然式布置地段，很容易和周围环境取得协调，既节省木材又能耐久，无须搬出搬进，也不怕日晒雨淋。

1)山石器设既可独立布置，又可与其他景物结合设置。在室外可结合挡土墙、花台、水池、驳岸等统一安排；在室内可以用山石叠成柱子作为装饰。

2)山石几案不仅具有实用价值，而且又可与造景密切配合，特别适用于有起伏地形的自然地段，这样很容易与周围的环境取得协调，既节省木材又坚固耐久，且不怕日晒雨淋，无需搬进搬出。山石几案宜布置在林间空地或有树木遮荫的地方，以免游人受太阳暴晒。

山石几案虽有桌、几、凳之分，但切不可按一般家具那样对称安置。几个石凳大小、高低、体态各不相同，却又很均衡地统一在石桌周围，西南隅留空，植油松一株以挡西晒。湖石点置山石几案，尺度合宜，石形古拙多变，渲染了仙人洞府的气氛。

2. 假山定位与放样

(1)审阅图纸。假山定位放样前要将假山工程设计图的意图看懂摸透，掌握山体形式和基础的结构。为了便于放样，要在平面图上按一定的比例尺寸，依工程大小或平面布置复杂程度，采用 2m×2m 或 5m×5m 或 10m×10m 的尺寸画出方格网，以其方格与山脚轮廓线的交点作为地面放样的依据。

(2)实地放样。在设计图方格网上，选择一个与地面有参照的可靠固定点，作为放样定位点，然后以此点为基点，按实际尺寸在地面上画出方格网；并对应图纸上的方格和山脚轮廓线的位置，放出地面上的相应的白灰轮廓线。

为了便于基础和土方的施工，应在不影响堆土和施工的范围内，选择便于检查基础尺寸的有关部位，如假山平面的纵横中心线、纵横方向的边端线、主要部位的控制线等位置的两端，设置龙门桩或埋地木桩，以便在挖土或施工时的放样白线被挖掉后，作为测量尺寸或再次放样的基本依据点。

3. 基础施工

基础的施工应按设计要求进行，通常假山基础有浅基础、深基础、桩基础等。

(1)浅基础施工。浅基础是在原地形上略加整理、符合设计地貌后经夯实后的基础。此类基础可节约山石材料，但为符合设计要求，有的部位需垫高，有的部位需挖深以造成起伏。这样使夯实平整地面工作变得较为琐碎。对于软土、泥泞地段，应进行加固或清淤处理，以免日后基础沉陷。此后，即可对夯实地面铺筑垫层，并砌筑基础。

(2)深基础施工。深基础是将基础埋入地面以下的基础，应按基础尺寸进行挖土，严格掌握挖土深度和宽度，一般假山基础的挖土深度为 50～80cm，基础宽度多为山脚线向外 50cm。土方挖完后夯实整平，然后按设计铺筑垫层和砌筑基础。

(3)桩基础施工。桩基础多为短木桩或混凝土桩，打桩位置、打桩深度应按设计要求进行，桩木按梅花形排列，称“梅花桩”。桩木顶端可露出地面或湖底 10～30cm，其间用小块石嵌紧嵌平，再用平整的花岗石或其他石材铺一层在顶上，作为桩基的压顶石或用灰土填平夯实。混凝土桩基的做法和木桩桩基一样，也有在桩基顶上设压顶石与设灰土层的两种做法。

基础施工完成后，要进行第二次定位放线。在基础层的顶面重新绘出假山的山脚线。并标出高峰、山岩和其他陪衬山的中心点和山洞洞桩位置。

4. 假山山脚施工

假山山脚是直接落在基础之上的山体底层，包括拉底、起脚和做脚等施工内容。

(1)拉底。拉底是指用山石做出假山底层山脚线的石砌层。

1)拉底的方式。拉底的方式有满拉底和线拉底两种。

①满拉底是将山脚线范围之内用山石满铺一层。这种方式适用于规模较小、山底面积不大的假山，或者有冻胀破坏的北方地区及有振动破坏的地区。

②线拉底是在山脚线的周边铺砌山石，而内空部分用乱石、碎砖、泥土等填补筑实。这种方式适用于底面积较大的大型假山。

2)拉底的技术要求：

①底层山脚石应选择大小合适、不易风化的山石。

②每块山脚石必须垫平垫实，不得有丝毫摇动。

③各山石之间要紧密咬合。

④拉底的边缘要错落变化，避免做成平直和浑圆形状的脚线。

(2)起脚。拉底之后，开始砌筑假山山体的首层山石层叫“起脚”。起脚时，定点、摆线要准确。先选到山脚突出点的山石，并将其沿着山脚线先砌筑上，待多数主要的凸出点山石都砌筑好了，再选择和砌筑平直线、凹进线处所用的山石。这样，既保证了山脚线按照设计而成弯曲转折状，避免山脚平直的毛病，又使山脚突出部位具有最佳的形状和最好的皴纹，增加了山脚部分的景观效果。

(3)做脚。做脚就是用山石砌筑成山脚，它是在假山的上面部分山形山势大体施工完成以后，于紧贴起脚石外缘部分拼叠山脚，以弥补起脚造型不足的一种操作技法。山脚石起脚边线的常用做法有：点脚法、连脚法和块面法。

1)点脚法。即在山脚边线上，用山石每隔不同的距离作墩点，用片块状山石盖于其上，做成透空小洞穴。这种做法多用于空透型假山的山脚。

2)连脚法。即按山脚边线连续摆砌弯弯曲曲、高低起伏的山脚石，形成整体的连线山脚线。这种做法各种山形都可采用。

3)块面法。即用大块面的山石，连线摆砌成大凸大凹的山脚线，使凸出凹进部分的整体感都很强。这种做法多用于造型雄伟的大型山体。

5. 山石的堆叠

假山山体的施工，主要是通过吊装、堆叠、砌筑操作，完成假山的造型。由于假山可以采用不同的结构形式，因此在山体施工中也就相应要采用不同的堆叠方法。

6. 山石的固定

(1)山石加固设施。山石加固设施必须在山石本身重点稳定的前提下方可应用，常用熟铁或钢筋制成。而且铁活要求用而不露，以不易被发现。古典园林中常用的有以下几种：

1)银锭扣。为生铁铸成，有大、中、小三种规格。主要用以加固山石间的水平联系。先将石头水平向接缝作为中心线，再按银锭扣大小画线凿槽打下去。古典石作中有“见缝打卡”的说法，其上再接山石就不外露了。

2)铁爬钉。或称“铁锔子”。用熟铁制成，用以加固山石水平向及竖向的衔接。南京明代瞻园北山之山洞中尚可发现用小型铁爬钉作水平向加固的结构；北京圆明园西北角之“紫碧山房”假山坍倒后，山石上可见约 10cm 长、6cm 宽、5cm 厚的石槽，槽中都有铁锈痕迹，也似同一类做法；北京乾隆花园内所见铁爬钉尺寸较大，长约 80cm、宽 10cm 左右、厚 7cm，两端各打入石内 9cm。也有向假山外侧下弯头而铁爬钉内侧平压于石下的做法。

3)铁扁担。多用于加固山洞，作为石梁下面的垫梁。铁扁担之两端成直角上翘，翘头略高于所支承石梁两端。

4)马蹄形吊架和叉形吊架。用这种吊架从条石上挂下来，架上再安放山石便可裹在条石外面，便接近自然山石的外貌。

(2)支撑。山石吊装到山体一定位点上，经过调整后，可使用木棒支撑将山石固定在一定的状态上。使山石临时固定下来。以木棒的上端顶着山石的凹处，木棒的下端则斜着落在地面，并用一块石头将棒脚压住。一般每块山石都要用 2～4 根木棒支撑。此外铁棍或长形山石，也可作为支撑材料。

(3)捆扎。山石的固定，还可采用捆扎的方法。山石捆扎固定一般采用 8 号或 10 号钢丝。用单根或双根铅丝做成圈，套上山石，并在山石的接触面垫上或抹上水泥砂浆后再进行捆扎。捆扎时铅丝圈先不必收紧，应适当松一点；然后再用小钢钎(錾子)将其绞紧，使山石固定。此方法适用于小块山石，对大块山石应以支撑为主。

7. 山石勾缝和胶结

古代假山结合材料主要是以石灰为主，用石灰作胶结材料时，为了提高石灰的胶合性，须加入一些辅助材料，配制成纸筋石灰、明矾石灰、桐油石灰和糯米浆拌石灰等。纸筋石灰凝固后硬度和韧性都有所提高，且造价相对较低。桐油石灰凝固较慢，造价高，但黏结性能良好，凝固后很结实，适宜小型石山的砌筑。明矾石灰和糯米浆石灰的造价较高，凝固后的硬度很大，黏结牢固，是较为理想的胶合材料。

现代假山施工基本上全用水泥砂浆或混合砂浆来胶合山石。水泥砂浆的配制，是用普通灰色水泥和粗砂，按 1∶1.5～1∶2.5 比例加水调制而成，主要用来粘合石材、填充山石缝隙和为假山抹缝。有时，为了增加水泥砂浆的和易性和对山石缝隙的充满度，可以在其中加进适量的石灰浆，配成混合砂浆。

湖石勾缝再加青煤，黄石勾缝后刷铁屑盐卤，使缝的颜色与石色相协调。

胶结操作要点如下：

(1)胶结用水泥砂浆要现配现用。

(2)待胶合山石石面应事先刷洗干净。

(3)待胶合山石石面应都涂上水泥砂浆(混合砂浆)，并及时互贴合、支撑捆扎固定。

(4)胶合缝应用水泥砂浆(混合砂浆)补平填平填满。

(5)胶合缝与山石颜色相差明显时，应用水泥砂浆(混合砂浆硬化前)对胶合缝撒布同色山石粉或砂子进行变色处理。

8. 人工塑造山石

(1)基架设置。可根据石形和其他条件分别采用砖基架或钢筋混凝土基架。坐落在地面的塑山要有相应的地基处理,坐落在室内的塑山则必须根据楼板的构造和荷载条件作结构设计,包括地梁和钢材梁、柱和支撑设计。基架将自然山形概括为内接的几何形体的桁架,并遍涂防锈漆两遍。

(2)铺设钢丝网。砖基架可设或不设钢丝网。一般形体较大者都必须设钢丝网。钢丝网要选易于挂泥的材料。若为钢基架则还宜先做分块钢架,附在形体简单的基架上,变几何形体为凸凹的自然外形,其上再挂钢丝网。钢丝网根据设计模型用木锤和其他工具成型。

(3)挂水泥砂浆以成石脉与皴纹。水泥砂浆中可加纤维性附加料以增加表面抗拉的力量,减少裂缝。以往常用 M7.5 水泥砂浆作初步塑型,用 M15 水泥砂浆罩面作最后成型。现在多以特种混凝土作为塑型成型的材料,其施工工艺简单、塑性良好。

(4)上色。根据设计对石色的要求,刷涂或喷涂非水溶性颜色,达到其设计效果。由于新材料新工艺不断推出,第三四步往往合并处理。如将颜料混合于灰浆中,直接抹上加工成型。也有先在工场制作出一块块仿石料,运到施工现场缚挂或焊挂在基架上,当整体成型达到要求后,对接缝及石脉纹理作进一步加工处理,即可成山。

(5)塑山喷吹新工艺。为了克服钢、砖骨架塑山存在着的施工技术难度大,皴纹很难逼真,材料自重大,易裂和褪色等缺陷,国内外园林科研工作者近年来探索出一种新型的塑山材料——玻璃纤维强化水泥(简称 GRC)。

1)用 GRC 造假山石,石的造型、皴纹逼真,具有岩石坚硬润泽的质感。

2)用 GRC 造假山石,材料自身重量轻,强度高,抗老化且耐水湿,易进行工厂化生产,施工方法简便、快捷、造价低,可在室内外及屋顶花园等处广泛使用。

3)GRC 假山造型设计、施工工艺较好,与植物、水景等配合,可使景观更富于变化和表现力。

4)GRC 造假山可利用计算机进行辅助设计,结束了过去假山工程无法做到的石块定位设计的历史,使假山不仅在制作技术,而且在设计手段上取得了新突破。

四、驳岸工程

园林中的各种水体需要有稳定、美观的岸线,并使陆地与水面之间保持一定的比例关系,防止因水岸坍塌而影响水体,因而应在水体的边缘修筑驳岸或进行护坡处理。

驳岸是一面临水的挡土墙,是支持陆地和防止岸壁坍塌的水工构筑物。

驳岸用来维系陆地与水面的界限,使其保持一定的比例关系。驳岸是正面临水的挡土墙,用来支撑墙后的陆地土壤。如果水际边缘不做驳岸处理,就很容易因为水的浮托,冻胀或风浪淘刷而使岸壁塌陷,导致陆地后退,岸线变形,影响园林景观。

驳岸能保证水体岸坡不受冲刷。通常水体岸坡受水冲刷的程度取决于水面的大小、水位高低、风速及岸土的密实度等。当这些因素达到一定程度时,如水体岸坡不做工程处理,岸坡将失去稳定,而造成破坏。因而,要沿岸线设计驳岸以保证水体坡岸不受冲刷。

驳岸还可强化岸线的景观层次。驳岸除支撑和防冲刷作用外,还可通过不同的形式处理,增加驳岸的变化,丰富水景的立面层次,增强景观的艺术效果。

1. 驳岸的造型

按照驳岸的造型形式将驳岸分为规则式驳岸、自然式驳岸和混合式驳岸三种。

(1)规则式驳岸指用块石、砖、混凝土砌筑的几何形式的岸壁,如常见的重力式驳岸、半重力式驳岸、扶壁式驳岸等。规则式驳岸多属永久性的，要求较好的砌筑材料和较高的施工技术。其特点是简洁规整，但缺少变化。

(2)自然式驳岸是指外观无固定形状或规格的岸坡处理，如常用的假山石驳岸、卵石驳岸。这种驳岸自然堆砌，景观效果好。

(3)混合式驳岸是规则式与自然式驳岸相结合的驳岸造型。一般为毛石岸墙，自然山石岸顶。混合式驳岸易于施工，具有一定装饰性，适用于地形许可且有一定装饰要求的湖岸。

2. 砌石类驳岸

砌石类驳岸是指在天然地基上直接砌筑的驳岸，埋设深度不大，但基址坚实稳固。如块石驳岸中的虎皮石驳岸、条石驳岸、假山石驳岸等。此类驳岸的选择应根据基址条件和水景景观要求确定，既可处理成规则式，也可做成自然式。

3. 桩基类驳岸

桩基是我国古老的水工基础做法，在水利建设中得到广泛应用，直至现在仍是常用的一种水工地基处理手法。当地基表面为松土层且下层为坚实土层或基岩时最宜用桩基。其特点是：基岩或坚实土层位于松土层下，桩尖打下去，通过桩尖将上部荷载传给下面的基岩或坚实土层；若桩打不到基岩，则利用摩擦桩，借摩擦桩侧表面与泥土间的摩擦力将荷载传到周围的土层中，以达到控制沉陷的目的。

桩基驳岸由桩基、卡裆石、盖桩石、混凝土基础、墙身和压顶等几部分组成。卡裆石是桩间填充的石块，起保持木桩稳定的作用。盖桩石为桩顶浆砌的条石，作用是找平桩顶以便浇灌混凝土基础。基础以上部分与砌石类驳岸相同。

驳岸施工前应进行现场调查，了解岸线地质及有关情况，作为施工时的参考。施工程序如下：

(1)放线。布点放线应依据设计图上的常水位线，确定驳岸的平面位置，并在基础两侧各加宽20cm放线。

(2)挖槽。一般由人工开挖，工程量较大时采用机械开挖。为了保证施工安全，对需要放坡的地段，应根据规定进行放坡。

(3)夯实地基。开槽后应将地基夯实。遇土层软弱时需进行加固处理。

(4)浇筑基础。一般为块石混凝土，浇筑时应将块石分隔，不得互相靠紧，也不得置于边缘。

(5)砌筑岸墙。浆砌块石岸墙的墙面应平整、美观；砌筑砂浆饱满，勾缝严密。每隔25～30m做伸缩缝，缝宽3cm，可用板条、沥青、石棉绳、橡胶、止水带或塑料等防水材料填充。填充时应略低于砌石墙面，缝用水泥砂浆勾满。如果驳岸有高差变化，则应做沉降缝，确保驳岸稳固。驳岸墙体应于水平方向2～4m、竖直方向1～2m处预留泄水孔，口径为120mm×120mm，便于排除墙后积水，保护墙体。也可于墙后设置暗沟，填置砂石排除积水。

(6)砌筑压顶。可采用预制混凝土板块压顶，也可采用大块方整石压顶。顶石应向水中至少挑出5～6cm，并使顶面高出最高水位50cm为宜。

4. 竹篱驳岸、板墙驳岸

竹桩、板桩驳岸是另一种类型的桩基驳岸。驳岸打桩后，基础上部临水面墙身由竹篱(片)或板片镶嵌而成，适于临时性驳岸。竹篱驳岸造价低廉、取材容易，施工简单，工期短，能使用一定年限，凡盛产竹子，如毛竹、大头竹、勤竹、撑篙竹的地方都可采用。施工时，竹桩、竹篱要涂上一层柏油，目的是防腐。

由于竹篱缝很难做得密实，这种驳岸不耐风浪冲击、淘刷和游船撞击，岸土很容易被风浪淘刷，造成岸篱分开，最终失去护岸功能。因此，此类驳岸适用于风浪小，岸壁要求不高，土壤较黏的临时性护岸地段。

第二节 园路、园桥、假山工程定额工程量计算规则

一、园路工程

园路工程的工程量计算规则见表 6-1 所示。

表 6-1 园路工程的工程量计算规则

项目		内容
园路工程	土基整理	(1)工作内容：厚度在 30cm 以内挖、填土，找平、夯实、修整，充土于 2m 以外。 (2)细目划分，整理路床列项，以 $10m^2$ 计算
	垫层	(1)工作内容：筛土、浇水、拌和、铺设、找平、灌浆、震实、养护。 (2)细目划分：按砂、灰土(3∶7)、灰土(2∶8)、煤渣、碎石、混凝土分别列项，以立方米计算。
	面层	(1)工作内容：放线、修整路槽、夯实、修平垫层、调浆、铺面层、嵌缝、清扫。 (2)细目划分如下。 1)卵石面层：按拼花、彩边素色分别列项，以 $10m^2$ 计算。 2)混凝土面层：按纹形、水刷纹形、预制方格、预制异形、预制混背靠土大块面层、预制混凝土假冰片面层、水刷混凝土路面分别列项，以 $10m^2$ 计算。 3)八五砖面层：按平铺、侧铺分别列项，以 $10m^2$ 计算。 4)石板面层：按方整石板面层、乱铺冰片石面层、瓦片、碎缸片、弹石片、小方碎石、六角板分别列项，以 $10m^2$ 计算
甬路工程		庭院甬路的工作内容包括园林建筑及公园绿地内的小型甬路、路牙、侧石等工程。安装侧石、路牙适用于园林建筑及公园绿地、小型甬路。定额中不包括刨槽、垫层及运土，可按相应项目定额执行。墁砌侧石、路缘、砖、石及树穴是按 1∶3 白灰砂浆铺底、1∶3 水泥砂浆勾缝考虑的。侧石、路缘、路牙按实铺尺寸以延长米计算

二、园桥工程

园桥工程工程量计算规则见表 6-2 所示。

表 6-2 园桥工程工程量计算规则

项目		内容
园桥工程	工作内容	选石、修石、运石，调、运、铺砂浆，砌石，安装桥面
	分项内容	1)毛石基础、桥台(分毛石、条石)、条石桥墩、护坡(分毛石、条石)分别列项，以立方米计算。 2)石桥面列项，以 $10m^2$ 计算
	其他内容	园桥挖土、垫层、勾缝及有关配件制作、安装应套用相应项目另行计算

三、假山工程

假山工程工程量计算规则见表 6-3 所示。

表 6-3 假山工程工程量计算规则

<table>
<tr><th colspan="2">项 目</th><th>内 容</th></tr>
<tr><td rowspan="4">假山工程</td><td>假山工程量</td><td>假山工程量一般以设计的山石实用吨位数为基数来推算，并以工日数来表示。假山采用的山石种类不同、假山造型不同、假山砌筑方式不同都要影响工程量。由于假山工程的变化因素太多，每工日的施工定额也不容易统一，因此准确计算工程量有一定难度。根据十几项假山工程施工资料统计的结果，包括放样、选石、配制水池砂浆及混凝土、吊装山石、堆砌、砂垫、搭拆脚手架、抹缝、清理、养护等全部施工工作在内的山石施工平均工日定额，在精细施工条件下，应为 0.1～0.2t/每工日，在大批量粗放施工情况下，则应为 0.3～0.4t/每工日。
假山工程量计算公式
$$W = AHRK_n$$
式中 W——石料质量，t；
A——假山平面轮廓的水平投影面积，m^2；
H——假山着地点至最高顶点的垂直距离，m；
R——石料比重，黄(杂)石为 2.6t/m^3，湖石为 2.2t/m^3；
K_n——折算系数，高度在 2m 以内 K_n=0.65，高度在 4m 以内 K_n=0.56</td></tr>
<tr><td>景石、散点石工程</td><td>景石是指不具备山形但以奇特的形状为审美特征的石质观赏品。散点石是指无呼应联系的一些自然山石分散布置在草坪、山坡等处，主要起点缀环境、烘托野地氛围的作用。
它们的工程量计算公式为
$$W_{单} = LBHR$$
式中 $W_{单}$——山石单体质量，t；
L——长度方向的平均值，m；
B——宽度方向的平均值，m；
H——高度方向的平均值，m；
R——石料比重</td></tr>
<tr><td>堆砌假山工程量</td><td>(1)堆砌湖石假山、黄石假山、整块湖石峰、人造湖石峰、人造黄石峰以及石笋安装、土山点石的工程量均按不同山、峰，以堆砌石料的质量计算。计量单位：t。
(2)布置景石的工程量按不同单块景石，以布置景石的质量计算。计量单位：t。
(3)自然式护岩的工程量按护岸石料质量计算。计量单位：t。
(4)堆砌假山石料质量＝进场石料验收质量－剩余石料质量。</td></tr>
<tr><td>塑假石山工程量</td><td>(1)砖骨架塑假山工程量按不同高度，以塑假石山的外围表面积计算，计量单位：$10m^2$。
(2)钢骨架钢网塑假山的工程量按其外围表面积计算，计量单位：$10m^2$</td></tr>
</table>

第三节 园路、园桥、假山工程工程量清单项目设置及工程量计算规则

一、园路、园桥、假山工程清单项目编制说明

园路、园桥、假山工程工程量清单项目设置及工程量计算规则共 3 节 17 个项目，包括园路、园桥，堆砌、塑假山，驳岸工程等项目。

1. 有关项目的说明

(1)园路、园桥、假山(除堆筑土山丘)、驳岸工程项目等挖土方、开凿石方、土石方运输、回填土石方按《建筑工程工程量清单项目及计算规则》附录 A(以下简称附录 A)有关项目编码列项。

(2)园桥分为石桥、木桥项目,石桥由石基础、石桥台、石桥墩、石桥面及石栏杆等组成;木桥由木桩基础、木梁、木桥面及木栏杆等组成,如遇某些构配件使用钢筋混凝土或金属构件时,按附录 A 有关项目编码列项。

(3)山石护角项目指土山或堆石山的山脚堆砌的山石,起挡土石和点缀的作用。

(4)山坡石台阶指随山坡而砌,多使用不规整的块石,无严格统一的每步台阶高度限制,踏步和踢脚无需石表面加工或有少许加工(打荒)。

(5)原木桩驳岸指公园、小区、街边绿地等的溪流河边造境驳岸。

2. 有关项目特征的说明

(1)园路项目路面材料种类:有混凝土路面、沥青路面、石材路面、砖砌路面、卵石路面、片石路面、碎石路面、瓷片路面等;石材应分块石、石板,砖砌应分平砌、侧砌,卵石应分选石、选色、拼花、不拼花,瓷片应分拼花、不拼花等。应在工程量清单中进行描述。

(2)树池围牙铺设方式指围牙的平铺、侧铺。

(3)石桥基础类型指矩形、圆形等石砌基础。如采用混凝土基础应按附录 A 相关项目编码列项。

(4)石桥项目中的勾缝要求同附录 A 石墙勾缝。

(5)石桥项目中构件的雕饰要求,以园林景观工程石浮雕种类划分。

(6)石桥面铺筑,设计规定需做混凝土垫层或回填土时,可按附录 A 相关项目编码列项。

(7)木制步桥项目中的桥宽度、桥长度均以桥板的铺设宽度与长度为准。

(8)木制步桥项目的部件,可分为木桩、木梁、木桥板、木栏杆、木扶手,各部件的规格应在工程量清单中进行描述。

(9)山丘、假山的高度,如山丘、假山设计有多个山头时,以最高的山头进行描述。

(10)木桩驳岸项目的桩直径,可以标注梢径,也可用梢径范围(如 $\phi100$～$\phi140$)描述。

(11)自然护岸如有水泥砂浆黏结卵石要求的,应在工程量清单中进行描述。

3. 有关工程量计算的说明

(1)园路如有坡度时,工程量以斜面积计算。

(2)路牙铺设如有坡度时,工程量按斜长计算。

(3)嵌草砖铺设工程量不扣除漏空部分的面积,如在斜坡上铺设时,按斜面积计算。

(4)石旋脸工程量以看面面积计算。

(5)堆筑土山丘形状过于复杂的,工程量也可以估算体积计算。

(6)山石护角过于复杂的,工程量也可以估算体积计算,并在工程量清单中进行描述。

(7)凡以重量、面积、体积计算的山丘、假山等项目,竣工后按核实的工程量,根据合同条件规定进行调整。

4. 有关工程内容的说明

(1)混凝土园路设置伸缩缝时,预留或切割伸缩缝及嵌缝材料应包括在报价内。

(2)围牙、盖板的制作或购置费应包括在报价内。

(3)嵌草砖的制作或购置费应包括在报价内,嵌草砖漏空部分填土有施肥要求时,也应包括在报价内。

(4)石桥基础在施工时，根据施工方案规定需筑围堰时，筑拆围堰的费用，应列在工程量清单措施项目费内。

(5)石桥面铺筑，设计规定需回填土或做垫层时，可将回填土或垫层包括在石桥面铺筑报价内，相关的回填土或混凝土垫层项目不再报价。

(6)凡石构件发生铁扒锔、银锭制作安装时，应包括在报价内。

二、工程量清单项目设置及工程量计算规则

1. 园路桥工程

园路桥工程工程量清单项目设置及工程量计算规则见表 6-4。

表 6-4　　园路桥工程(编码:050201)

<table>
<tr><th>项目编码</th><th>项目名称</th><th>项目特征</th><th>计量单位</th><th>工程量计算规则</th><th>工程内容</th></tr>
<tr><td>050201001</td><td>园路</td><td>1. 垫层厚度、宽度、材料种类
2. 路面厚度、宽度、材料种类
3. 混凝土强度等级
4. 砂浆强度等级</td><td>m^2</td><td>按设计图示尺寸以面积计算，不包括路牙</td><td>1. 园路路基、路床整理
2. 垫层铺筑
3. 路面铺筑
4. 路面养护</td></tr>
<tr><td>050201002</td><td>路牙铺设</td><td>1. 垫层厚度、材料种类
2. 路牙材料种类、规格
3. 混凝土强度等级
4. 砂浆强度等级</td><td rowspan="2">m</td><td rowspan="2">按设计图示尺寸以长度计算</td><td>1. 基层清理
2. 垫层铺设
3. 路牙铺设</td></tr>
<tr><td>050201003</td><td>树池围牙、盖板</td><td>1. 围牙材料种类、规格
2. 铺设方式
3. 盖板材料种类、规格</td><td>1. 清理基层
2. 围牙、盖板运输
3. 围牙、盖板铺设</td></tr>
<tr><td>050201004</td><td>嵌草砖铺装</td><td>1. 垫层厚度
2. 铺设方式
3. 嵌草砖品种、规格、颜色
4. 漏空部分填土要求</td><td>m^2</td><td>按设计图示尺寸以面积计算</td><td>1. 原土夯实
2. 垫层铺设
3. 铺砖
4. 填土</td></tr>
<tr><td>050201005</td><td>石桥基础</td><td>1. 基础类型
2. 石料种类、规格
3. 混凝土强度等级
4. 砂浆强度等级</td><td>m^3</td><td>按设计图示尺寸以体积计算</td><td>1. 垫层铺筑
2. 基础砌筑、浇筑
3. 砌石</td></tr>
<tr><td>050201006</td><td>石桥墩、石桥台</td><td>1. 石料种类、规格
2. 勾缝要求
3. 砂浆强度等级、配合比</td><td rowspan="2">m^3</td><td rowspan="2">按设计图示尺寸以体积计算</td><td rowspan="3">1. 石料加工
2. 起重架搭、拆
3. 墩、台、旋石、旋脸砌筑
4. 勾缝</td></tr>
<tr><td>050201007</td><td>拱旋石制作、安装</td><td rowspan="3">1. 石料种类、规格
2. 旋脸雕刻要求
3. 勾缝要求
4. 砂浆强度等级、配合比</td></tr>
<tr><td>050201008</td><td>石旋脸制作、安装</td><td>m^2</td><td>按设计图示尺寸以面积计算</td></tr>
<tr><td>050201009</td><td>金刚墙砌筑</td><td>m^3</td><td>按设计图示尺寸以体积计算</td><td>1. 石料加工
2. 起重架搭、拆
3. 砌石
4. 填土夯实</td></tr>
</table>

续表

项目编码	项目名称	项目特征	计量单位	工程量计算规则	工程内容
050201010	石桥面铺筑	1. 石料种类、规格 2. 找平层厚度、材料种类 3. 勾缝要求 4. 混凝土强度等级 5. 砂浆强度等级	m^2	按设计图示尺寸以面积计算	1. 石材加工 2. 抹找平层 3. 起重架搭、拆 4. 桥面、桥面踏步铺设 5. 勾缝
050201011	石桥面檐板	1. 石料种类、规格 2. 勾缝要求 3. 砂浆强度等级、配合比			1. 石材加工 2. 檐板、仰天石、地伏石铺设 3. 铁锔、银锭安装 4. 勾缝
050201012	仰天石、地伏石		m/3	按设计图示尺寸以长度或体积计算	
050201013	石望柱	1. 石料种类、规格 2. 柱高、截面 3. 柱身雕刻要求 4. 柱头雕饰要求 5. 勾缝要求 6. 砂浆配合比	根	按设计图示数量计算	1. 石料加工 2. 柱身、柱头雕刻 3. 望柱安装 4. 勾缝
050201014	栏杆、扶手	1. 石料种类、规格 2. 栏杆、扶手截面 3. 勾缝要求 4. 砂浆配合比	m	按设计图示尺寸以长度计算	1. 石料加工 2. 栏杆、扶手安装 3. 铁锔、银锭安装 4. 勾缝
050201015	栏板、撑鼓	1. 石料种类、规格 2. 栏板、撑鼓雕刻要求 3. 勾缝要求 4. 砂浆配合比	块	按设计图示数量计算	1. 石料加工 2. 栏板、撑鼓雕刻 3. 栏板、撑鼓安装 4. 勾缝
050201016	木制步桥	1. 桥宽度 2. 桥长度 3. 木材种类 4. 各部件截面长度 5. 防护材料种类	m^2	按设计图示尺寸以桥面板长乘桥面板宽以面积计算	1. 木桩加工 2. 打木桩基础 3. 木梁、木桥板、木桥栏杆、木扶手制作、安装 4. 连接铁件、螺栓安装 5. 刷防护材料

注：1. 园路桥工程挖土方、开凿石方、回填等应按《建筑工程工程量清单项目及计算规则》中土（石）方工程相关项目编码列项。

2. 如遇某些构配件使用钢筋混凝土或金属构件时，应按《建设工程工程量清单计价规范》(GB 50500—2008)中附录A或附录D相关项目编码列项。

2. 堆塑假山工程

堆塑假山工程工程量清单项目设置及工程量计算规则见表6-5。

表6-5　　　　堆塑假山（编码:050202）

项目编码	项目名称	项目特征	计量单位	工程量计算规则	工程内容
050202001	堆筑土山丘	1. 土丘高度 2. 土丘坡度要求 3. 土丘底外接矩形面积	m^3	按设计图示山丘水平投影外接矩形面积乘以高度的1/3以体积计算	1. 取土 2. 运土 3. 堆砌、夯实 4. 修整

续表

项目编码	项目名称	项目特征	计量单位	工程量计算规则	工程内容
050202002	堆砌石假山	1. 堆砌高度 2. 石料种类、单块重量 3. 混凝土强度等级 4. 砂浆强度等级配合比	t	按设计图示尺寸以估算质量计算	1. 选料 2. 起重架搭、拆 3. 堆砌、修整
050202003	塑假山	1. 假山高度 2. 骨架材料种类、规格 3. 山皮料种类 4. 混凝土强度等级 5. 砂浆强度等级、配合比 6. 防护材料种类	m^2	按设计图示尺寸以估算面积计算	1. 骨架制作 2. 假山胎模制作 3. 塑假山 4. 山皮料安装 5. 刷防护材料
050202004	石笋	1. 石笋高度 2. 石笋材料种类 3. 砂浆强度等级、配合比	支	按设计图示数量计算	1. 选石料 2. 石笋安装
050202005	点风景石	1. 石料种类 2. 石料规格、重量 3. 砂浆配合比	块		1. 选石料 2. 起重架搭、拆 3. 点石
050202006	池石、盆景山	1. 底盘种类 2. 山石高度 3. 山石种类 4. 混凝土砂浆强度等级 5. 砂浆强度等级、配合比	座(个)		1. 底盘制作、安装 2. 池石、盆景山石安装、砌筑
050202007	山石护角	1. 石料种类、规格 2. 砂浆配合比	m^3	按设计图示尺寸以体积计算	1. 石料加工 2. 砌石
050202008	山坡石台阶	1. 石料种类、规格 2. 台阶坡度 3. 砂浆强度等级	m^2	按设计图示尺寸以水平投影面积计算	1. 选石料 2. 台阶砌筑

注：1. 堆塑假山工程（堆筑土山丘除外）挖土方、开凿石方、回填等应按《建筑工程工程量清单项目及计算规则》中土（石）方工程相关项目编码列项。

2. 如遇某些构配件使用钢筋混凝土或金属构件时，应按《建设工程工程量清单计价规范》(GB 50500—2008)中附录A或附录D相关项目编码列项。

3. 驳岸

驳岸工程量清单项目设置及工程量计算规则见表6-6。

表6-6　　**驳岸(编码:050203)**

项目编码	项目名称	项目特征	计量单位	工程量计算规则	工程内容
050203001	石砌驳岸	1. 石料种类、规格 2. 驳岸截面、长度 3. 勾缝要求 4. 砂浆强度等级、配合比	m^3	按设计图示尺寸以体积计算	1. 石料加工 2. 砌石 3. 勾缝

续表

项目编码	项目名称	项目特征	计量单位	工程量计算规则	工程内容
050203002	原木桩驳岸	1. 木材种类 2. 桩直径 3. 桩单根长度 4. 防护材料种类	m	按设计图示以桩长(包括桩尖)计算	1. 木桩加工 2. 打木桩 3. 刷防护材料
050203003	散铺砂卵石护岸(自然护岸)	1. 护岸平均宽度 2. 粗细砂比例 3. 卵石粒径 4. 大卵石粒径、数量	m^2	按设计图示平均护岸宽度乘以护岸长度以面积计算	1. 修边坡 2. 铺卵石、点布大卵石

注:1. 驳岸工程挖土方、开凿石方、回填等应按《建筑工程工程量清单项目及计算规则》中土(石)方工程相关项目编码列项。

2. 如遇某些构配件使用钢筋混凝土或金属构件时,应按《建设工程工程量清单计价规范》(GB 50500—2008)中附录A或附录D相关项目编码列项。

第四节 园路、园桥、假山工程工程量清单计价编制实例

一、××公园木桥、架空栈道工程工程量清单编制

××公园木桥、架空栈道 工程

工 程 量 清 单

招 标 人:××××
(单位盖章)

工程造价咨询人:××××
(单位资质专用章)

法定代表人或其授权人:××××
(签字或盖章)

法定代表人或其授权人:××××
(签字或盖章)

编 制 人:××××
(造价人员签字盖专用章)

复 核 人:××××
(造价工程师签字盖专用章)

编制时间:××××年××月××日

复核时间:××××年××月××日

注:此为招标人委托工程造价咨询企业编制的编制工程量清单的封面。

封一2

总 说 明

工程名称：××公园木桥、架空栈道工程　　　　第　页共　页

1. 工程批准文号
2. 建设规模
3. 计划工期
4. 资金来源
5. 施工现场特点
6. 主要技术特征和参数
7. 工程量清单编制依据
8. 其他

表一01

分部分项工程量清单与计价表

工程名称：××公园木桥、架空栈道工程　　标段：　　　　第　页共　页

序号	项目编码	项目名称	项目特征描述	计量单位	工程量	金额(元)		
						综合单价	合价	其中：暂估价
		A.1　土(石)方工程						
1	010101002001	挖土方	原土打夯机夯实	m^3	429			
2	010101001002	平整场地	木桥平整场地	m^2	71			
		(其他略)						
		分部小计						
		A.4　混凝土及钢筋混凝土工程						
3	010401002001	独立基础	C20 钢筋混凝土独立柱基础　现场搅拌	m^3	2			
4	010417001001	不锈钢螺栓		t	0.160			
5	010417002001	预埋铁件		t	0.200			
		(其他略)						
		分部小计						
		A.5　厂库房大门、特种门、木结构工程						
6	010503001001	木柱	木柱 200mm 直径	m^3	0.310			
		分部小计						
		A.6　金属结构工程						
7	010602001001	钢托架	木桥钢托架 14＃槽钢	t	625			
8	010603003001	钢管柱		t	0.058			
		分部小计						
		本页小计						
		合　计						

注：根据原建设部、财政部发布的《建筑安装工程费用组成》(建标[2003]206 号)的规定，为计取规费等的使用，可在表中增设其中："直接费"、"人工费"或"人工费＋机械费"。

表一08

分部分项工程量清单与计价表

工程名称：××公园木桥、架空栈道工程　　　　标段：　　　　第　页　共　页

序号	项目编码	项目名称	项目特征描述	计量单位	工程量	金额(元)		
						综合单价	合价	其中：暂估价
		B.1　楼地面工程						
9	020107002001	硬木扶手	硬木扶手带栏杆、栏板	m	663.00			
10	020104002001	木地板	木质桥面板 150mm×150mm 美国南方松木板	m²	1425.450			
		(其他略)						
		分部小计						
		B.2　墙、柱面工程						
6	020202001001	柱面一般抹灰		m²	212.80			
		分部小计						
		B.5　油漆、涂料、裱糊工程						
	020505001001	金属面油漆		m²	755.820			
		分部小计						
		E.2　园路、园桥、假山工程						
11	050201016001	木质步桥	木质美国南方松木桥面板 150mm×50mm	m²	0.56			
		分部小计						
		本页小计						
		合　计						

注：根据原建设部、财政部发布的《建筑安装工程费用组成》(建标[2003]206 号)的规定，为计取规费等的使用，可在表中增设其中："直接费"、"人工费"或"人工费＋机械费"。

表一08

措施项目清单与计价表(一)

工程名称:××公园木桥、架空栈道工程　　　　标段:　　　　　　　　第　页共　页

序号	项目名称	计算基础	费率(%)	金额(元)
1	安全文明施工费	人工费	30	44833.25
2	夜间施工费	人工费	1.5	1125.00
3	冬雨期施工费	人工费	8	12084.62
4	混凝土、钢筋混凝土模板及支架			4567.98
5	已完工程及设备保护			460.00
合计				62945.85

注:1. 本表适用于以"项"计价的措施项目。

2. 根据原建设部、财政部发布的《建筑安装工程费用组成》(建标[2003]206号)的规定,"计算基础"可为"直接费"、"人工费"或"人工费+机械费"。

表一10

措施项目清单与计价表(二)

工程名称:××公园木桥、架空栈道工程　　　　标段:　　　　第　页共　页

序号	项目编码	项目名称	项目特征描述	计量单位	工程量	金额(元)	
						综合单价	合价
1	AB001	混凝土、钢筋混凝土模板及支架	矩形板,支模高度为2m	m^2	102.23		
		(其他略)					
本页小计							
合计							

注:本表适用于以综合单价形式计价的措施项目。

表—11

其他项目清单与计价汇总表

工程名称：××公园木桥、架空栈道工程　　　　标段：　　　　第　页　共　页

序　号	项目名称	计量单位	金额(元)	备　注
1	暂列金额	项	50000.00	明细见表一12一1
2	暂估价			
2.1	材料暂估价		—	明细详见表一12一2
2.2	专业工程暂估价	项		
3	计日工			明细详见表一12一4
4	总承包服务费			
合　计				

注：材料暂估单价进入清单项目综合单价，此处不汇总。

表一12

暂列金额明细表

工程名称：××公园木桥、架空栈道工程　　标段：　　第　页共　页

序　号	项　目　名　称	计量单位	暂列金额(元)	备　注
1	政策性调整和材料价格风险	项	45000.00	
2	其他	项	5000.00	
合　计			50000.00	—

注：此表由招标人填写，也可只列暂定金额总额，投标人应将上述暂列金额计入投标总价中。

表—12—1

材料暂估单价表

工程名称：××公园木桥、架空栈道工程　　标段：　　第 页 共 页

序 号	材料名称	计量单位	单价(元)	备 注
1	美国南方松木板	m^3	1166.55	
2	美国南方松木枋	m^3	7777.00	
	其他：(略)			

注：1. 此表由招标人填写，并在备注栏说明暂估价的材料拟用在哪些清单项目上，投标人应将上述材料暂估单价计入工程量清单综合单价报价中。

2. 材料包括原材料、燃料、构配件以及按规定应计入建筑安装工程造价的设备。

表—12—2

计日工表

工程名称：××公园木桥、架空栈道工程　　标段：　　第 页 共 页

编号	项目名称	单位	暂定数量	综合单价	合价
一	人工				
1	技工	工日	15.00		
小计					
二	材料				
1	32.5级普通水泥	t	13.00		
材料小计					
三	机械				
1	汽车起重机20t	台班	4.00		
施工机械小计					
总计					

注：此表项目名称、数量由招标人填写，编制招标控制价时，单价由招标人按有关计价规定确定；投标时，单价由投标人自主报价，计入投标总价中。

表—12—4

规费、税金项目清单与计价表

工程名称：××公园木桥、架空栈道工程　　标段：　　第 页 共 页

序号	项目名称	计算基础	费率(%)	金额(元)
1	规费			
1.2	社会保障费	(1)+(2)+(3)		
(1)	养老保险	定额人工费	3.5	
(2)	失业保险	定额人工费	2	
(3)	医疗保险	定额人工费	6	
1.3	住房公积金	定额人工费	6	
1.4	危险作业意外伤害保险	定额人工费	0.5	
1.5	工程定额测定费	税前工程造价	0.14	
2	税金	分部分项工程费+措施项目费+其他项目费+规费	3.413	
合计				

注：根据原建设部、财政部发布的《建筑安装工程费用组成》(建标[2003]206号)的规定，"计算基础"可为"直接费"、"人工费"或"人工费+机械费"。

表—13

二、××公园木桥、架空栈道工程工程量清单计价编制

投标总价

招　标　人：　××××

工程名称：　××公园木桥、架空栈道工程

投标总价(小写)：　824483.22

　　　　(大写)：　捌拾贰万肆仟肆佰捌拾叁元贰角贰分

投　标　人：　××××
　　　　（单位盖章）

法定代表人
或其授权人：　××××
　　　　（签字或盖章）

编　制　人：　××××
　　　　（造价人员签字盖专用章）

编制时间：××年××月××日

总 说 明

工程名称：××公园木桥、架空栈道工程　　　　第　页　共　页

1. 编制依据：

1.1　建设方提供的工程施工图、《××公园木桥、架空栈道工程投标邀请书》、《投标须知》、《××公园木桥、架空栈道工程招标答疑》等一系列招标文件。

1.2　××市建设工程造价管理站××××年第×期发布的材料价格，并参照市场价格。

2. 报价需要说明的问题：

2.1　该工程因无特殊要求，故采用一般施工方法。

2.2　因考虑到市场材料价格近期波动不大，故主要材料价格在××市建设工程造价管理站××××年第×期发布的材料价格基础上下浮3%。

3. 综合公司经济现状及竞争力，公司所报费率如下：(略)

4. 税金按3.413%计取。

表一01

工程项目投标报价汇总表

工程名称：××公园木桥、架空栈道工程　　标段：　　　　第　页　共　页

序号	单项工程名称	金额(元)	其中		
			暂估价(元)	安全文明施工费(元)	规费(元)
1	××公园木桥、架空栈道工程	824483.22	180000.00	44833.25	14463.98
合计		824483.22	180000.00	44833.25	14463.98

注：本表适用于工程项目招标控制价或投标报价的汇总。

说明：本工程是单项工程，所以单项工程即为工程项目。

表一02

单项工程投标报价汇总表

工程名称：××公园木桥、架空栈道工程　　　　标段：　　　　第　页　共　页

序号	单项工程名称	金额(元)	其中		
			暂估价(元)	安全文明施工费(元)	规费(元)
1	××公园木桥、架空栈道工程	824483.22	180000.00	44833.25	14463.98
合计		824483.22	180000.00	44833.25	14463.98

注：本表适用于单项工程招标控制价或投标报价的汇总。暂估价包括分部分项工程中的暂估价和专业工程暂估价。

表一03

单位工程投标报价汇总表

工程名称：××公园木桥、架空栈道工程　　　　标段：　　　　第　页　共　页

序号	单项工程名称	金额(元)	其中：暂估价(元)
1	分部分项	663339.60	180000.00
	A.1　土(石)方工程	26492.23	
	A.4　混凝土及钢筋混凝土工程	137828.87	100000.00
	A.5　厂库房大门、特种门、木结构工程	651.02	
	A.6　金属结构工程	107912.26	80000.00
	B.1　楼地面工程	376125.90	
	B.2　墙、柱面工程	2364.21	
	B.5　油漆、涂料、裱糊工程	8094.83	
	E.2　园路、园桥、假山工程	3870.28	
2	措施项目	62945.85	
2.1	安全文明施工费	44833.25	
3	其他项目	56522.79	
3.1	暂列金额	50000.00	
3.2	计日工	6522.79	
3.3	总承包服务费		
4	规费	14463.98	
5	税金	27210.90	
投标控制价合计=1+2+3+4+5		824483.22	180000.00

注：本表适用于单位工程招标控制价或投标报价的汇总，如无单位工程划分，单项工程也使用本表汇总。

表一04

分部分项工程量清单与计价表

工程名称：××公园木桥、架空栈道工程　　　　标段：　　　　第　页　共　页

序号	项目编码	项目名称	项目特征描述	计量单位	工程量	金额（元）		
						综合单价	合价	其中：暂估价
		A.1 土（石）方工程						
1	010101002001	挖土方	原土打夯机夯实	m^3	429	16.15	6929.97	
2	010101001002	平整场地	木桥平整场地	m^2	71	2.20	156.42	
			（其他略）					
			分部小计				26492.23	
		A.4　混凝土及钢筋混凝土工程						
3	010401002001	独立基础	C20 钢筋混凝土独立柱基础　现场搅拌	m^3	2	197.72	336.12	
4	010417001001	不锈钢螺栓		t	0.160	5779.62	924.74	750.00
5	010417002001	预埋铁件		t	0.200	5651.54	1130.31	900.00
			（其他略）					
			分部小计				137828.87	100000.00
		A.5　厂库房大门、特种门、木结构工程						
6	010503001001	木柱	木柱 200mm 直径	m^3	0.310	2100.07	651.02	
			分部小计				651.02	
		A.6　金属结构工程						
7	010602001001	钢托架	木桥钢托架 14＃槽钢	t	0.625	5241.43	3275.89	2500.00
8	010603003001	钢管柱		t	0.058	6626.33	384.33	200.00
			分部小计				107912.26	80000.00
			本页小计				272884.38	180000.00
			合　计				272884.38	180000.00

注：根据原建设部、财政部发布的《建筑安装工程费用组成》（建标［2003］206 号）的规定，为计取规费等的使用，可在表中增设其中："直接费"、"人工费"或"人工费＋机械费"。

表一08

分部分项工程量清单与计价表

工程名称：××公园木桥、架空栈道工程　　　　标段：　　　　第　页　共　页

序号	项目编码	项目名称	项目特征描述	计量单位	工程量	金额(元)		
						综合单价	合价	其中：暂估价
			B.1　楼地面工程					
9	020107002001	硬木扶手	硬木扶手带栏杆、栏板	m	663.00	81.06	53742.78	
10	020104002001	木地板	木质桥面板 150mm×150mm 美国南方松木板	m^2	1425.450	188.46	268640.31	
			(其他略)					
			分部小计				376125.90	
			B.2　墙、柱面工程					
6	020202001001	柱面一般抹灰		m^2	212.80	11.11	2364.21	
			分部小计				2364.21	
			B.5　油漆、涂料、裱糊工程					
	020505001001	金属面油漆		m^2	755.820	10.71	8094.83	
			分部小计				8084.83	
			E.2　园路、园桥、假山工程					
11	050201016001	木质步桥	木质美国南方松木桥面板 150mm×50mm	m^2	0.56	6911.21	3870.28	
			分部小计				3870.28	
			本页小计				390455.22	
			合　计				663339.60	180000.00

注：根据原建设部、财政部发布的《建筑安装工程费用组成》(建标[2003]206 号)的规定，为计取规费等的使用，可在表中增设其中："直接费"、"人工费"或"人工费+机械费"。

表一08

综合单价分析表

工程名称：××公园木桥、架空栈道工程　　　标段：　　　　第　页共　页

项目编码	010416001001			项目名称		现浇混凝土钢筋		计量单位		t
综合单价组成明细										
定额编号	定额名称	定额单位	数量	单价				合价		
				人工费	材料费	机械费	管理费和利润	人工费	材料费	机械费	管理费和利润
AD0899	现浇螺纹钢筋制作安装	t	1.000	294.75	5397.70	62.42	102.29	294.75	5397.70	62.42	102.29
人工单价		小计						294.75	5397.70	62.42	102.29
42元/工日		未计价材料费									
清单项目综合单价								5857.16			

材料费明细	名称、规格、型号	单位	数量	单价（元）	合价（元）	暂估单价（元）	暂估合价（元）
	螺纹钢筋，Q235，ϕ14	t	1.07			5000.00	5350.00
	焊条	kg	8.640	4.00	34.56		
	其他材料费			—	13.14	—	
	材料费小计			—	47.70	—	5350.00

注：1. 如不使用省级或行业建设主管部门发布的计价依据，可不填定额项目、编号等。

2. 招标文件提供了暂估单价的材料，按暂估的单价填入表内“暂估单价”栏及“暂估合价”栏。

表—09

措施项目清单与计价表(一)

工程名称:××公园木桥、架空栈道工程　　　　标段:　　　　第　页　共　页

序号	项　目　名　称	计算基础	费　率(%)	金额(元)
1	安全文明施工费	人工费	30	44833.25
2	夜间施工费	人工费	1.5	1125.00
3	冬雨期施工费	人工费	8	12084.62
4	混凝土、钢筋混凝土模板及支架			4567.98
5	已完工程及设备保护			460.00
	合　计			62945.85

注:1. 本表适用于以“项”计价的措施项目。

2. 根据原建设部、财政部发布的《建筑安装工程费用组成》(建标[2003]206 号)的规定,“计算基础”可为“直接费”、“人工费”或“人工费+机械费”。

表—10

措施项目清单与计价表(二)

工程名称:××公园木桥、架空栈道工程　　标段:　　第 页 共 页

序号	项目编码	项目名称	项目特征描述	计量单位	工程量	金额(元)	
						综合单价	合价
1	AB001	混凝土、钢筋混凝土模板及支架	矩形板,支模高度为2m	m^2	102.23	18.37	1877.97
		(其他略)					
本页小计							
合计							62945.85

注:本表适用于以综合单价形式计价的措施项目。

表一11

其他项目清单与计价汇总表

工程名称：××公园木桥、架空栈道工程　　　　标段：　　　　第　页　共　页

序号	项　目　名　称	计量单位	金额(元)	备　注
1	暂列金额	项	50000.00	明细见表—12—1
2	暂估价			
2.1	材料暂估价		—	明细见表—12—2
2.2	专业工程暂估价	项		
3	计日工		6522.79	明细见表—12—4
4	总承包服务费			
	合　　计		56522.79	

注：材料暂估单价进入清单项目综合单价，此处不汇总。

表—12

暂列金额明细表

工程名称：××公园木桥、架空栈道工程　　　标段：　　　第　页　共　页

序号	项 目 名 称	计量单位	暂列金额(元)	备 注
1	政策性调整和材料价格风险	项	45000.00	
2	其他	项	5000.00	
	合 计		50000.00	—

注：此表由招标人填写，也可只列暂定金额总额，投标人应将上述暂列金额计入投标总价中。

表—12—1

材料暂估单价表

工程名称:××公园木桥、架空栈道工程　　　　标段:　　　　第　页　共　页

序号	材料名称	计量单位	单价(元)	备　　注
1	美国南方松木板	m^3	1166.55	
2	美国南方松木枋	m^3	77777.00	
	其他:(略)			

注:1. 此表由招标人填写,并在备注栏说明暂估价的材料拟用在哪些清单项目上,投标人应将上述材料暂估单价计入工程量清单综合单价报价中。

2. 材料包括原材料、燃料、构配件以及按规定应计入建筑安装工程造价的设备。

表—12—2

计 日 工 表

工程名称：××公园木桥、架空栈道工程　　　　标段：　　　　　　第　页　共　页

编　号	项目名称	单　位	暂定数量	综合单价	合　价
一	人　工				
1	技工	工日	15.00	30.00	450.00
	小　　计				450.00
二	材料				
1	32.5级普通水泥	t	13.00	279.95	3639.35
	材料小计				3639.35
三	机械				
1	汽车起重机 20t	台班	4.00	608.36	2433.44
	施工机械小计				2433.44
	总　　计				6522.79

注：此表项目名称、数量由招标人填写，编制招标控制价时，单价由招标人按有关计价规定确定；投标时，单价由投标人自主报价，计入投标总价中。

表一12一4

规费、税金项目清单与计价表

工程名称：××公园木桥、架空栈道工程　　　　标段：　　　　　　第　页　共　页

序号	项 目 名 称	计 算 基 础	费率(%)	金额(元)
1	规费			14463.98
1.2	社会保障费	(1)+(2)+(3)		8795.66
(1)	养老保险	定额人工费	3.5	2548.56
(2)	失业保险	定额人工费	2	1435.44
(3)	医疗保险	定额人工费	6	4811.66
1.3	住房公积金	定额人工费	6	4811.66
1.4	危险作业意外伤害保险	定额人工费	0.5	576.66
1.5	工程定额测定费	税前工程造价	0.14	280.00
2	税金	分部分项工程费＋措施项目费＋其他项目费＋规费	3.413	27210.90
		合　计		41674.88

注：根据原建设部、财政部发布的《建筑安装工程费用组成》(建标[2003]206号)的规定，“计算基础”可为“直接费”、“人工费”或“人工费＋机械费”。

表一13

第七章　园林景观工程

第一节　工程内容

一、花架及园林小品工程

花架是指攀缘植物的棚架，可供人休息、赏景之用。花架造型灵活、轻巧，本身也是观赏对象，有直线式、曲线式、折线式、双臂式、单臂式等。它与亭、廊组合能使空间丰富多变，人们在其中活动，极为自然。花架还具有组织园林空间，划分景区，增加风景深度的作用。布置花架时，一是要格调清新，二是要注意与周围建筑和植物在风格上的统一。我国古典园林应用花架不多，因其与山水风格不尽相同，但在现代园林中因新材料（主要是钢筋混凝土）的广泛应用和各国园林风格的吸收融合，花架这一小品形式被造园者所乐用。

园林小品是指园林中体量小巧、数量多、分布广、功能简明、造型别致，具有较强的装饰性，且富有情趣的精美设施。园林建筑小品的作用主要表现在满足人们休息、娱乐、游览、文化、宣传等活动要求方面。它既有使用功能，又可观赏，美化环境，并且是环境美化的重要因素。园林建筑小品类型很多，可概括为以下两类：

(1)传统园林建筑小品。主要有古典亭、廊、台阶、园墙、景门、景窗、水池等。

(2)现代园林建筑小品。主要有花架、现代喷泉水池、花盆、花钵、桌、椅、灯具等。

传统园林小品与现代园林小品在形式、材料、构造等方面既有一定的联系，又有不同之处。在表现形式上，传统园林小品，多以细腻、变化、素雅取胜，现代园林建筑多以简洁、明快、抽象而见长。

1. 模板制作

(1)对预制模板进行刨光，所用的木材，大部分为松木与杉木，松木又分为红松、白松（包括鱼鳞云杉、红皮云杉及臭冷杉等）、落叶松、马尾松等。

(2)配制模板，要考虑木模板的尺寸大小，要满足模板拼装接合的需要，适当地加长或缩短一部分长度。

(3)拼制木模板，板边要找平，刨直，接缝严密，不漏浆。木料上有节疤、缺口等疵病的部位，应放在模板反面或者截去。钉子长度一般宜为木板厚度的2～2.5倍。每块板在横档处至少要钉两个钉子，第二块板的钉子要朝向第一块模板方向斜钉，使拼缝严密。

2. 构件场内运输

(1)构件场内运输是将构件由堆放场地或加工厂运至施工现场的过程。其运输工程量按构件图示尺寸，以实体积立方米计算。

(2)构件安装分为预制混凝土构件安装和金属结构构件安装。其中预制混凝土构件安装包括构件翻身、就位、加固、安装、校正、垫实结点、焊接或紧固螺栓等，但不包括构件连接处填缝灌浆；金属结构构件安装包括构件加固、吊装校正、拧紧螺栓、电焊固定、翻身就位等。

3. 校正焊接

构件在安装过程中可能会出现误差，如构件大小不合要求、构件结构松散等，必须通过焊接对其进行校正。

焊接有气焊(氧乙炔焊)和电弧焊,一般适用于不镀锌钢筋,很少用于镀锌钢管,因为焊接时镀锌层易破坏脱落加快锈蚀。

气焊是利用氧气和乙炔气体混合燃烧所产生的高温火焰来熔接构件接头处。

电弧焊是利用电弧把电能转化为热能,使焊条金属和母材熔化形成焊缝的一种焊接方法。电弧焊所用的电焊机分交流电焊机和直流电焊机两种,交流电焊机多用于碳素钢的焊接,直流电焊机多用于不锈耐酸钢和低合金钢的焊接。电弧焊所用的电焊机、电焊条品种规格很多,使用时要根据不同的情况进行适当的选择。

此外还有氩弧焊,是用氩气作保护气体的一种焊接方法。在焊接过程中氩气在电弧周围形成气体保护层,使焊接部位、钨极端间和焊丝不与空气接触。由于氩气是惰性气体,它不与金属发生化学作用,因此,在焊接过程中焊件和焊丝中的合金元素不易损坏,又由于氩气不熔于金属,因此不产生气孔。由于它的这些特点,采用氩气焊接可以得到高质量的焊缝。

有些钢材焊接难度大,要求质量高,为了防止焊缝脊面产生氧化、穿瘤、气孔等缺陷,在氩弧焊打底焊接的同时,要求在管内充氩气保护。

4. 氩电联焊

氩电联焊是一个焊缝的底部和上部分别采用两种不同的焊接方法,即焊接缝底部采用氩弧焊打底,焊缝上部采用电弧焊盖面。这种焊接方法既能保证焊缝的质量,又能节省费用,因此,在钢构件的焊接中被广泛使用。

5. 搭拆架子

有些构件由于结构复杂、杆件较多或加工工艺要求等原因,不能整体制作而必须分件加工制作。在安装前,先将各个杆(构)件组装成符合设计要求的完整构件,而且必须在拼装之前或组装过程中搭好架子,拼装完以后对其进行拆除,最后才是构件的安装。

6. 砖砌小品

砖砌小品是用砖块砌成的具有一定观赏功能、休憩功能的园林构筑物或建筑物,如园椅、园凳等。

二、水池工程

水池在园林中的用途很广泛,可用作处理广场中心、道路尽端以及亭、廊、花架等各种建筑,形成富于变化的各种组合。这样可以在缺乏天然水源的地方开辟水面以改善局部的小气候条件,为种植、饲养有经济价值和观赏价值的水生动植物创造生态条件,并使园林空间富有生动活泼的景观。常见的喷水池、观鱼池、海兽池及水生植物种植池都属于这种水体类型。水池平面形状和规模主要取决于园林总体与详细规划中的观赏与功能要求,水景中水池的形态种类众多,深浅和池壁、池底材料也各不相同。

常用的水池材料分刚性材料和柔性材料两种,刚性材料以钢筋混凝土、砖、石等为主,而柔性材料则有各种改性橡胶防水卷材、高分子防水薄膜、膨润土复合防水垫等。刚性材料宜用于规则式水池,柔性材料则用于自然式水池较为合适。

1. 刚性材料水池

(1)放样:按设计图纸要求放出水池的位置、平面尺寸、池底标高及桩位。

(2)开挖基坑:一般可采用人工开挖,如水面较大也可采用机挖;为确保池底基土不受扰动破坏,机挖必须保留200mm厚度,由人工修整。需设置水生植物种植槽的,在放样时应明确,以防超挖而造成浪费;种植槽深度应视设计种植的水生植物特性决定。

(3)做池底基层:一般硬土层上只需用 C10 素混凝土找平约 100mm 厚,然后在找平层上浇捣刚性池底;如土质较松软,则必须经结构计算后设置块石垫层、碎石垫层、素混凝土找平层后,方可进行池底浇捣。

(4)池底、壁结构施工:按设计要求,用钢筋混凝土作结构主体的,必须先支模板,然后扎池底、壁钢筋;两层钢筋间需采用专用钢筋撑脚支撑,已完成的钢筋严禁踩踏或堆压重物。

浇捣混凝土需先底板、后池壁;如基底土质不均匀,为防止不均匀沉降造成水池开裂,可采用橡胶止水带分段浇捣;如水池面积过大,可能造成混凝土收缩裂缝的,则可采用后浇带法解决。

如要采用砖、石作为水池结构主体的,必须采用 M7.5～M10 水泥砂浆砌筑底,灌浆饱满密实,在炎热天要及时洒水养护砌筑体。

(5)水池粉刷:为保证水池防水可靠,在作装饰前,首先应做好蓄水试验,在灌满水 24h 后未有明显水位下降,即可对池底、壁结构层采用防水砂浆粉刷。粉刷前要将池水放干清洗,不得有积水、污渍,粉刷层应密实牢固,不得出现空鼓现象。

2. 柔性材料水池

(1)放样、开挖基坑要求与刚性水池相同。

(2)池底基层施工:在地基土条件极差(如淤泥层很深,难以全部清除)的条件下,才有必要考虑采用刚性水池基层的做法。

不做刚性基层时,可将原土夯实整平,然后在原土上回填 300～500mm 的黏性黄土压实,即可在其上铺设柔性防水材料。

(3)水池柔性材料的铺设:铺设时应从最低标高开始向高标高位置铺设;在基层面应先按照卷材宽度及搭接长度要求弹线,然后逐幅分割铺贴,搭接也要用专用胶粘剂满涂后压紧,防止出现毛细缝。卷材底空气必须排出,最后在每个搭接边再用专用自粘式封口条封闭。一般搭接边长边不得小于 80mm,短边不得小于 150mm。

如采用膨润土复合防水垫,铺设方法和一般卷材类似,但卷材搭接处需满足搭接 200mm 以上,且搭接处按 0.4kg/m 铺设膨润土粉压边,防止渗漏产生。

(4)柔性水池完成后,为保护卷材不受冲刷破坏,一般需在面上铺压卵石或粗砂作保护。

3. 水池的给排水系统

(1)给水系统。水池的给排水系统主要有直流给水系统、陆上水泵循环给水系统、潜水泵循环给水系统和盘式水景循环给水系统四种形式。

1)直流给水系统。该系统将喷头直接与给水管网连接,喷头喷射一次后即将水排至下水道。这种系统构造简单、维护简单且造价低,但耗水量较大。直流给水系统常与假山、盆景配合,作小型喷泉、瀑布、孔流等,适合在小型庭院、大厅内设置。

2)陆上水泵循环给水系统。该系统设有贮水池、循环水泵房和循环管道,喷头喷射后的水多次循环使用,具有耗水量少、运行费用低的优点。但系统较复杂,占地较多,管材用量较大,投资费用高,维护管理麻烦。此种系统适合各种规模和形式的水景,一般用于较开阔的场所。

3)潜水泵循环给水系统。该系统设有贮水池,将成组喷头和潜水泵直接放在水池内作循环使用。这种系统具有占地少,投资低,维护管理简单,耗水量少的优点,但是水姿花形控制调节较困难。潜水泵循环给水系统适用于各种形式的中型或小型喷泉、水塔、涌泉、水膜等。

4)盘式水景循环给水系统。该系统设有集水盘、集水井和水泵房。盘内铺砌踏石构成甬路。喷头设在石隙间,适当隐蔽。人们可在喷泉间穿行,满足人们的亲水感,增添欢乐气氛。该系统不设贮水池,给水均循环利用,耗水量少,运行费用低,但存在循环水易被污染、维护管理较麻烦的缺点。

上述几种系统的配水管道宜以环状形式布置在水池内，小型水池也可埋入池底，大型水池可设专用管廊。一般水池的水深采用0.4～0.5m，超高为0.25～0.3m。水池充水时间按24～48h考虑。配水管的水头损失一般为5～10mm/m为宜。配水管道接头应严密平滑，转弯处应采用大转弯半径的光滑弯头。每个喷头前应有不小于20倍管径的直线管段；每组喷头应有调节装置，以调节射流的高度或形状。循环水泵应靠近水池，以减少管道的长度。

(2)排水系统。为维持水池水位和进行表面排污，保持水面清洁，水池应有溢流口。常用的溢流形式有堰口式、漏斗式、管口式和联通管式等。大型水池宜设多个溢流口，均匀布置在水池中间或周边。溢流口的设置不能影响美观，并要便于清除积污和疏通管道。为防止漂浮物堵塞管道，溢流口要设置格栅，格栅间隙应不大于管径的1/4。

为便于清洗、检修和防止水池停用时水质腐败或池水结冰，影响水池结构，池底应有0.01的坡度，坡向泄水口。若采用重力泄水有困难时，在设置循环水泵的系统中，也可利用循环水泵泄水，并在水泵吸水口上设置格栅，以防水泵装置和吸水管堵塞，一般栅条间隙不大于管道直径的1/4。

4. 室外水池防冻

在我国北方冰冻期较长，对于室外园林地下水池的防冻处理，就显得十分重要了。若为小型水池，一般是将池水排空，这样池壁受力状态是：池壁顶部为自由端，池壁底部铰接（如砖墙池壁）或固接（如钢筋混凝土池壁）。空水池壁外侧受土层冻胀影响，池壁承受较大的冻胀推力，严重时会造成水池池壁产生水平裂缝或断裂。

冬季池壁防冻，可在池壁外侧采用排水性能较好的轻骨料如矿渣、焦渣或砂石等，并应解决地面排水，使池壁外回填土不发生冻胀情况，池底花管可解决池壁外积水（沿纵向将积水排除）。

在冬季，大型水池为了防止冻胀推裂池壁，可采取冬季池水不撤空，池中水面与池外地坪持平，使池水对池壁压力与冻胀推力相抵消。因此为了防止池面结冰，胀裂池壁，在寒冬季节，应将池边冰层破开，使池子四周为不结冰的水面。

三、喷泉工程

喷泉也称喷水，是由压力水喷出后形成各种喷水姿态，用于观赏的动态水景，起装饰点缀园景的作用，深得人们的喜爱。随着时代的发展，喷泉在现代公园、宾馆、商贸中心、影剧院、广场、写字楼等处，配合雕塑小品，与水下彩灯、音乐共同构成令人朝气蓬勃、欢乐振奋的园林水景。喷泉还能增加空气中的负离子，具有卫生保健之功效，备受青睐。

1. 喷泉的类型

喷泉是园林理水造景的重要形式之一。喷泉常应用于城市广场、公共建筑庭园、园林广场，或作为园林的小品，广泛应用于室内外空间。喷泉有很多种类，大体可以分为以下几种类型。

(1)普通装饰性喷泉：是由各种普通的水花图案组成的固定喷水型喷泉。

(2)与雕塑结合的喷泉：喷泉的各种喷水花型与雕塑、水盘、观赏柱等共同组成景观。

(3)水雕塑：用人工或机械塑造出各种抽象的或具象的喷水水形，其水形呈某种艺术性“形体”的造型。

(4)自控喷泉：是利用各种电子技术，按设计程序来控制水、光、音、色的变化，从而形成变幻多姿的奇异水景。

2. 喷头的类型

(1)蒲公英型喷头。这种喷头是在圆球形壳体上，装有很多同心放射状喷管，并在每个管头上装有一个半球形变形喷头。因此，它能喷出像蒲公英一样美丽的球形或半球形水花。它可以单独使用，也可以几个喷头高低错落地布置，显得格外新颖、典雅。

(2)吸力喷头。此种喷头是利用压力水喷出时，在喷嘴的喷口处附近形成负压区，由于压差的作用，它能把空气和水吸入喷嘴外的环套内，与喷嘴内喷出的水混合后一并喷出。这时水柱的体积膨大，同时因为混入大量细小的空气泡，形成白色不透明的水柱。它能充分地反射阳光，因此光彩艳丽。夜晚如有彩色灯光照明则更为光彩夺目。

(3)组合式喷头。由两种或两种以上形体各异的喷嘴，根据水花造型的需要，组合成一个大喷头，叫组合式喷头，它能够形成较复杂的花形。

3. 喷泉管道布置

(1)喷泉管道要根据实际情况布置。装饰性小型喷泉，其管道可直接埋入土中，或用山石、矮灌木遮盖。大型喷泉，分主管和次管，主管要敷设在可通行人的地沟中，为了便于维修应设检查井；次管直接置于水池内。管网布置应排列有序，整齐美观。

(2)环形管道最好采用十字形供水，组合式配水管宜用分水箱供水，其目的是要获得稳定等高的喷流。

(3)为了保持喷水池正常水位，水池要设溢水口。溢水口面积应是进水口面积的2倍，要在其外侧配备拦污栅，但不得安装阀门。溢水管要有3%的顺坡，直接与泄水管连接。

(4)补给水管的作用是启动前的注水及弥补池水蒸发和喷射的损耗，以保证水池正常水位。补给水管与城市供水管相连，并安装阀门控制。

(5)泄水口要设于池底最低处，用于检修和定期换水时的排水。管径100mm或150mm，也可按计算确定，安装单向阀门，和公园水体和城市排水管网连接。

(6)连接喷头的水管不能有急剧变化，要求连接管至少有20倍其管径的长度。如果不能满足时，需安装整流器。

(7)喷泉所有的管线都要具有不小于2%的坡度，便于停止使用时将水排空；所有管道均要进行防腐处理；管道接头要严密，安装必须牢固。

(8)管道安装完毕后，应认真检查并进行水压试验，保证管道安全，一切正常后再安装喷头。为了便于水型的调整，每个喷头都应安装阀门控制。

4. 喷水池施工

水池由基础、防水层、池底、池壁、压顶等部分组成。

(1)基础。基础是水池的承重部分，由灰土和混凝土层组成。施工时先将基础底部素土夯实(密实度不得小于85%)；灰土层一般厚30cm(3份石灰7份中性黏土)；C10混凝土垫层厚10～15cm。

(2)防水层。水池工程中，防水工程质量的好坏对水池安全使用及其寿命有直接影响，因此正确选择和合理使用防水材料是保证水池质量的关键。

目前，水池防水材料种类较多，如按材料分，主要有沥青类、塑料类、橡胶类、金属类、砂浆、混凝土及有机复合材料等；如按施工方法分，有防水卷材、防水涂料、防水嵌缝油膏和防水薄膜等。

1)沥青材料：主要有建筑石油沥青和专用石油沥青两种。专用石油沥青可在音乐喷泉的电缆防潮防腐中使用。建筑石油沥青与油毡结合形成防水层。

2)防水卷材：品种有油毡、油纸、玻璃纤维毡片、三元乙丙再生胶及603防水卷材等。其中油毡应用最广，三元乙丙再生胶用于大型水池、地下室、屋顶花园作防水层效果较好；603防水卷材是新型防水材料，具有强度高、耐酸碱、防水防潮、不易燃、有弹性、寿命长、抗裂纹等优点，且能在

－50～80℃环境中使用。

3)防水涂料:常见的有沥青防水涂料和合成树脂防水涂料两种。

4)防水嵌缝油膏:主要用于水池变形缝防水填缝,种类较多。按施工方法的不同分为冷用嵌缝油膏和热用灌缝胶泥两类。其中上海油膏、马牌油膏、聚氯乙烯胶泥、聚氯酯沥青弹性嵌缝胶等性能较好,质量可靠,使用较广。

5)防水剂和注浆材料:防水剂常用的有硅酸钠防水剂、氯化物金属盐防水剂和金属皂类防水剂。注浆材料主要有水泥砂浆、水泥玻璃浆液和化学浆液三种。

水池防水材料的选用,可根据具体要求确定,一般水池用普通防水材料即可。钢筋混凝土水池也可采用抹5层防水砂浆(水泥加防水粉)做法。临时性水池还可将吹塑纸、塑料布、聚苯板组合起来使用,也有很好的防水效果。

(3)池底。池底直接承受水的竖向压力,要求坚固耐久,多用钢筋混凝土池底,一般厚度大于20cm;如果水池容积大,要配双层钢筋网。施工时,每隔20m选择最小断面处设变形缝(伸缩缝、防震缝),变形缝用止水带或沥青麻丝填充;每次施工必须由变形缝开始,不得在中间留施工缝,以防漏水。

(4)池壁。池壁是水池的竖向部分,承受池水的水平压力,水愈深容积愈大,压力也愈大。池壁一般有砖砌池壁、块石池壁和钢筋混凝土池壁三种。壁厚视水池大小而定,砖砌池壁一般采用标准砖、M7.5水泥砂浆砌筑,壁厚不小于240mm。砖砌池壁虽然具有施工方便的优点,但红砖多孔,砌体接缝多,易渗漏,不耐风化,使用寿命短。块石池壁自然朴素,要求垒砌严密,勾缝紧密。混凝土池壁用于厚度超过400mm的水池,C20混凝土现场浇筑。

(5)压顶。属于池壁最上部分,其作用为保护池壁,防止污水泥沙流入池中,同时也防止池水溅出。对于下沉式水池,压顶至少要高于地面5～10cm;而当池壁高于地面时,压顶做法必须考虑环境条件,要与景观相协调,可做成平顶、拱顶、挑伸、倾斜等多种形式。压顶材料常用混凝土和块石。

完整的喷水池还必须设有供水管、补给水管、泄水管和溢水管及沉泥池。管道穿过水池时,必须安装止水环,以防漏水。供水管、补给水管安装调节阀;泄水管配单向阀门,防止反向流水污染水池;溢水管无须安装阀门,连接于泄水管单向阀后直接与排水管网连接。沉泥池应设于水池的最低处并加过滤网。

5. 喷泉电缆

(1)电缆保护管安装。直埋电缆敷设在下列部位处应穿管保护电缆:

1)电缆遇到铁路、公路、城市街道、有行车要求的公园主要道路,应穿钢管或水泥管保护。电缆管的两端宜伸出道路两边各2m,伸出排水沟0.5m。

2)直埋电缆进入电缆沟、隧道、人井等时,应穿在管中。

3)电缆需从直埋电缆沟引出地面(如引到电杆上时,为防止机械损伤,在地面上2m一段应用金属管加以保护,保护钢管应伸入地面以下0.1m以上)。

4)保护管的埋设深度应大于等于0.7m;在人行道下面敷设时,不应小于0.5m。

5)直埋电缆保护管引进电缆沟、隧道、人井及建筑物时,管口应加以封堵,以防渗水。管口封堵的方法,可以在管口填以油麻,然后在管口内浇筑沥青,或者用水泥白灰等将管口堵严。

(2)电缆敷设:

1)敷设电缆时应把电缆按其实际长短相互配合,通盘计划,避免浪费。

2)施放电缆应有专人检查、专人领线,在一些重要的转弯处,均应配备具有敷设经验的电缆工,以免影响敷设质量。一根电缆敷设完毕后,应立即沿路进行整理、挂牌,切忌等大批电缆敷设完后，再一次性整理。这样做可保证电缆敷设得整齐美观，挂牌正确，避免差错。

3)在电缆敷设中应特别注意转弯部分，尤其在十字交叉处，最容易造成严重的交叉重叠，因此要力求把分向一边的电缆一次敷设，分向另一边的电缆再作一次敷设，转弯时所有电缆应一致，以求美观。如果由于工程进度需要或其他原因，一个断面内排列的电缆不能一次敷设完毕时，应把暂时不能敷设的电缆的位置空留出来，待以后敷设时仍放原来位置，不可让别的电缆占据该空位，以免造成紊乱。

4)配电盘（柜）下的电缆，在敷设完后，应马上进行整理并加以固定，待制作电缆头时再将电缆卡子松开，以便进行施工。

6. 喷泉的照明

水上照明，灯具多安装于邻近的水上建筑设备上，此方式可使水面照度分布均匀，但往往使人们眼睛直接或通过水面反射间接地看到光源，使眼睛产生眩光，此时应加以调整。

水下照明，灯具多置于水中，导致照明范围有限。灯具为隐蔽和发光正常，安装于水面以下300～100mm为佳。水下照明可以欣赏水面波纹，并且由于光是由喷水下面照射的，因此当水花下落时，可以映出闪烁的光。

(1)灯具。喷泉常用的灯具，从外观和构造来分类，可以分为灯在水中露明的简易型灯具和密闭型灯具两种。

1)简易型灯具灯的颈部电线进口部分备有防水机构，使用的灯泡限定为反射型灯泡，而且设置地点也只限于人们不能进入的场所。其特点是采用小型灯具，容易安装。

2)密闭型灯具有多种光源的类型，而且每种灯具限定了所使用的灯。例如，有防护式柱形灯、反射型灯、汞灯、金属卤化物灯等光源的照明灯具等。

(2)滤色片。当需要进行色彩照明时，在滤色片的安装方法上有固定在前面玻璃处的和可变换的（滤色片旋转起来，由一盏灯而使光色自动地依次变化），一般使用固定滤色片的方式。

(3)喷水池和瀑布的照明。

1)对喷射的照明。在水流喷射的情况下，将投光灯具装在水池内的喷口后面或装在水流重新落到水池内的落下点下面，或者在这两个地方都装上投光灯具。

水离开喷口处的水流密度最大，当水流通过空气时会产生扩散。由于水和空气有不同的折射率，使投光灯的光在进出水柱时产生二次折射。在"下落点"，水已变成细雨一般。投光灯具装在离下落点大约10cm的水下，使下落的水珠产生闪闪发光的效果。

2)瀑布的照明。对瀑布进行投光照明的方法是：

①对于水流和瀑布，灯具应装在水流下落处的底部。

②输出光通应取决于瀑布的落差和与流量成正比的下落水层的厚度，还取决于流出口的形状所造成水流的散开程度。

③对于流速比较缓慢，落差比较小的阶梯式水流，每一阶梯底部必须装有照明。线状光源（荧光灯、线状的卤素白炽灯等）最适合于这类情形。

④由于下落水的重量与冲击力，可能冲坏投光灯具的调节角度和排列，所以必须牢固地将灯具固定在水槽的墙壁上或加重灯具。

⑤具有变色程序的动感照明，可以产生一种固定的水流效果，也可以产生变化的水流效果。

7. 电气控制柜

(1)测量定位。按设计施工图纸所标定位置及坐标方位、尺寸进行测量放线，确定设备安装的底盘线和中心线。同时，应复核预埋件的位置尺寸和标高以及预埋件规格和数量，如出现异常现象应及时调整，确保设备安装质量。

(2)基础型钢安装：

1)预制加工基础型钢架。型钢的型号、规格应符合设计要求。按施工图纸要求进行下料和调查后，组装加工成基础型钢架，并应刷好防锈涂料。

2)基础型钢架安装。按测量放线确定的位置，将已预制好的基础型钢架稳放在预埋铁件上，用水准仪或水平尺找平、找正。找平过程中，需用垫铁垫平，但每组垫铁不得超过3块。然后，将基础型钢架、预埋件、垫铁用电焊焊牢。基础型钢架的顶部应高出地面10mm。

3)基础型钢架与地线连接。将引进室内的地线扁钢，与型钢结构基架的两端焊牢，焊接面为扁钢宽度的两倍。然后，将基础型钢架涂刷两道灰色油性涂料。

(3)柜(盘)就位：

1)运输。通常应清理干净，保证平整畅通。水平运输应由起重工作业、电工配合。应根据设备实体采用合适的运输方法，确保设备安全到位。

2)就位。首先，应严格控制设备的吊点，柜(盘)顶部有吊环者，应充分利用吊环将吊索穿入吊环内。无吊环者，应将吊索挂在四角的主要承重结构处。然后，试吊检查受力吊索力的分布是否均匀一致，以防柜体受力不均产生变形或损坏部件。起吊后必须保证柜体平稳、安全、准确就位。

3)应按施工图纸的布局，按顺序将柜坐落在基础型钢架上。

4)柜(盘)就位，找正、找平后，应将柜体与柜体、柜体与侧挡板均用镀锌螺丝连接。

5)接地。柜(盘)接地，每台柜(盘)应单独与基础型钢架连接。在柜后面的型钢架侧面焊上鼻子，用$6mm^2$铜线与柜(盘)上的接地端子连接牢固。

(4)母带安装：

1)柜(盘)骨架上方母带安装，必须符合设计要求。

2)端子安装应牢固，端子排列有序，间隔布局合理，端子规格应与母带截面相匹配。

3)母带与配电柜(盘)骨架上方端子和进户电源线端子连接牢固，应采用镀锌螺栓紧固，并应有防松措施。母带连接固定应排列整齐，间隔适宜，便于维修。

4)母带绝缘电阻必须符合设计要求。橡胶绝缘护套应与母带匹配，严禁松动脱落和破损酿成漏电缺陷。

5)柜上母带应设防护罩，以防止上方坠落金属物而使母带短路的恶性事故。

(5)二次回路结线：

1)按柜(盘)工作原理图逐台检查柜(盘)上的全部电器元件是否相符，其额定电压和控制、操作电压必须一致。

2)控制线校线后，将每根芯线煨成圆，用镀锌螺丝、垫圈、弹簧垫连接在每个端子板上。并应严格控制端子板上的接线数量，每侧一般一端子压一根线，最多不得超过两根，必须在两根线间加垫圈。多股线应涮锡，严禁产生断股缺陷。

3)二次回路线绝缘测试。用500V摇表测试端子板上每条回路的电阻，其电阻值必须大于0.5MΩ。

4)模拟试验。根据设计规定和技术资料的相关要求，分别模拟试验控制系统、连锁和操作系统、继电保护和信号动作。应正确无误，灵敏可靠。

四、原木、竹结构件

1. 构件制作

园林景观工程中需要按要求预先制作的建筑物或构筑物部件称为预制构件。预制构件可分为以下六类。

(1)桩类:方桩、空心桩、桩尖。

(2)柱类:矩形桩、异形桩。

(3)梁类:矩形梁、异形梁、过梁、拱形梁、鱼腹式吊车梁、风道梁。

(4)屋架类:屋架(拱、梯形、组合、薄腹、三角形)、门式刚架、天窗架。

(5)板类:F形板、平板、空心板、槽形板、大型屋面板、拱形屋面板、折板、双T板、大楼板、大墙板、大型多孔墙面板等20种。

(6)其他类:檩条、雨篷、阳台、楼梯段、楼梯踏步、楼梯斜梁等近20种。

2. 构件安装

构件安装是指将原木、竹构件用人工或机械吊装组合成架。架的安装主要包括构件的翻身、就位、加固、安装、校正、垫实结点、焊接或紧固螺栓等,不包括构件连接处的填缝灌浆。

3. 刷防护材料

原木、竹构件制作安装好之后,应涂刷防护材料,具体操作工艺如下。

(1)基层处理:清扫、起钉子、除油污、刮灰土,刮时不要刮出木毛并防止刮坏抹灰面层;铲去脂囊,将脂迹刮净,流松香的节疤挖掉,较大的脂囊应用木纹相同的材料和胶镶嵌;磨砂纸,先磨线角后磨四口平面,顺木纹打磨,有小块翘皮用小刀撕掉,有重皮的地方用小钉子钉牢固;点漆片,在木节疤和油迹处,用酒精漆片点刷。

(2)刷底子油:

1)刷清油一遍。清油用汽油、光油配粉,略加一些红土子(避免漏刷不好区分)。

2)抹腻子。腻子的重量配合比为石膏粉:熟桐油:水=20:7:50。待清油干透后,将钉孔、裂缝、节疤以及边棱残缺处,用石膏油腻子刮抹平整,腻子要横抹竖起,将腻子刮入钉孔或裂纹内。

3)磨砂纸。腻子干透后,用1号砂纸打磨,磨法与底层磨砂纸相同,注意不要磨穿油膜并保护好棱角,不留野腻子痕迹。磨完后应打扫干净,并用潮布将磨下粉末擦净。

(3)刷第一遍油漆:

1)刷铅油。将色铅油、光油、清油、汽油、煤油等(冬季可加入适量催干剂)混合在一起搅拌过箩。调配各种所需颜色的铅油涂料,其稠度以达到盖底、不流淌、不显刷痕为准。厚薄要均匀。

2)抹腻子。

3)磨砂纸。

(4)刷第二遍油漆。

(5)刷最后一遍油漆。

五、园林其他工程

1. 石灯安装

(1)园灯安装。园灯在功能上一方面是保证园路夜间交通安全,另一方面园灯也可结合造景安装,尤其对于夜景,园灯是重要的造景要素。

1)按设计要求测出灯具(灯架)安装高度,在电杆上画出标记。

2)将灯架、灯具吊上电杆(较重的灯架、灯具可使用滑轮、大绳吊上电杆),穿好抱箍或螺栓,按设计要求找好照射角度,调好平整度后,将灯架紧固好。

3)成排安装的灯具其仰角应保持一致,排列整齐。

4)将针式绝缘子固定在灯架上,将导线的一端在绝缘子上绑好回头,并分别与灯头线、熔断器进行连接。将接头用橡胶布和黑胶布半幅重叠各包扎一层。然后,将导线的另一端拉紧,并与路灯干线背扣后进行缠绕连接。

每套灯具的相线应装有熔断器,且相线应接螺口灯头的中心端子。

引下线与路灯干线连接点距杆中心应为400～600mm,且两侧对称一致。

引下线凌空段不应有接头,长度不应超过4m,超过时应加装固定点或使用钢管引线。

5)导线进出灯架处应套软塑料管,并做防水弯。

6)全部安装工作完毕后,送电、试灯,并进一步调整灯具的照射角度。

(2)雕塑、雕像的饰景照明灯具安装。对高度不超过5～6m的小型或中型雕塑,其饰景照明的方法如下。

1)照明点的数量与排列,取决于被照目标的类型。要求是照明整个目标,但不要均匀,其目的是通过阴影和不同的亮度,再创造一个轮廓鲜明的效果。

2)根据被照明目标的位置及其周围的环境确定灯具的位置:

①处于地面上的照明目标,孤立地位于草地或空地中央。此时灯具的安装,尽可能与地面平齐,以保持周围的外观不受影响和减少眩光的危险。也可装在植物或围墙后的地面上。

②坐落在基座上的照明目标,孤立地位于草地或空地中央。为了控制基座的亮度,灯具必须放在更远一些的地方。基座的边不能在被照明目标的底部产生阴影,也是非常重要的。

③坐落在基座上的照明目标,位于行人可接近的地方。通常不能围着基座安装灯具,因为从透视上说距离太近。只能将灯具固定在公共照明杆上或装在附近建筑的立面上,但必须注意避免眩光。

3)对于塑像,通常照明脸部的主体部分以及像的正面。背部照明要求低得多,或在某些情况下,一点都不需要照明。

4)虽然从下往上的照明是最容易做到的,但要注意,凡是可能在塑像脸部产生不愉快阴影的方向都不能施加照明。

5)对某些塑像,材料的颜色是一个重要的要素。一般说,用白炽灯照明有好的显色性。通过使用适当的灯泡——汞灯、金属卤化物灯、钠灯,可以增加材料的颜色。采用彩色照明最好能做一下光色试验。

(3)旗帜的照明灯具安装:

1)由于旗帜会随风飘动,应该始终采用直接向上的照明,以避免眩光。

2)对于装在大楼顶上的一面独立的旗帜,在屋顶上布置一圈投光灯具,圈的大小是旗帜能达到的极限位置。将灯具向上瞄准,并略微向旗帜倾斜。根据旗帜的大小及旗杆的高度,可以用3～8只宽光束投光灯照明。

3)当旗帜插在一个斜的旗杆上时,从旗杆两边低于旗帜最低点的平面上分别安装两只投光灯具,这个最低点是在无风情况下来确定的。

4)当只有一面旗帜装在旗杆上,也可以在旗杆上装一圈PAR密封型光束灯具。为了减少眩光,这种灯组成的圆环离地至少2.5m高,并为了避免烧坏旗帜布料,在无风时,圆环离垂挂的旗帜下面至少有40cm。

5)对于多面旗帜分别升在旗杆顶上的情况,可以用密封光束灯分别装在地面上进行照明。为了照亮所有的旗帜,不论旗帜飘向哪一方向,灯具的数量和安装位置取决于所有旗帜覆盖的空间。

2. 花坛铁艺栏杆安装

(1)铁栏杆安装。铁栏杆在安装时应注意做好防腐措施，防止铁受到空气、水分、矿物质等的腐蚀，所以在铁栏杆安装时，经过清洗除锈后，应在上面涂刷一层油漆。同时铁栏杆要固定结实，防止脱落。固定连接方式一般采用焊接。浇筑基础时预埋软件，安装时金属栏杆焊在预埋铁件上。也可在基础内预留孔洞，将金属栏杆插入洞内，再浇筑细石混凝土。

(2)涂防护材料：

1)防锈漆。防锈漆是防止金属件锈蚀的一种油漆，主要有油漆和树脂防锈漆两大类。

2)调和漆。调和漆是工程建设中使用最广泛的一种油漆。它是以干性油为主要成膜物质，加入着色颜料、体质颜料、溶剂、催干剂等加工而成。成膜物质中可以有树脂，也可以不含树脂。前者为"磁性调和漆"，后者为"油性调和漆"。油性调和漆具有价格便宜、附着力好、耐候性及漆膜弹性较高等特点。但干燥缓慢、光泽较差。

3. 标志牌

(1)标志牌制作、安装。标志牌设计上展示小品的尺寸要合理，体量适宜，大小高低应与环境协调。一般小型展面的画面中心离地面高度为1.4～1.6m。面向要以有利于使用或引起游人注意为主。在造型上应注意处理好其观赏价值和内容的关系，片面注意哪一方面均会影响其功能。还应考虑夜间的照明要求，方便游人夜间使用，并且要有防雨措施或耐风吹雨淋的特点，以免损坏。

(2)标志的处理。不同材料制作的标志，处理方法不同。石木标志，一般采用工种方法修饰加工，如雕刻文字、浮雕文字、改变文字和底牌的处理方法(例如粗琢底牌，喷燃文字等)、嵌砌金属等方法。

(3)雕刻。应先把需用工具准备好，并放在手边专用箱内。再检查砖的干燥程度，凡比较潮湿的砖，不易雕刻，雕刻时容易松酥掉块，因此必须干燥充分。刻字及浮雕比较简单容易。浅雕及深雕必须认真细致，应先凿后刻，先直后斜，再铲、剐、刮平，用刀之手要放低，并以无名指接触砖面掌握力度。锤子下敲时要轻，用力要均匀，先划线凿出一条刀路之后，刀子方可放斜再边凿边铲。根据不同部位用不同工具。雕琢工作是细致的艺术工作，切忌操之过急，应一层层一片片地由浅入深进行，若急于求成，反会弄巧成拙，欲速则不达。

第二节　园林景观工程定额工程量计算规则

一、土方工程量计算规则

(1)工程量除注明者外，均按图示尺寸以实体积计算。

(2)挖土方：凡平整场地厚度在30cm以上，槽底宽度在3m以上和坑底面积在20m² 以上的挖土，均按挖土方计算。

(3)挖土槽：凡槽宽在3m以内，槽长为槽宽3倍以上的挖土，按挖地槽计算。外墙地槽长度按其中心线长度计算，内墙地槽长度以内墙地槽的净长计算，宽度按图示宽度计算，突出部分挖土量应予增加。

(4)挖地坑：凡挖土底面积在20m² 以内，槽宽在3m以内，槽长小于槽宽3倍者按挖地坑计算。

(5)挖土方、地槽、地坑的高度，按室外自然地坪至槽底计算。

(6)挖管沟槽，按规定尺寸计算，槽宽如无规定者可按表7-1计算，沟槽长度不扣除检查井，检查井的突出管道部分的土方也不增加。

表 7-1　　管沟底宽度

<table>
<tr><th>管径(mm)</th><th>铸铁管、钢管、石棉水泥管</th><th>混凝土管
钢筋混凝土管</th><th>缸瓦管</th><th>附　注</th></tr>
<tr><td>50～75</td><td>0.6</td><td>0.8</td><td>0.7</td><td rowspan="5">(1)本表为埋深在 1.5m 以内沟槽底宽度,单位:m。
(2)当深度在 2m 以内,有支撑时,表中数值适当增加 0.1m。
(3)当深度在 3m 以内,有支撑时,表中数值适当增加 0.2m</td></tr>
<tr><td>100～200</td><td>0.7</td><td>0.9</td><td>0.8</td></tr>
<tr><td>250～350</td><td>0.8</td><td>1.0</td><td>0.9</td></tr>
<tr><td>400～450</td><td>1.0</td><td>1.3</td><td>1.1</td></tr>
<tr><td>500～600</td><td>1.3</td><td>1.5</td><td>1.4</td></tr>
</table>

(7)平整场地系指厚度在±30cm 以内的就地挖、填、找平,其工程量按建筑物的首层建筑面积计算。

(8)回填土、场地填土,分松填和夯填,以立方米计算。挖地槽原土回填的工程量,可按地槽挖土工程量乘以系数 0.6 计算。

1)满堂红挖土方,其设计室外地坪以下部分如采用原土者,此部分不计取原土价值的措施费和各项间接费用。

2)大开槽四周的填土,按回填土定额执行。

3)地槽、地坑回填土的工程量,可按地槽地坑的挖土工程量系以系数 0.6 计算。

4)管道回填土按挖土体积减去垫层和直径大于 500mm(包括 500mm 本身)的管道体积计算,管道直径小于 500mm 的可不扣除其所占体积,管道在 500mm 以上的应减除的管道体积,可按表 7-2 计算。

表 7-2　　每米管道应减土方量

管道种类	减土方量(m^3)					
	管径(mm)					
	500～600	700～800	900～1000	1100～1200	1300～1400	1500～16008
钢　管	0.24	0.44	0.71			
铸铁管	0.27	0.49	0.77			
钢筋混凝土管及缸瓦管	0.33	0.60	0.92	1.15	1.35	1.55

5)用挖槽余土作填土时,应套用相应的填土定额,结算时应减除其利用部分的土的价值,但措施费和各项间接费不予扣除。

二、砖石工程工程量计算规则

1. 一般规定

(1)砌体砂浆强度等级为综合强度等级,编排预算时不得调整。

(2)砌墙综合了墙的厚度,划分为外墙、内墙。

(3)砌体内采用钢筋加固者,按设计规定的质量,套用“砖砌体加固钢筋”定额。

(4)檐高是指由设计室外地平至前后檐口滴水的高度。

2. 工程量计算规则

(1)标准砖墙体厚度。按表 7-3 计算。

表 7-3　　标准砖墙体计算厚度

墙　体	1/4	1/2	3/4	1	1.5	2	2.5	3
计算厚度(mm)	53	115	180	240	365	490	615	740

(2)基础与墙身的划分:砖基础与砖墙以设计室内地平为界,设计室内地平以下为基础、以上为墙身,如墙身与基础为两种不同材料时以材料为分界线。砖围墙以设计室外地平为分界线。

(3)外墙基础长度,按外墙中心线计算。内墙基础长度,按内墙净长计算,墙基大放脚重叠处因素已综合在定额内;突出墙外的墙垛的基础大放脚宽出部分不增加,嵌入基础的钢筋、铁杆、管件等所占的体积不予扣除。

(4)砖基础工程量不扣除 $0.3m^2$ 以内的孔洞,基础内混凝土的体积应扣除,但砖过梁应另列项目计算。

(5)基础抹隔潮层按实抹面积计算。

(6)外墙长度按外墙中心线长度计算,内墙长度按内墙净长计算。女儿墙工程量并入外墙计算。

(7)计算实砌砖墙身时,应扣除门窗洞口(门窗框外围面积),过人洞空圈、嵌入墙身的钢筋砖柱、梁、过梁、圈梁的体积,但不扣除每个面积在 $0.3m^2$ 以内的孔洞梁头、梁垫、檩头、垫木、木砖、砌墙内的加固钢筋、墙基抹隔潮层等及内墙板头压 1/2 墙者所占的体积。突出墙面窗台虎头砖、压顶线、门窗套、三皮砖以下的腰线、挑檐等体积也不增加。嵌入外墙的钢筋混凝土板头已在定额中考虑,计算工程量时,不再扣除。

(8)墙身高度从首层设计室内地平算至设计要求高度。

(9)砖垛,三皮砖以上的檐槽,砖砌腰线的体积,并入所附的墙身体积内计算。

(10)附墙烟囱(包括附墙通风道、垃圾道)按其外形体积计算,并入所依附的墙体积内,不扣除每一孔洞横断面积在 $0.1m^2$ 以内的体积,但孔洞内的抹灰工料也不增加。如每一孔洞横断面积超过 $0.1m^2$ 时,应扣除孔洞所占体积,孔洞内的抹灰应另列项目计算。如砂浆强度等级不同时,可按相应墙体定额执行。附墙烟囱如带缸瓦管、除灰门以及垃圾道带有垃圾道门、垃圾斗、通风百叶窗、铁箅子以及钢筋混凝土预制盖等,均应另列项目计算。

(11)框架结构间砌墙,分另内、外墙,以框架间的净空面积乘墙厚度按相应的砖墙定额计算,框架外表面镶包砖部分也并入框架结构间砌墙的工程量内一并计算。

(12)围墙以立方米计算,按相应外墙定额执行,砖垛和压顶等工程量应并入墙身内计算。

(13)暖气沟及其他砖砌沟道不分墙身和墙基,其工程量合并计算。

(14)砖砌地下室内外墙身工程量与砌砖计算方法相同,但基础与墙身的工程量合并计算,按相应内外墙定额执行。

(15)砖柱不分柱身和柱基,其工程量合并计算,按砖柱定额执行。

(16)空花墙按带有空花部分的局部外形体积以立方米计算,空花所占体积不扣除,实砌部分另按相应定额计算。

(17)半圆旋按图示尺寸以立方米计算,执行相应定额。

(18)零星砌体定额适用于厕所蹲台、小便槽、水池腿、煤箱、垃圾箱、台阶、台阶挡墙、花台、花池、房上烟囱,阳台隔断墙、小型池槽、楼梯基础等,以立方米计算。

(19)炉灶按外形体积以立方米计算,不扣除各种空洞的体积,定额中只考虑了一般的铁件及炉灶台面抹灰,如炉灶面镶贴块料面层者应另列项目计算。

(20)毛石砌体按图示尺寸,以立方米计算。

(21)砌体内通风铁箅的用量按设计规定计算,但安装工已包括在相应定额内,不另计算。

三、混凝土及钢筋混凝土工程

1. 一般规定

(1)混凝土及钢筋混凝土工程预算定额是综合定额,包括了模板、钢筋和混凝土各工序的工料及施工机械的耗用量。模板、钢筋不需单独计算。如与施工图规定的用量另加损耗后的数量不同时,可按实调整。

(2)定额中模板按木模板、工具式钢模板、定型钢模板等综合考虑的,实际采用模板不同时,不得换算。

(3)钢筋按手工绑扎,部分焊接及点焊编制的,实际施工与定额不同时,不得换算。

(4)混凝土设计强度等级与定额不同时,应以定额中选定的石子粒径,按相应的混凝土配合比换算,但混凝土搅拌用水不换算。

2. 工程量计算规则

(1)混凝土和钢筋混凝土。以体积为计算单位的各种构件,均根据图示尺寸以构件的实体积计算,不扣除其中的钢筋、铁件、螺栓和预留螺栓孔洞所占的体积。

(2)基础垫层。混凝土的厚度 12cm 以内者为垫层,执行基础定额。

(3)基础。

1)带形基础。凡在墙下的基础或柱与柱之间与单独基础相连接的带形结构,统称为带形基础。与带形基础相连的杯形基础,执行杯形基础定额。

2)独立基础。包括各种形式的独立柱和柱墩,独立基础的高度按图示尺寸计算。

3)满堂基础。底板定额适用于无梁式和有梁式满堂基础的底板。有梁式满堂基础中的梁、柱另按相应的基础梁或柱定额执行。梁只计算突出基础的部分,伸入基础底板部分,并入满堂基础底板工程量内。

(4)柱。

1)柱高按柱基上表面算至柱顶面的高度。

2)依附于柱上的云头、梁垫的体积另列项目计算。

3)多边形柱,按相应的圆柱定额执行,其规格按断面对角线长套用定额。

4)依附于柱上的牛腿的体积,应并入柱身体积计算。

(5)梁。

1)梁的长度:梁与柱交接时,梁长应按柱与柱之间的净距计算,次梁与主梁或柱交接时,次梁的长度算至柱侧面或主梁侧面的净距。梁与墙交接时,伸入墙内的梁头应包括在梁的长度内计算。

2)梁头处如有浇制垫块者,其体积并入梁内一起计算。

3)凡加固墙身的梁均按圈梁计算。

4)戗梁按设计图示尺寸,以立方米计算。

(6)板。

1)有梁板是指带有梁的板,按其形式可分为梁式楼板、井式楼板和密肋形楼板。梁与板的体积合并计算,应扣除大于 $0.3m^2$ 的孔洞所占的体积。

2)平板是指无柱、无梁直接由墙承重的板。

3)亭屋面板(曲形)是指古典建筑中亭面板,为曲形状。其工程量按设计图示尺寸,以实体积立方米计算。

4)凡不同类型的楼板交接时,均以墙的中心线划为分界。

5)伸入墙内的板头,其体积应并入板内计算。

6)现浇混凝土挑檐,天沟与现浇屋面板连接时,按外墙皮为分界线,与圈梁连接时,按圈梁外皮为分界线。

7)戗翼板系指古建筑中的翘角部位,并连有摔网椽的翼角板。椽望板是指古建筑中的飞沿部位,并连有飞椽和出沿椽重叠之板。其工程量按设计图示尺寸,以实体积计算。

8)中式屋架系指古典建筑中立贴式屋架。其工程量(包括立柱、童柱、大梁)按设计图示尺寸,以实体积立方米计算。

(7)枋、桁。

1)枋子、桁条、梁垫、梓桁、云头、斗拱、椽子等构件,均按设计图示尺寸,以实体积立方米计算。

2)枋与柱交接时,枋的长度应按柱与柱间的净距计算。

(8)其他。

1)整体楼梯。应分层按其水平投影面积计算。楼梯井宽度超过50cm时的面积应扣除。伸入墙内部分的体积已包括在定额内,不另计算,但楼梯基础、栏杆、栏板、扶手应另列项目套相应定额计算。

楼梯的水平投影面积包括踏步、斜梁、休息平台、平台梁以及楼梯及楼板连接的梁。

楼梯与楼板的划分以楼梯梁的外侧面为分界。

2)阳台、雨篷。均按伸出墙外的水平投影面积计算,伸出墙外的牛腿已包括在定额内不再计算,但嵌入墙内的梁应按相应定额另列项目计算。阳台上的栏板、栏杆及扶手均应另列项目计算,楼梯、阳台的栏杆、栏板、吴王靠(美人靠)、挂落均按延长米计算(包括楼梯伸入墙内的部分)。楼梯斜长部分的栏板长度,可按其水平长度乘系数1.15计算。

3)小型构件。是指单位体积小于0.1m³以内未列入项目的构件。

4)古式零件。是指梁垫、云头、插角、宝顶、莲花头子、花饰块等以及单件体积小于0.05m³未列入的古式小构件。

5)池槽。按实体积计算。

(9)装配式构件制作、安装、运输。

1)装配式构件一律按施工图示尺寸以实体积计算,空腹构件应扣除空腹体积。

2)预制混凝土板或补现浇板缝时,按平板定额执行。

3)预制混凝土花漏窗按其外围面积以平方米计算,边框线抹灰另按抹灰工程规定计算。

四、木结构工程工程量计算规则

1. 一般规定

(1)定额中凡包括玻璃安装项目的,其玻璃品种及厚度均为参考规格,如实际使用的玻璃品种及厚度与定额不同时,玻璃厚度及单价应按实调整,但定额中的玻璃用量不变。

(2)凡综合刷油者,定额中除在项目中已注明者外,均为底油一遍,调和漆二遍,木门窗的底油包括在制作定额中。

(3)一玻一纱窗,不分纱扇所占的面积大小,均按定额执行。

(4)木墙裙项目中已包括制作安装踢脚板在内,不另计算。

2. 工程量计算规则

(1)定额中的普通窗适用于:平开式;上、中、下悬式;中转式及推拉式。均按框外围面积计算。

(2)定额中的门框料是按无下坎计算的,如设计有下坎时,按相应“门下坎”定额执行,其工程量按门框外围宽度以延长米计算。

(3)各种门如亮子或门扇安纱扇时，纱门扇或纱亮子按框外围面积另列项目计算，纱门扇与纱亮子以门框中坎的上皮为分界。

(4)木窗台板按平方米计算，如图纸未注明窗台板长度和宽度时，可按窗框的外围宽度两边共加 10cm 计算，凸出墙面的宽度按抹灰面增加 3cm 计算。

(5)木楼梯(包括休息平台和靠墙踢脚板)按水平投影面积以平方米计算(不计伸入墙内部分的面积)。

(6)挂镜线按延长米计算，如与窗帘盒相连接时，应扣除窗帘盒长度。

(7)门窗贴脸的长度，按门窗框的外围尺寸以延长米计算。

(8)暖气罩、玻璃黑板按边框外围尺寸以垂直投影面积计算。

(9)木隔板按图示尺寸以平方米计算。定额内按一般固定考虑，如用角钢托架者，角钢应另行计算。

(10)间壁墙的高度按图示尺寸，长度按净长计算，应扣除门窗洞口，但不扣除面积在 $0.3m^2$ 以内的孔洞。

(11)厕所浴室木隔断，其高度自下横枋底面算至上横坊顶面，以平方米计算，门扇面积并入隔断面积内计算。

(12)预制钢筋混凝土厕浴隔断上的门扇，按扇外围面积计算，套用厕所浴室隔断门定额。

(13)半截玻璃间壁，系指上部为玻璃间壁下部为半砖墙或其他间壁，应分别计算工程量，套用相应定额。

(14)顶棚面积以主墙实钉面积计算，不扣除间壁墙、检查洞、穿过顶棚的柱、垛、附墙烟囱及水平投影面积 $1m^2$ 以内的柱帽等所占的面积。

(15)木地板以主墙间的净面积计算，不扣除间壁墙、穿过木地板的柱、垛和附墙烟囱等所占的面积，但门和空圈的开口部分也不增加。

(16)木地板定额中，木踢脚板数量不同时，均按定额执行，如设计不用时，可以扣除其数量但人工不变。

(17)栏杆的扶手均以延长米计算。楼梯踏步部分的栏杆、扶手的长度可按全部水平投影长度乘 1.15 系数计算。

(18)屋架分别不同跨度按架计算，屋架跨度按墙、柱中心线计算。

(19)楼梯底钉顶棚的工程量均以楼梯水平投影面积乘系数 1.10，按顶棚面层定额计算。

五、地面工程工程量计算规则

1. 一般规定

(1)混凝土强度等级及灰土、白灰焦渣、水泥焦渣的配合比与设计要求不同时，允许换算。但整体面层与块料面层的结合层或底层的砂层的砂浆厚度，除定额注明允许换算外一律不得换算。

(2)散水、斜坡、台阶、明沟均已包括了土方、垫层、面层及沟壁。如垫层、面层的材料品种、含量与设计不同时，可以换算，但土方量和人工、机械费一律不得调整。

(3)随打随抹地面只适用于设计中无厚度要求随打随抹面层，如设计中有厚度要求时，应按水泥砂浆抹地面定额执行。

2. 工程量计算规则

(1)楼地面层。

1)水泥砂浆随打随抹、砖地面及混凝土面层，按主墙间的净空面积计算，应扣除凸出地面的构筑物,设备基础及室内铁道所占的面积(不需做面层的沟盖板所占的面积也应扣除),不扣除柱、垛、间壁墙、附墙烟囱以及 0.3m² 以内孔洞所占的面积,但门洞、空圈也不增加。

2)水磨石面层及块料面层均按图示尺寸以平方米计算。

(2)防潮层。

1)平面。地面防潮层同地面面层,与墙面连接处高在 50cm 以内展开面积的工程量,按平面定额计算,超过 50cm 者,其立面部分的全部工程量按立面定额计算。墙基防潮层,外墙长以外墙中心线,内墙按内墙净长乘宽度计算。

2)立面。墙身防潮层按图示尺寸以平方米计算,不扣除 0.3m² 以内的孔洞。

(3)伸缩缝。各类伸缩缝,按不同用料以延长米计算。外墙伸缩缝如内外双面填缝者,工程量加倍计算。伸缩缝项目,适用于屋面、墙面及地面等部位。

(4)踢脚板。

1)水泥砂浆踢脚板以延长米计算,不扣除门洞及空圈的长度,但门洞、空圈和垛的侧壁也不增加。

2)水磨石踢脚板、预制水磨石及其他块料面层踢脚板,均按图示尺寸以净长计算。

(5)水泥砂浆及水磨石楼梯面层。以水平投影面积计算,定额内已包括踢脚板及底面抹灰、刷浆工料。楼梯井在 50cm 以内者不予扣除。

(6)散水。按外墙外边线的长乘以宽度,以平方米计算(台阶、坡道所占的长度不扣除,四角延伸部分也不增加)。

(7)坡道。按水平投影面积计算。

(8)各类台阶。均以水平投影面积计算,定额内已包括面层及面层下的砌砖或混凝土的工料。

六、屋面工程工程量计算规则

1. 一般规定

(1)水泥瓦、黏土瓦的规格与定额不同时,除瓦的数量可以换算外,其他工料均不得调整。

(2)铁皮屋面及铁皮排水项目,铁皮咬口和搭接的工料包括在定额内不得另计,铁皮厚度如定额规定不同时,允许换算,其他工料不变。刷冷底子油一遍已综合在定额内,不另计算。

2. 工程量计算规则

(1)保温层。按图示尺寸的面积乘平均厚度以立方米计算,不扣除烟囱、风帽及水斗斜沟所占面积。

(2)瓦屋面。按图示尺寸的屋面投影面积乘屋面坡度延尺系数以平方米计算,不扣除房上烟囱、风帽底座、风道、屋面小气窗和斜沟等所占面积,而屋面小气窗出沿与屋面重叠部分的面积也不增加,但天窗出檐部分重叠的面积应计入相应屋面工程量内。瓦屋面的出线、披水、梢头抹灰、脊瓦、加腮等工料均已综合在定额内,不另计算。

(3)卷材屋面。按图示尺寸的水平投影面积乘屋面坡度延尺系数以平方米计算,不扣除房上烟囱、风帽底座、风道斜沟等所占面积,其根部弯起部分不另计算。天窗出沿部分重叠的面积应按图示尺寸以平方米计算,并入卷材屋面工程量内,如图纸未注明尺寸,伸缩缝、女儿墙可按 25cm,天窗处可按 50cm,局部增加层数时,另计增加部分。

(4)水落管长度。按图示尺寸展开长度计算,如无图示尺寸时,由沿口下皮算至设计室外地平以上 15cm 为止,上端与铸铁弯头连接着,算至接头处。

(5)屋面抹水泥砂浆找平层。屋面抹水泥砂浆找平层的工程量与卷材屋面相同。

七、装饰工程工程量计算规则

1. 一般规定

(1)抹灰厚度及砂浆种类,一般不得换算。

(2)抹灰不分等级,定额水平是根据园林建筑质量要求较高的情况综合考虑的。

(3)阳台、雨篷抹灰定额内已包括底面抹灰及刷浆,不另行计算。

(4)凡室内净高超过 3.6m 以上的内檐装饰其所需脚手架,可另行计算。

(5)内檐墙面抹灰综合考虑了抹水泥窗台板,如设计要求做法与定额不同时可以换算。

(6)设计要求抹灰厚度与定额不同时,定额内砂浆体积应按比例调整,人工、机械不得调整。

2. 工程量计算规则

(1)工程量均按设计图示尺寸计算。

(2)顶棚抹灰。

1)顶棚抹灰面积。以主墙内的净空面积计算,不扣除间壁墙、垛、柱、所占的面积,带有钢筋混凝土梁的顶棚,梁的两侧抹灰面积应并入顶棚抹灰工程量内计算。

2)密肋梁和井字梁顶棚抹灰面积。以展开面积计算。

3)檐口顶棚的抹灰。并入相同的顶棚抹灰工程量内计算。

4)有坡度及拱顶的顶棚抹灰面积。按展开面积以平方米计算。

(3)内墙面抹灰。

1)内墙面抹灰面积。应扣除门、窗洞口和空圈所占的面积,不扣除踢脚线、挂镜线 $0.3m^2$ 以内的孔洞和墙与构件交接处的面积。洞口侧壁和顶面不增加,但垛的侧面抹灰应与内墙面抹灰工程量合并计算。

内墙面抹灰的长度以主墙间的图示净长尺寸计算,其高度确定如下:

①无墙裙有踢脚板其高度由地或楼面算至板或顶棚下皮。

②有墙裙无踢脚板,其高度按墙裙顶点标至顶棚底面另增加 10cm 计算。

2)内墙裙抹灰面积。以长度乘高度计算,应扣除门窗洞口和空圈所占面积,并增加窗洞口和空圈的侧壁和顶面的面积,垛的侧壁面积并入墙裙内计算。

3)吊顶顶棚的内墙面抹灰。其高度自楼地面顶面至顶棚下另加 10cm 计算。

4)墙中的梁、柱等的抹灰。按墙面抹灰定额计算,其突出墙面的梁、柱抹灰工程量按展开面积计算。

(4)外墙面抹灰。

1)外墙抹灰。应扣除门、窗洞口和空圈所占的面积,不扣除 $0.3m^2$ 以内的孔洞面积,门窗洞口及空圈的侧壁,垛的侧面抹灰,并入相应的墙面抹灰中计算。

2)外墙窗间墙抹灰。以展开面积按外墙抹灰相应定额计算。

3)独立柱及单梁等抹灰。应另列项目,其工程量按结构设计尺寸断面计算。

4)外墙裙抹灰。按展开面积计算,门口和空圈所占面积应予扣除,侧壁并入相应定额计算。

5)阳台、雨篷抹灰。按水平投影面积计算,其中定额已包括底面、上面、侧面及牛腿的全部抹灰面积。但阳台的栏杆、栏板抹灰应另列项目,按相应定额计算。

6)挑檐、天沟、腰线、栏杆扶手、门窗套、窗台线压顶等结构设计尺寸断面。以展开面积按相应定额以平方米计算。窗台线与腰线连接时,并入腰线内计算。

外窗台抹灰长度如设计图纸无规定时,可按窗外围宽度两边并加 20cm 计算,窗台展开宽度按 36cm 计算。

7)水泥字。水泥字按个计算。

8)栏板、遮阳板抹灰。以展开面积计算。

9)水泥黑板,布告栏。按框外围面积计算,黑板边框抹灰及粉笔灰槽已考虑在定额内,不得另行计算。

10)镶贴各种块料面层。均按设计图示尺寸以展开面积计算。

11)池槽等。按图示尺寸展开面积以平方米计算。

(5)刷浆,水质涂料工程。

1)墙面。按垂直投影面积计算,应扣除墙裙的抹灰面积,不扣除门窗洞口面积,但垛侧壁、门窗洞口侧壁、顶面也不增加。

2)顶棚。按水平投影面积计算,不扣除间壁墙、垛、柱、附墙烟囱、检查洞所占面积。

(6)勾缝。按墙面垂直投影面积计算,应扣除墙面和墙裙抹灰面积,不扣除门窗套和腰线等零星抹灰及门窗洞口所占面积,但垛和门窗洞口侧壁和顶面的勾缝面积也不增加。独立柱,房上烟囱勾缝按图示外形尺寸以平方米计算。

(7)墙面贴壁纸。按图示尺寸的实铺面积计算。

八、金属结构工程工程量计算

1. 一般规定

(1)构件制作是按焊接为主考虑的,对构件局部采用螺栓连接时,已考虑在定额内不再换算,但如果有铆接为主的构件时,应另行补充定额。

(2)刷油定额中一般均综合考虑了金属面调和漆两遍,如设计要求与定额不同时,按装饰分部油漆定额换算。

(3)定额中的钢材价格是按各种构件的常用材料规格和型号综合测算取定的,编制预算时不得调整,但如设计采用低合金钢时,允许换算定额中的钢材价格。

2. 工程量计算规则

(1)构件制作、安装、运输工程量。均按设计图纸的钢材质量计算,所需的螺栓、电焊条等的质量已包括在定额内,不另增加。

(2)钢材质量计算。按设计图纸的主材几何尺寸以吨计算质量,均不扣除孔眼、切肢、切边的质量,多边形按矩形计算。

(3)钢柱工程量。计算钢柱工程量时,依附于柱上的牛腿及悬臂梁的主材质量,应并入柱身主材质量计算,套用钢柱定额。

九、脚手架工程工程量计算规则

(1)建筑物的檐高。应以设计室外地坪到檐口滴水的高度为准,如有女儿墙者,其高度算到女儿墙顶面,带挑檐者,其高度算到挑檐下皮,多跨建筑物如度度不同时,应分别不同高度计算。同一建筑物有不同结构时,应以建筑面积比重较大者为准,前后檐高度不同时,以较高的檐高为准。

(2)综合脚手架。按建筑面积以平方米计算。

(3)围墙脚手架。按里脚手架定额执行,其高度以自然地坪到围墙顶面,长度按围墙中心线计算,不扣除大门面积,也不另行增加独立门柱的脚手架。

(4)独立砖石柱的脚手架。按单排外脚手架定额执行,其工程量按柱截面的周长另加 3.6m,再乘柱高以平方米计算。

(5)凡不适宜使用综合脚手架定额的建筑物,可按以下规定计算,执行单项脚手架定额:

1)砌墙脚手架按墙面垂直投影面积计算。外墙脚手架长度按外墙外边线计算,内墙脚手架长度按内墙净长计算，高度按自然地坪到墙顶的总高计算。

2)檐高 15m 以上的建筑物的外墙砌筑脚手架，一律按双排脚手架计算。

3)檐高 15m 以内的建筑物，室内净高 4.5m 以内者，内外墙砌筑，均应按里脚手架计算。

十、园林小品工程工程量计算规则

(1)堆塑装饰工程。分别按展开面积以平方米计算。

(2)小型设施工程量。预制或现制水磨石景窗、平板凳、花檐、角花、博古架、飞来椅、木纹板的工作内容包括：制作、安装及拆除模板、制作及绑扎钢筋、制作及浇捣混凝土、砂浆抹平、构件养护、面层磨光及现场安装。

1)预制或现制水磨石景窗、平板凳、花檐、角花、博古架的工程量均按不同水磨石断面面积、预制或现制，以其长度计算，计量单位：10m。

2)水磨木纹板的工程量按不同水磨与否，以其面积计算，制作工程量计量单位为 m^2，安装工程量计量单位为 $10m^2$。

第三节　园林景观工程工程量清单项目设置及计算规则

一、园林景观工程清单项目编制说明

园林景观工程工程量清单项目设置及工程量计算规则共 6 节 41 个项目。包括原木、竹构件、亭廊屋面、花架、园林桌椅、喷泉和杂项等项目。

1. 有关项目的说明

(1)园林景观工程清单项目中未包括的基础、柱、梁、墙、屋架等项目，发生时按《建筑工程工程量清单项目及计算规则》附录 A(以下简称附录 A)相关项目编码列项。

(2)本章所列原木构件是指不剥树皮的原木。

(3)原木(带树皮)墙项目也可用于在墙体上铺钉树皮项目。

(4)竹编墙项目也可用于在墙体上铺钉竹板的墙体项目。

(5)树枝、竹编制的花牙子按树枝吊挂楣子和竹吊挂楣子项目编码列项。

(6)草屋面、竹屋面、树皮屋面的木基屋按附录 A 木结构的屋面木基层(包括檩子、椽子、屋面板等)项目编码列项。

(7)混凝土斜屋面板、亭屋面板上盖瓦，盖瓦应按附录 A 瓦屋面项目编码列项。

(8)膜结构的亭、廊按附录 A 膜结构屋面项目编码列项。

(9)花架项目中的“梁”包括盖梁和连系梁。

(10)石桌、石凳项目可用于经人工雕琢的石桌、石凳，也可用于选自然石料的石桌、石凳。

(11)喷泉水池按附录 A 相关项目编码列项。

(12)仿石音箱项目可用于人工雕琢的石音箱。

(13)标志牌项目适用于各种材料的指示牌、指路牌、警示牌等。

2. 有关项目特征的说明

(1)木构件的连接方式有：开榫连接、铁件连接、扒钉连接、铁钉连接、粘结等。

(2)竹构件的连接方式有：钻孔竹钉固定、竹篾绑扎、铁丝绑扎等。

(3)原木(带树皮)墙项目的龙骨材料、底层材料，是指铺钉树皮的墙体龙骨材料和铺钉树皮底层材料。如木龙骨钉铺木板墙，在木墙板上再铺钉树皮。

(4)防护材料指防水、防腐、防虫涂料等。

(5)铺草种类指麦草、谷草、山草、丝茅草等。

(6)竹屋面的竹材一般使用毛竹(楠竹)。

(7)花架应描述柱、梁的截面尺寸和高度以及根数。

(8)飞来椅的座凳楣子是指座凳面下面的楣子,类似于固定窗,所以在四川称为地脚窗。

(9)飞来椅靠背形状、尺寸指靠背是直形的还是弯形(鹅颈)的,尺寸指截面尺寸和长度。

(10)塑料座凳包括仿竹、仿树木的塑料椅。

3. 有关工程量计算的说明

(1)树枝、竹制的花牙子以框外围面积或个计算。

(2)穹顶的肋和壁基梁拼入穹顶体积内计算。

(3)喷泉管道工程量从供水主管接头算至喷头接口(不包括喷头长度)。

(4)水下艺术装饰灯具工程量以每个灯泡、灯头、灯座以及与之配套的配件为1套。

(5)砖石砌小摆设工程量以体积计算,如外形比较复杂难以计算体积,也可以个计算。如有雕饰的须弥座,以个计算工程量时,工程量清单中应描述其外形主要尺寸,如长、宽、高尺寸。

4. 有关工程内容的说明

(1)混凝土构件的钢筋、铁件制作安装应按附录A相关项目编码列项。

(2)原木(带树皮)、树枝和竹制构配件需加热煨弯或校直时,加热费用应包括在报价内。

(3)草屋面需捆把的竹片和篾条应包括在报价内。

(4)就位预制亭屋面和穹顶使用土胎模时,应计算挖土、过筛、夯筑、抹灰以及构件出槽后的回填等,也可将土胎模发生的费用列入工程量清单措施项目内。

(5)彩色压型板(夹芯板)亭屋面板、穹顶屋面采用金属骨架的,若工程量清单单独列金属骨架项目的,骨架不应包括在亭屋面或穹顶屋面报价内。

(6)预制混凝土花架、木花架、金属花架的构件安装包括吊装。

(7)飞来椅铁件如由投标人制作时,还应包括铁件制作、运输费用。

(8)飞来椅铁件包括靠背、扶手、座凳面与柱或墙的连接铁件、座凳腿与地面的连接铁件。

二、工程量清单项目设置及工程量清单计算规则

1. 原木、竹构件

原木、竹构件工程量清单项目设置及工程量计算规则见表7-4。

表7-4　原木、竹构件(编码:050301)

项目编码	项目名称	项目特征	计量单位	工程量计算规则	工程内容
050301001	原木(带树皮)柱、梁、檩、椽	1. 原木种类 2. 原木梢径(不含树皮厚度) 3. 墙龙骨材料种类、规格 4. 墙底层材料种类、规格 5. 构件联结方式 6. 防护材料种类	m	按设计图示尺寸以长度计算(包括榫长)	1. 构件制作 2. 构件安装 3. 刷防护材料
050301002	原木(带树皮)墙		m^2	按设计图示尺寸以面积计算(不包括柱、梁)	
050301003	树枝吊挂楣子			按设计图示尺寸以框外围面积计算	
050301004	竹柱、梁、檩、椽	1. 竹种类 2. 竹梢径 3. 连接方式 4. 防护材料种类	m	按设计图示尺寸以长度计算	

续表

项目编码	项目名称	项目特征	计量单位	工程量计算规则	工程内容
050301005	竹编墙	1. 竹种类 2. 墙龙骨材料种类、规格 3. 墙底层材料种类、规格 4. 防护材料种类	m^2	按设计图示尺寸以面积计算(不包括柱、梁)	1. 构件制作 2. 构件安装 3. 刷防护材料
050301006	竹吊挂楣子	1. 竹种类 2. 竹梢径 3. 防护材料种类		按设计图示尺寸以框外围面积计算	

2. 亭廊屋面

亭廊屋面工程量清单项目设置及工程量计算规则见表 7-5 所示。

表 7-5　　亭廊屋面(编码:050302)

项目编码	项目名称	项目特征	计量单位	工程量计算规则	工程内容
050302001	草屋面	1. 屋面坡度 2. 铺草种类 3. 竹材种类 4. 防护材料种类	m^2	按设计图示尺寸以斜面面积计算	1. 整理、选料 2. 屋面铺设 3. 刷防护材料
050302002	竹屋面				
050302003	树皮屋面				
050302004	现浇混凝土斜屋面板	1. 檐口高度 2. 屋面坡度 3. 板厚 4. 椽子截面 5. 老角梁、子角梁截面 6. 脊截面 7. 混凝土强度等级	m^3	按设计图示尺寸以体积计算。混凝土屋脊、椽子、角梁、扒梁均并入屋面体积内	混凝土制作、运输、浇筑、振捣、养护
050302005	现浇混凝土攒尖亭屋面板				
050302006	就位预制混凝土攒尖亭屋面板	1. 亭屋面坡度 2. 穹顶弧长、直径 3. 肋截面尺寸 4. 板厚 5. 混凝土强度等级 6. 砂浆强度等级 7. 拉杆材质、规格		按设计图示尺寸以体积计算。混凝土脊和穹顶的肋、基梁并入屋面体积内	1. 混凝土制作、运输、浇筑、振捣、养护 2. 预埋铁件、拉杆安装 3. 构件出槽、养护、安装 4. 接头灌缝
050302007	就位预制混凝土穹顶				
050302008	彩色压型钢板(夹芯板)攒尖亭屋面板	1. 屋面坡度 2. 穹顶弧长、直径 3. 彩色压型钢板(夹芯板)品种、规格、品牌、颜色 4. 拉杆材质、规格 5. 嵌缝材料种类 6. 防护材料种类	m^2	按设计图示尺寸以面积计算	1. 压型板安装 2. 护角、包角、泛水安装 3. 嵌缝 4. 刷防护材料
050302009	彩色压型钢板(夹芯板)穹顶				

3. 花架

花架工程量清单项目设置及工程量计算规则见表 7-6 所示。

表 7-6　　　　花架(编码:050303)

项目编码	项目名称	项目特征	计量单位	工程量计算规则	工程内容
050303001	现浇混凝土花架柱、梁	1. 柱截面、高度、根数 2. 盖梁截面、高度、根数 3. 连系梁截面、高度、根数 4. 混凝土强度等级	m^3	按设计图示尺寸以体积计算	1. 土(石)方挖运 2. 混凝土制作、运输、浇筑、振捣、养护
050303002	预制混凝土花架柱、梁	1. 柱截面、高度、根数 2. 盖梁截面、高度、根数 3. 连系梁截面、高度、根数 4. 混凝土强度等级 5. 砂浆配合比			1. 土(石)方挖运 2. 混凝土制作、运输、浇筑、振捣、养护 3. 构件制作、运输、安装 4. 砂浆制作、运输 5. 接头灌缝、养护
050303003	木花架柱、梁	1. 木材种类 2. 柱、梁截面 3. 连接方式 4. 防护材料种类		按设计图示截面乘长度(包括榫长)以体积计算	1. 土(石)方挖运 2. 混凝土制作、运输、浇筑、振捣、养护 3. 构件制作、运输、安装 4. 刷防护材料、油漆
050303004	金属花架柱、梁	1. 钢材品种、规格 2. 柱、梁截面 3. 油漆品种、刷漆遍数	t	按设计图示以质量计算	

4. 园林桌椅

园林桌椅工程量清单项目设置及工程量计算规则见表 7-7 所示。

表 7-7　　　　园林桌椅(编码:050304)

项目编码	项目名称	项目特征	计量单位	工程量计算规则	工程内容
050304001	木制飞来椅	1. 木材种类 2. 坐凳面厚度、宽度 3. 靠背扶手截面 4. 靠背截面 5. 坐凳楣子形状、尺寸 6. 铁件尺寸、厚度 7. 油漆品种、刷油遍数	m	按设计图示尺寸以坐凳面中心线长度计算	1. 坐凳面、靠背扶手、靠背、楣子制作、安装 2. 铁件安装 3. 刷油漆
050304002	钢筋混凝土飞来椅	1. 坐凳面厚度、宽度 2. 靠背扶手截面 3. 靠背截面 4. 坐凳楣子形状、尺寸 5. 混凝土强度等级 6. 砂浆配合比 7. 油漆品种、刷油遍数			1. 混凝土制作、运输、浇筑、振捣、养护 2. 预制件运输、安装 3. 砂浆制作、运输、抹面、养护 4. 刷油漆
050304003	竹制飞来椅	1. 竹材种类 2. 坐凳面厚度、宽度 3. 靠背扶手梢径 4. 靠背截面 5. 坐凳楣子形状、尺寸 6. 铁件尺寸、厚度 7. 防护材料种类			1. 坐凳面、靠背扶手、靠背、楣子制作、安装 2. 铁件安装 3. 刷防护材料

续表

项目编码	项目名称	项目特征	计量单位	工程量计算规则	工程内容
050304004	现浇混凝土桌凳	1. 桌凳形状 2. 基础尺寸、埋设深度 3. 桌面尺寸、支墩高度 4. 凳面尺寸、支墩高度 5. 混凝土强度等级、砂浆配合比	个	按设计图示数量计算	1. 土方挖运 2. 混凝土制作、运输、浇筑、振捣、养护 3. 桌凳制作 4. 砂浆制作、运输 5. 桌凳安装、砌筑
050304005	预制混凝土桌凳	1. 桌凳形状 2. 基础形状、尺寸、埋设深度 3. 桌面形状、尺寸、支墩高度 4. 凳面尺寸、支墩高度 5. 混凝土强度等级 6. 砂浆配合比			1. 混凝土制作、运输、浇筑、振捣、养护 2. 预制件制作、运输、安装 3. 砂浆制作、运输 4. 接头灌缝、养护
050304006	石桌石凳	1. 石材种类 2. 基础形状、尺寸、埋设深度 3. 桌面形状、尺寸、支墩高度 4. 凳面形状、尺寸、支墩高度 5. 混凝土强度等级 6. 砂浆配合比			1. 土方挖运 2. 混凝土制作、运输、浇筑、振捣、养护 3. 桌凳制作 4. 砂浆制作、运输 5. 桌凳安砌
050304007	塑树根桌凳	1. 桌凳直径 2. 桌凳高度 3. 砖石种类 4. 砂浆强度等级、配合比 5. 颜料品种、颜色	个	按设计图示数量计算	1. 土(石)方运挖 2. 砂浆制作、运输 3. 砖石砌筑 4. 塑树皮 5. 绘制木纹
050304008	塑树节椅				
050304009	塑料、铁艺、金属椅	1. 木座板面截面 2. 塑料、铁艺、金属椅规格、颜色 3. 混凝土强度等级 4. 防护材料种类			1. 土(石)方挖运 2. 混凝土制作、运输、浇筑、振捣、养护 3. 坐椅安装 4. 木座板制作、安装 5. 刷防护材料

5. 喷泉安装

喷泉安装工程量清单项目设置及工程量计算规则见表 7-8 所示。

表 7-8　　　　喷泉安装(编码:050305)

项目编码	项目名称	项目特征	计量单位	工程量计算规则	工程内容
050305001	喷泉管道	1. 管材、管件、水泵、阀门、喷头品种、规格、品牌 2. 管道固定方式 3. 防护材料种类	m	按设计图示尺寸以长度计算	1. 土(石)方挖运 2. 管道、管件、水泵、阀门、喷头安装 3. 刷防护材料 4. 回填
050305002	喷泉电缆	1. 保护管品种、规格 2. 电缆品种、规格			1. 土(石)方挖运 2. 电缆保护管安装 3. 电缆敷设 4. 回填
050305003	水下艺术装饰灯具	1. 灯具品种、规格、品牌 2. 灯光颜色	套	按设计图示数量计算	1. 灯具安装 2. 支架制作、运输、安装
050305004	电气控制柜	1. 规格、型号 2. 安装方式	台		1. 电气控制柜(箱)安装 2. 系统调试

6. 杂项

杂项工程量清单项目设置及工程量计算规则的执行规定见表 7-9 所示。

表 7-9　　杂项(编码:050306)

项目编码	项目名称	项目特征	计量单位	工程量计算规则	工程内容
050306001	石灯	1. 石料种类 2. 石灯最大截面 3. 石灯高度 4. 混凝土强度等级 5. 砂浆配合比	个	按设计图示数量计算	1. 土(石)方挖运 2. 混凝土制作、运输、浇筑、振捣、养护 3. 石灯制作、安装
050306002	塑仿石音箱	1. 音箱石内空尺寸 2. 铁丝型号 3. 砂浆配合比 4. 水泥漆品牌、颜色	个	按设计图示数量计算	1. 胎模制作、安装 2. 铁丝网制作、安装 3. 砂浆制作、运输、养护 4. 喷水泥漆 5. 埋置仿石音箱
050306003	塑树皮梁、柱	1. 塑树种类 2. 塑竹种类 3. 砂浆配合比 4. 颜料品种、颜色	m^2 (m)	按设计图示尺寸以梁柱外表面积计算或以构件长度计算	1. 灰塑 2. 刷涂颜料
050306004	塑竹梁、柱				
050306005	花坛铁艺栏杆	1. 铁艺栏杆高度 2. 铁艺栏杆单位长度重量 3. 防护材料种类	m	按设计图示尺寸以长度计算	1. 铁艺栏杆安装 2. 刷防护材料
050306006	标志牌	1. 材料种类、规格 2. 镌字规格、种类 3. 喷字规格、颜色 4. 油漆品种、颜色	个	按设计图示数量计算	1. 选料 2. 标志牌制作 3. 雕琢 4. 镌字、喷字 5. 运输、安装 6. 刷油漆
050306007	石浮雕	1. 石料种类 2. 浮雕种类 3. 防护材料种类	m^2	按设计图示尺寸以雕刻部分外接矩形面积计算	1. 放样 2. 雕琢 3. 刷防护材料
050306008	石镌字	1. 石料种类 2. 镌字种类 3. 镌字规格 4. 防护材料种类	个	按设计图示数量计算	
050306009	砖石砌小摆设	1. 砖种类、规格 2. 石种类、规格 3. 砂浆强度等级、配合比 4. 石表面加工要求 5. 勾缝要求	m^3 (个)	按设计图示尺寸以体积计算或以数量计算	1. 砂浆制作、运输 2. 砌砖、石 3. 抹面、养护 4. 勾缝 5. 石表面加工

7. 其他相关问题

园林景观工程工程量清单其他相关问题的执行,其规定如下:

(1)柱顶石(磉蹬石)、木柱、木屋架、钢柱、钢屋架、屋面木基层和防水层等,应按《建筑工程工程量清单项目及计算规则》附录 A 中相关项目编码列项。

(2)需要单独列项目的土石方和基础项目,应按《建筑工程工程量清单项目及计算规则》附录 A 中相关项目编码列项。

(3)木构件连接方式应包括:开榫连接、铁件连接、扒钉连接、铁钉连接。

(4)竹构件连接方式应包括:竹钉固定、竹篾绑扎、铁丝绑扎。

(5)膜结构的亭、廊,应按《建筑工程工程量清单项目及计算规则》附录 A 中相关项目编码列项。

(6)喷泉水池应按《建筑工程工程量清单项目及计算规则》附录 A 中相关项目编码列项。

(7)石浮雕应按表 7-10 分类。

表 7-10　　石浮雕的分类及加工

浮雕种类	加工内容
阴线刻	首先磨光磨平石料表面,然后以刻凹线(深度在 2～3mm)勾画出人物、动植物或山水
平浮雕	首先扁光石料表面,然后凿出堂子(凿深在 60mm 以内),凸出欲雕图案。图案凸出的平面应达到“扁光”,堂子达到“钉细麻”
浅浮雕	首先凿出石料初形,凿出堂子(凿深在 60～200mm 以内),凸出欲雕图形,再加工雕饰图形,使其表面有起有伏,有立体感。图形表面应达到“二遍剁斧”,堂子达到“钉细麻”
高浮雕	首先凿出石料初形,然后凿掉欲雕图形多余部分(凿深在 200mm 以上),凸出欲雕图形,再细雕图形,使之有较强的立体感(有时高浮雕的个别部位与堂子之间漏空)。图形表面达到“四遍剁斧”,堂子达到“钉细麻”或“扁光”

(8)石镌字种类应是指阴文和阴包阳。

(9)砌筑果皮箱、放置盆景的须弥座等,应按砖石砌小摆设项目编码列项。

第四节　园林景观工程工程量清单计价编制实例

一、××公园园林景观工程工程量清单编制

××公园园林景观　工程

工 程 量 清 单

招　标　人:×××× (单位盖章)	工程造价 咨　询　人:×××× (单位资质专用章)
法定代表人 或其授权人:×××× (签字或盖章)	法定代表人 或其授权人:×××× (签字或盖章)
编　制　人:×××× (造价人员签字盖专用章)	复　核　人:×××× (造价工程师签字盖专用章)
编制时间:××××年××月××日	复核时间:××××年××月××日

注:此为招标人委托工程造价咨询企业编制的编制工程量清单的封面。

封一2

总 说 明

工程名称：××公园园林景观工程　　　　第 页 共 页

1. 工程批准文号
2. 建设规模
3. 计划工期
4. 资金来源
5. 施工现场特点
6. 主要技术特征和参数
7. 工程量清单编制依据
8. 其他

表一01

分部分项工程量清单与计价表

工程名称：××公园园林景观工程　　　　标段：　　　　第 页 共 页

序号	项目编码	项目名称	项目特征描述	计量单位	工程量	金额(元)		
						综合单价	合价	其中：暂估价
		A.1 土(石)方工程						
1	010101002001	挖土方	原土打夯机夯实	m^3	121.010			
			(其他略)					
			分部小计					
		A.3 砌筑工程						
2	010302001001	实心砖墙	3/4砖实心砖外墙	m^3	6.470			
			(其他略)					
			分部小计					
		A.4 混凝土及钢筋混凝土工程						
3	010401002001	独立基础	C20 场搅拌	m^3	8.620			
4	010416001001	现浇混凝土钢筋		t	0.600			
			(其他略)					
			分部小计					
		A.7 屋面及防水工程						
5	010701001001	瓦屋面	青石板文化石片屋面	m^2	74.00			
			其他略					
			分部小计					
		B.1 楼地面工程						
6	020102001001	石材楼地面	300mm×300mm 绣板文化石地面	m^2	181.00			
			其他略					
			分部小计					
			本页小计					
			合 计					

注：根据原建设部、财政部发布的《建筑安装工程费用组成》(建标[2003]206号)的规定，为计取规费等的使用，可在表中增设其中："直接费"、"人工费"或"人工费＋机械费"。

表一08

分部分项工程量清单与计价表

工程名称：××公园园林景观工程　　　　标段：　　　　第　页　共　页

序号	项目编码	项目名称	项目特征描述	计量单位	工程量	金额(元)		
						综合单价	合价	其中：暂估价
		B.2　墙、柱面工程						
7	020202001001	梁面一般抹灰		m^2	631.08			
8	020204003001	块料墙面	米黄色仿石砖墙面	m^2	35.93			
		(其他略)						
		分部小计						
		B.3　天棚工程						
9	020301001001	顶棚抹灰		m^2	130.47			
		(其他略)						
		分部小计						
		B.4　门窗工程						
10	020403001001	金属卷闸门		樘	2			
		(其他略)						
		分部小计						
		B.6　其他工程						
11	020604009001	柱面装饰件安装		件	20			
		其他略						
		分部小计						
		本页小计						
		合　计						

注：根据原建设部、财政部发布的《建筑安装工程费用组成》(建标[2003]206号)的规定，为计取规费等的使用，可在表中增设其中："直接费"、"人工费"或"人工费＋机械费"。

表一08

分部分项工程量清单与计价表

工程名称：××公园园林景观工程　　　　标段：　　　　第　页　共　页

序号	项目编码	项目名称	项目特征描述	计量单位	工程量	金额(元)		
						综合单价	合价	其中：暂估价
	C.8　给排水工程							
12	030804004001	洗手盆		组	1			
		分部小计						
	D.2　道路工程							
13	040204003001	安砌侧(平缘)石	池壁不等边粗麻石100mm厚	m^2	6.81			
		(其他略)						
		分部小计						
	E.2　园路、园桥、假山工程							
14	050201001001	遮雨廊麻石路面		m^2	78.00			
		(其他略)						
		分部小计						
	E.3　园林景观工程							
15	050304006001	石桌石凳		个	18			
		其他略						
		分部小计						
		本页小计						
		合　计						

注：根据原建设部、财政部发布的《建筑安装工程费用组成》(建标[2003]206号)的规定，为计取规费等的使用，可在表中增设其中："直接费"、"人工费"或"人工费＋机械费"。

表一08

措施项目清单与计价表(一)

工程名称：××公园园林景观工程　　标段：　　第　页　共　页

序号	项目名称	计算基础	费率(%)	金额(元)
1	安全文明施工费			
2	夜间施工费			
3	冬雨期施工费			
4	混凝土、钢筋混凝土模板及支架			
5	已完工程及设备保护			
合计				95799.60

注：1. 本表适用于以“项”计价的措施项目。

2. 根据原建设部、财政部发布的《建筑安装工程费用组成》(建标[2003]206 号)的规定，“计算基础”可为“直接费”、“人工费”或“人工费＋机械费”。

表一10

措施项目清单与计价表(二)

工程名称:××公园园林景观工程　　　　标段:　　　　第　页共　页

序号	项目编码	项目名称	项目特征描述	计量单位	工程量	金额(元)	
						综合单价	合价
1	AB001	混凝土、钢筋混凝土模板及支架	矩形板,支模高度为2m	m^2	102.23		
		(其他略)					
本页小计							
合　计							

注:本表适用于以综合单价形式计价的措施项目。

表—11

其他项目清单与计价汇总表

工程名称：××公园园林景观工程　　　　标段：　　　　第　页共　页

序号	项目名称	计量单位	金额(元)	备注
1	暂列金额	项	50000.00	明细见表—12—1
2	暂估价			
2.1	材料暂估价		—	明细详见表—12—2
2.2	专业工程暂估价	项		
3	计日工			明细详见表—12—4
4	总承包服务费			
合计				

注：材料暂估单价进入清单项目综合单价，此处不汇总。

表—12

暂列金额明细表

工程名称：××公园园林景观工程　　　　标段：　　　　第　页　共　页

序　号	项　目　名　称	计量单位	暂列金额(元)	备　注
1	政策性调整和材料价格风险	项	45000.00	
2	其他	项	5000.00	
合　计				—

注：此表由招标人填写，也可只列暂定金额总额，投标人应将上述暂列金额计入投标总价中。

表—12—1

材料暂估单价表

工程名称：××公园园林景观工程　　　　标段：　　　　第　页　共　页

序　号	材料名称	计量单位	单价(元)	备　注
1	碎石	m^3	58.14	20mm
2	美国南方松木板	m^2	5.04	
	其他：(略)			

注：1. 此表由招标人填写，并在备注栏说明暂估价的材料拟用在哪些清单项目上，投标人应将上述材料暂估单价计入工程量清单综合单价报价中。

2. 材料包括原材料、燃料、构配件以及按规定应计入建筑安装工程造价的设备。

表—12—2

计日工表

工程名称：××公园园林景观工程　　　　标段：　　　　第　页共　页

编号	项目名称	单位	暂定数量	综合单价	合价
一	人工				
1	技工	工日	20.00		
小计					
二	材料				
1	32.5级普通水泥	t	35.00		
材料小计					
三	机械				
1	汽车起重机20t	台班	10.00		
施工机械小计					
总计					

注：此表项目名称、数量由招标人填写，编制招标控制价时，单价由招标人按有关计价规定确定；投标时，单价由投标人自主报价，计入投标总价中。

表—12—4

规费、税金项目清单与计价表

工程名称：××公园园林景观工程　　　　标段：　　　　第　页共　页

序号	项目名称	计算基础	费率(%)	金额(元)
1	规费			
1.2	社会保障费	(1)+(2)+(3)		
(1)	养老保险	定额人工费	3.5	
(2)	失业保险	定额人工费	2	
(3)	医疗保险	定额人工费	6	
1.3	住房公积金	定额人工费	6	
1.4	危险作业意外伤害保险	定额人工费	0.5	
1.5	工程定额测定费	税前工程造价	0.14	
2	税金	分部分项工程费＋措施项目费＋其他项目费＋规费	3.413	
合计				

注：根据原建设部、财政部发布的《建筑安装工程费用组成》(建标[2003]206号)的规定，“计算基础”可为“直接费”、“人工费”或“人工费＋机械费”。

表—13

二、××公园园林景观工程工程量清单计价编制

投 标 总 价

招　标　人：××××

工程名称：××公园园林景观工程

投标总价(小写)：1771402.48

(大写)：壹佰柒拾柒万壹仟肆佰零贰元肆角捌分

投　标　人：××××
(单位盖章)

法定代表人
或其授权人：××××
(签字或盖章)

编　制　人：××××
(造价人员签字盖专用章)

编制时间：××年××月××日

总 说 明

工程名称:××公园园林景观工程　　　　第　页　共　页

1.编制依据:

1.1　建设方提供的工程施工图、《××公园园林景观工程投标邀请书》、《投标须知》、《××公园园林景观工程招标答疑》等一系列招标文件。

1.2　××市建设工程造价管理站××××年第×期发布的材料价格,并参照市场价格。

2.报价需要说明的问题:

2.1　该工程因无特殊要求,故采用一般施工方法。

2.2　因考虑到市场材料价格近期波动不大,故主要材料价格在××市建设工程造价管理站××××年第×期发布的材料价格基础上下浮3%。

3.综合公司经济现状及竞争力,公司所报费率如下:(略)

4.税金按3.413%计取。

表一01

工程项目投标报价汇总表

工程名称:××公园园林景观工程　　　　标段:　　　　第　页　共　页

序号	单项工程名称	金额(元)	其中		
			暂估价(元)	安全文明施工费(元)	规费(元)
1	××公园园林景观工程	1771402.48	100000.00	52989.67	74826.46
合计		1771402.48	100000.00	52989.67	74826.46

注:本表适用于工程项目招标控制价或投标报价的汇总。

说明:本工程是单项工程,所以单项工程即为工程项目。

表一02

单项工程投标报价汇总表

工程名称:××公园园林景观工程　　　　标段:　　　　第　页　共　页

序号	单项工程名称	金额(元)	其中		
			暂估价(元)	安全文明施工费(元)	规费(元)
1	××公园园林景观工程	1771402.48	100000.00	52989.67	74826.46
合计		1771402.48	100000.00	52989.67	74826.46

注:本表适用于单项工程招标控制价或投标报价的汇总。暂估价包括分部分项工程中的暂估价和专业工程暂估价。

表一03

单位工程投标报价汇总表

工程名称：××公园园林景观工程　　　　标段：　　　　第　页 共　页

序号	单项工程名称	金额(元)	其中：暂估价(元)
1	分部分项	1475831.93	100000.00
	A.1　土(石)方工程	29481.32	
	A.3　砌筑工程	12833.68	
	A.4　混凝土及钢筋混凝土工程	329806.11	100000.00
	A.7　屋面及防水工程	44238.65	
	B.1　楼地面工程	2542499.50	
	B.2　墙、柱面工程	93016.27	
	B.3　天棚工程	4870.89	
	B.4　门窗工程	28907.13	
	B.6　其他工程	5739.11	
	C.8　给排水工程	557.94	
	D.2　道路工程	76296.04	
	E.2　园路、园桥、假山工程	44975.75	
	E.3　园林景观工程	115485.42	
2	措施项目	95799.60	
2.1	安全文明施工费	52989.67	
3	其他项目	66481.85	
3.1	暂列金额	50000.00	
3.2	计日工	16481.85	
3.3	总承包服务费	—	
4	规费	74826.46	
5	税金	58462.64	
投标控制价合计=1+2+3+4+5		1771402.48	100000.00

注：本表适用于单位工程招标控制价或投标报价的汇总，如无单位工程划分，单项工程也使用本表汇总。

表—04

分部分项工程量清单与计价表

工程名称：××公园园林景观工程　　　　标段：　　　　第　页共　页

序号	项目编码	项目名称	项目特征描述	计量单位	工程量	金额（元）		
						综合单价	合价	其中：暂估价
		A.1　土（石）方工程						
1	010101002001	挖土方	原土打夯机夯实	m^3	121.010	11.67	1412.19	
			（其他略）					
			分部小计				29481.32	
		A.3　砌筑工程						
2	010302001001	实心砖墙	3/4砖实心砖外墙	m^3	6.470	184.15	1191.45	
			（其他略）					
			分部小计				12833.68	
		A.4　混凝土及钢筋混凝土工程						
3	010401002001	独立基础	C20　场搅拌	m^3	8.620	348.28	3002.17	
4	010416001001	现浇混凝土钢筋		t	0.600	5857.16	3514.30	3000.00
			（其他略）					
			分部小计				329806.11	100000.00
		A.7　屋面及防水工程						
5	010701001001	瓦屋面	青石板文化石片屋面	m^2	74.00	109.14	8076.36	
			其他略					
			分部小计				44238.65	
		B.1　楼地面工程						
6	020102001001	石材楼地面	300mm×300mm绣板文化石地面	m^2	181.00	88.94	16098.14	
			其他略					
			分部小计				2542499.50	
			本页小计				2958859.26	100000.00
			合　计				2958859.26	100000.00

注：根据原建设部、财政部发布的《建筑安装工程费用组成》（建标[2003]206号）的规定，为计取规费等的使用，可在表中增设其中："直接费"、"人工费"或"人工费+机械费"。

表—08

分部分项工程量清单与计价表

工程名称：××公园园林景观工程　　　　标段：　　　　第　页　共　页

序号	项目编码	项目名称	项目特征描述	计量单位	工程量	金额(元)		
						综合单价	合价	其中：暂估价
		B.2　墙、柱面工程						
7	020202001001	梁面一般抹灰		m^2	631.08	9.11	5749.14	
8	020204003001	块料墙面	米黄色仿石砖墙面	m^2	35.93	67.30	2418.09	
			(其他略)					
			分部小计				93016.27	
		B.3　天棚工程						
9	020301001001	顶棚抹灰		m^2	130.47	16.36	2134.49	
			(其他略)					
			分部小计				4870.89	
		B.4　门窗工程						
10	020403001001	金属卷闸门		樘	2	1296.00	2592.00	
			(其他略)					
			分部小计				28907.13	
		B.6　其他工程						
11	020604009001	柱面装饰件安装		件	20	9.98	199.60	
			其他略					
			分部小计				5739.11	
			本页小计				132533.40	
			合　计				2958859.26	100000.00

注：根据原建设部、财政部发布的《建筑安装工程费用组成》(建标[2003]206号)的规定，为计取规费等的使用，可在表中增设其中："直接费"、"人工费"或"人工费+机械费"。

表—08

分部分项工程量清单与计价表

工程名称：××公园园林景观工程　　　　　　标段：　　　　　　　　　　　　第 页 共 页

序号	项目编码	项目名称	项目特征描述	计量单位	工程量	金额(元)		
						综合单价	合价	其中：暂估价
	C.8 给排水工程							
12	030804004001	洗手盆		组	1	557.94	557.94	
		分部小计					557.94	
	D.2 道路工程							
13	040204003001	安砌侧(平缘)石	池壁不等边粗麻石100mm厚	m²	6.81	130.59	889.32	
		(其他略)						
		分部小计					76296.04	
	E.2 园路、园桥、假山工程							
14	050201001001	遮雨廊麻石路面		m²	78.00	141.62	11046.36	
		(其他略)						
		分部小计					44975.75	
	E.3 园林景观工程							
15	050304006001	石桌石凳		个	18	1656.39	29815.02	
		其他略						
		分部小计					115485.42	
		本页小计					237315.15	
		合 计					1475831.93	100000.00

注：根据原建设部、财政部发布的《建筑安装工程费用组成》(建标[2003]206号)的规定，为计取规费等的使用，可在表中增设其中："直接费"、"人工费"或"人工费+机械费"。

表—08

综合单价分析表

工程名称：××公园园林景观工程　　　　标段：　　　　第　页共　页

项目编码		010416001001		项目名称		现浇混凝土钢筋		计量单位		t	
综合单价组成明细											
定额编号	定额名称	定额单位	数量	单价				合价			
				人工费	材料费	机械费	管理费和利润	人工费	材料费	机械费	管理费和利润
AD0899	现浇螺纹钢筋制作安装	t	1.000	294.75	5397.70	62.42	102.29	294.75	5397.70	62.42	102.29
人工单价		小计						294.75	5397.70	62.42	102.29
42元/工日		未计价材料费									
清单项目综合单价								5857.16			

	名称、规格、型号	单位	数量	单价（元）	合价（元）	暂估单价（元）	暂估合价（元）
材料费明细	螺纹钢筋，Q235，ϕ14	t	1.07			5000.00	5350.00
	焊条	kg	8.640	4.00	34.56		
	其他材料费			—	13.14	—	
	材料费小计			—	47.70	—	5350.00

注：1. 如不使用省级或行业建设主管部门发布的计价依据，可不填定额项目、编号等。

2. 招标文件提供了暂估单价的材料，按暂估的单价填入表内"暂估单价"栏及"暂估合价"栏。

表—09

措施项目清单与计价表(一)

工程名称:××公园园林景观工程　　　　标段:　　　　第　页　共　页

序号	项　目　名　称	计算基础	费　率(%)	金额(元)
1	安全文明施工费	人工费	30	52989.67
2	夜间施工费	人工费	1.5	6500.00
3	冬雨期施工费	人工费	8	26993.67
4	混凝土、钢筋混凝土模板及支架			7816.26
5	已完工程及设备保护			1500.00
合　计				95799.60

注:1. 本表适用于以"项"计价的措施项目。

2. 根据原建设部、财政部发布的《建筑安装工程费用组成》(建标[2003]206号)的规定,"计算基础"可为"直接费"、"人工费"或"人工费+机械费"。

表一10

措施项目清单与计价表(二)

工程名称:××公园园林景观工程　　　　标段:　　　　第　页　共　页

序号	项目编码	项目名称	项目特征描述	计量单位	工程量	金额(元)	
						综合单价	合价
1	AB001	混凝土、钢筋混凝土模板及支架	矩形板,支模高度为2m	m^2	102.23	18.37	1877.97
		(其他略)					
		本页小计					
		合　计					95799.60

注:本表适用于以综合单价形式计价的措施项目。

表一11

其他项目清单与计价汇总表

工程名称：××公园园林景观工程　　　　标段：　　　　第　页　共　页

序号	项 目 名 称	计量单位	金额(元)	备 注
1	暂列金额	项	50000.00	明细见表一12一1
2	暂估价			
2.1	材料暂估价		—	明细见表一12一2
2.2	专业工程暂估价	项		
3	计日工		16481.85	明细见表一12一4
4	总承包服务费			
	合 计		66481.85	

注：材料暂估单价进入清单项目综合单价，此处不汇总。

表一12

暂列金额明细表

工程名称：××公园园林景观工程　　　　标段：　　　　第　页　共　页

序号	项 目 名 称	计量单位	暂列金额(元)	备 注
1	政策性调整和材料价格风险	项	45000.00	
2	其他	项	5000.00	
	合 计		50000.00	—

注：此表由招标人填写，也可只列暂定金额总额，投标人应将上述暂列金额计入投标总价中。

表—12—1

材料暂估单价表

工程名称：××公园园林景观工程　　　　标段：　　　　第　页共　页

序号	材料名称	计量单位	单价(元)	备　注
1	碎石	m^3	58.14	20mm
2	美国南方松木板	m^2	5.04	
	其他：(略)			

注：1. 此表由招标人填写，并在备注栏说明暂估价的材料拟用在哪些清单项目上，投标人应将上述材料暂估单价计入工程量清单综合单价报价中。

2. 材料包括原材料、燃料、构配件以及按规定应计入建筑安装工程造价的设备。

表—12—2

计 日 工 表

工程名称:××公园园林景观工程　　标段:　　第 页 共 页

编 号	项目名称	单 位	暂定数量	综合单价	合 价
一	人 工				
1	技工	工日	10.00	30.00	600.00
小 计					600.00
二	材料				
1	32.5级普通水泥	t	35.00	279.95	9798.25
材料小计					9798.25
三	机械				
1	汽车起重机 20t	台班	10.00	608.36	6083.60
施工机械小计					6083.60
总 计					16481.85

注:此表项目名称、数量由招标人填写,编制招标控制价时,单价由招标人按有关计价规定确定;投标时,单价由投标人自主报价,计入投标总价中。

表一12一4

规费、税金项目清单与计价表

工程名称:××公园园林景观工程　　标段:　　第 页 共 页

序号	项 目 名 称	计 算 基 础	费率(%)	金额(元)
1	规费			74826.46
1.2	社会保障费	(1)+(2)+(3)		46747.34
(1)	养老保险	定额人工费	3.5	12436.24
(2)	失业保险	定额人工费	2	8946.88
(3)	医疗保险	定额人工费	6	25364.22
1.3	住房公积金	定额人工费	6	25364.22
1.4	危险作业意外伤害保险	定额人工费	0.5	2236.72
1.5	工程定额测定费	税前工程造价	0.14	478.18
2	税金	分部分项工程费+措施项目费+其他项目费+规费	3.413	58462.64
合 计				133289.10

注:根据原建设部、财政部发布的《建筑安装工程费用组成》(建标[2003]206号)的规定,"计算基础"可为"直接费"、"人工费"或"人工费+机械费"。

表一13

第八章　园林工程工程量计算常用资料

第一节　绿化工程量计算常用资料

一、土方工程工程量计算常用资料

土方工程工程量的计算方法很多，这里仅对其中常用的方格网法做简单介绍。

方格网法是把平整场地的设计工作和土方量计算工作结合在一起进行的。

1. 划分方格网

在附有等高线的地形图(图样常用比例为 1：500)上作方格网，方格各边最好与测量的纵、横坐标系统对应，并对方格及各角点进行编号。方格边长在园林中一般用 20m×20m 或 40m×40m。然后将各点设计标高和原地形标高分别标注于方格桩点的右上角和右下角，再将原地形标高与设计地面标高的差值(即各角点的施工标高)填土方格点的左上角，挖方为(＋)、填方为(－)。

其中原地形标高用插入法求得，方法是：设 H_x 为欲求角点的原地面高程，过此点作相邻两等高线间最小距离 L。

则

$$H_x = H_a \pm \frac{xh}{L} \tag{8-1}$$

式中　H_a——低边等高线的高程；

x——角点至低边等高线的距离；

h——等高差。

插入法求某点地面高程通常会遇到以下 3 种情况(如图 8-1 所示)。

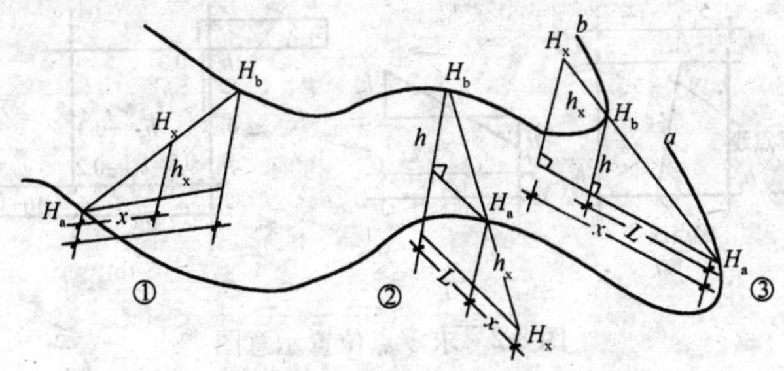

图 8-1　插入法求任意点高程示意图

(1)待求点标高 H_x 在二等高线之间，见图 8-1①：

$$H_x = H_a + \frac{xh}{L}$$

(2)待求点标高 H_x 在低边等高线的下方，见图 8-1②：

$$H_x = H_a - \frac{xh}{L} \tag{8-2}$$

(3)待求点标高 H_x 在低边等高线的上方，见图 8-1③：

$$H_x = H_a + \frac{xh}{L} \tag{8-3}$$

在平面图上线段 H_a—H_b 是过待求点所做的相邻两等高线间最小水平距离 L。求出的标高数值一一标记在图上。

2. 求施工标高

施工标高指方格网各角点挖方或填方的施工高度，其导出式为：

$$施工标高=原地形标高-设计标高 \tag{8-4}$$

从上式看出，要求出施工标高，必须先确定角点的设计标高。为此，具体计算时，要通过平整标高反推出设计标高。设计中通常取原地面高程的平均值(算术平均或加权平均)作为平整标高。平整标高的含义就是将一块高低不平的地面在保证土方平衡的条件下，挖高垫低使地面水平，这个水平地面的高程就是平整标高。它是根据平整前和平整后土方数相等的原理求出的。当平整标高求得后，就可用图解法或数学分析法来确定平整标高的位置，再通过地形设计坡度，可算出各角点的设计标高，最后将施工标高求出。

3. 零点位置

零点是指不挖不填的点，零点的连线即为零点线，它是填方与挖方的界定线，因而零点线是进行土方计算和土方施工的重要依据之一。要识别是否有零点存在，只要看一个方格内是否同时有填方与挖方，如果同时有，则说明一定存在零点线。为此，应将此方格的零点求出，并标于方格网上，再将零点相连，即可分出填挖方区域，该连线即为零点线。

零点可通过下式求得[图 8-2(a)]：

$$x = \frac{h_1}{h_1 + h_2}a \tag{8-5}$$

式中 x——零点距 h_1 一端的水平距离(m)；

h_1，h_2——方格相邻二角点的施工标高绝对值(m)；

a——方格边长。

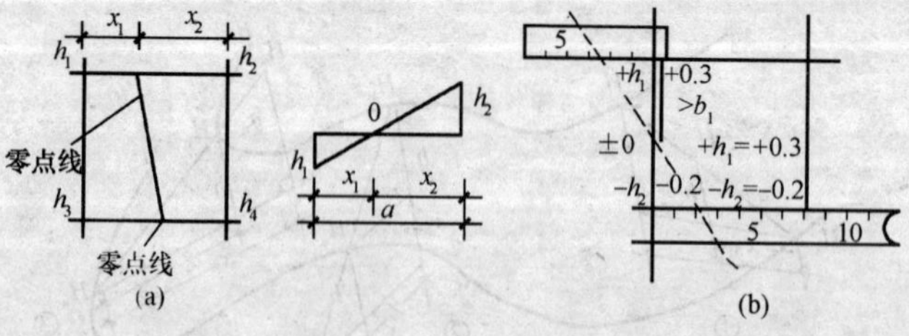

图 8-2 求零点位置示意图

零点的求法还可采用图解法，如图 8-2 所示。方法是将直尺放在各角点上标出相应的比例，而后用尺相接，凡与方格交点的为零点位置。

4. 计算土方工程量

根据各方格网底面积图形以及相应的体积计算公式(表 8-1)来逐一求出方格内的挖方量或填方量。

表 8-1　　方格网计算土方量计算公式表

序号	挖填情况	平面图式	立体图式	计算公式
1	四点全为填方(或挖方)时	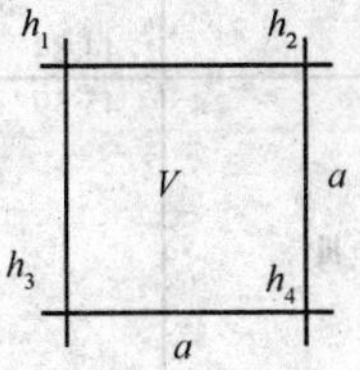	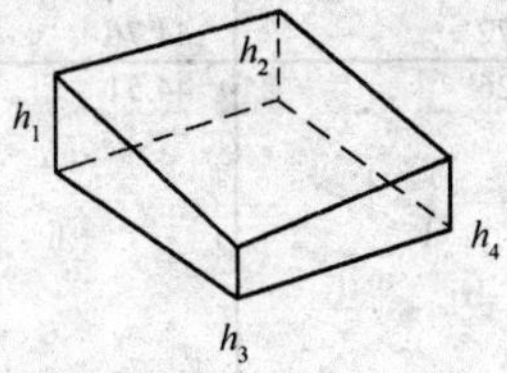	$\pm V=\frac{a^2\sum h}{4}$
2	两点填方两点挖方时	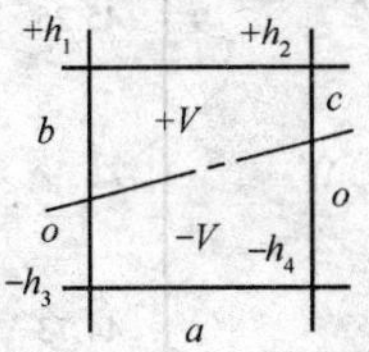	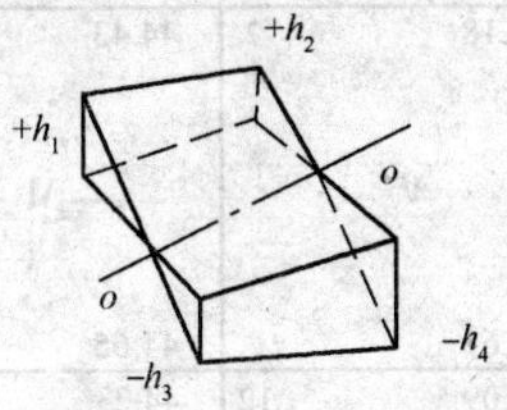	$\pm V=\frac{a(b+c)\sum h}{8}$
3	三点填方(或挖方)时，一点挖方(或填方)时	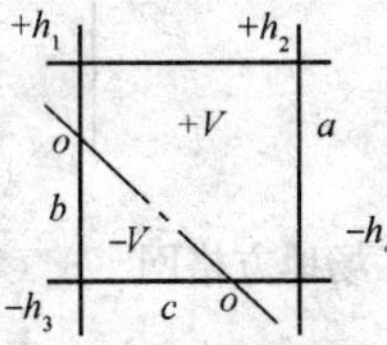	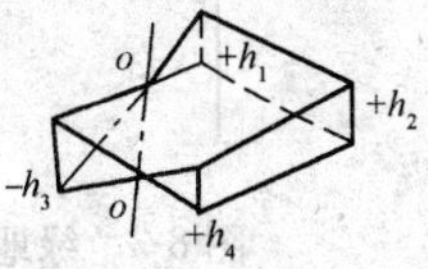	$\pm V=\frac{bc\sum h}{6}$ $\pm V=\frac{(2a^2-bc)\sum h}{10}$
4	相对两点为填方(或挖方)余两点为挖方(或填方)时	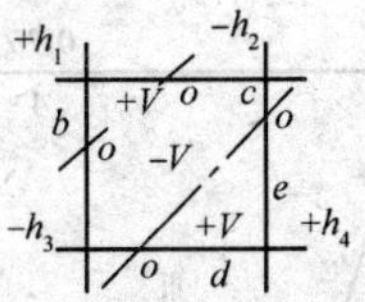	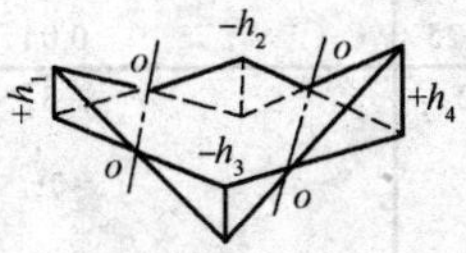	$\pm V=\frac{bc\sum h}{6}$ $\pm V=\frac{de\sum h}{6}$ $\pm V=\frac{(2a^2-bc-de)\sum h}{12}$

5. 计算土方总量

将填方区所有方格的土方量(或挖方区所有方格的土方量)累计汇总，即得到该场地填方和挖方的总土方量，最后填入汇总表。

【例 8-1】 某公园绿地整理施工场地的地形方格网如图 8-3，方格网边长为 20m，试计算土方量。

【解】 (1)根据方格网各角点地面标高和设计标高，计算施工高度，如图 8-4 所示。

(2)计算零点，求零线。

由图 8-4 可见，边线 2-3，3-8，8-9，9-14，14-15 上，角点的施工高度符号改变，说明这些边线上必有零点存在，按公式可计算各零点位置如下：

2-3 线，$x_{2.3}=\frac{0.25}{0.25+0.04}\times20=17.24(\text{m})$，

3-8 线，$x_{3.8}=\frac{0.04}{0.04+0.20}\times20=3.33(\text{m})$，

8-9 线，$x_{8.9}=\frac{0.20}{0.20+0.46}\times20=6.06(\text{m})$，

9-14 线，$x_{9.14}=\frac{0.46}{0.46+0.25}\times20=12.96(\text{m})$，

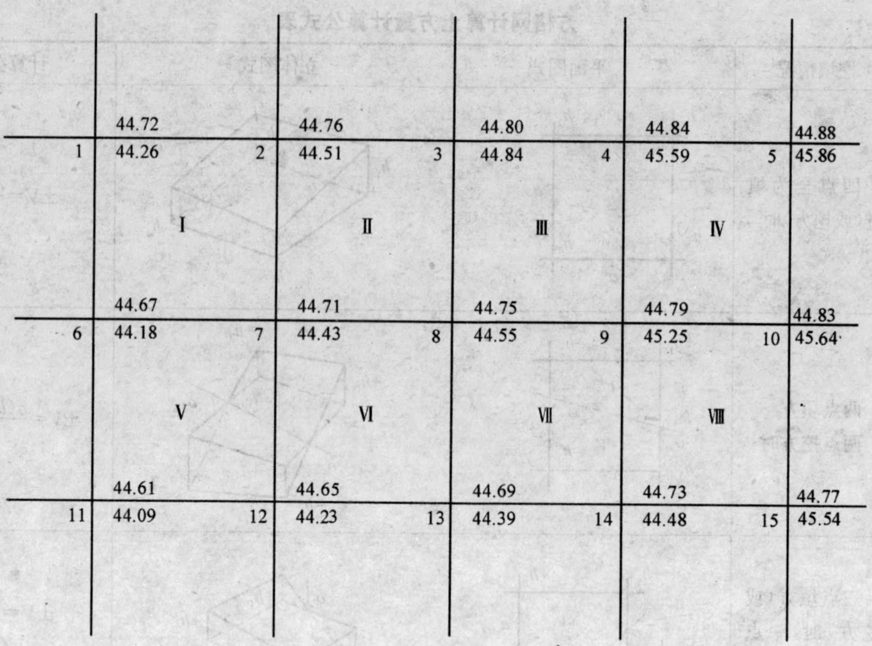

44.72	44.76	44.80	44.84	44.88
1 44.26	2 44.51	3 44.84	4 45.59	5 45.86
Ⅰ	Ⅱ	Ⅲ	Ⅳ	
44.67	44.71	44.75	44.79	44.83
6 44.18	7 44.43	8 44.55	9 45.25	10 45.64
Ⅴ	Ⅵ	Ⅶ	Ⅷ	
44.61	44.65	44.69	44.73	44.77
11 44.09	12 44.23	13 44.39	14 44.48	15 45.54

图 8-3　绿地整理施工场地方格网

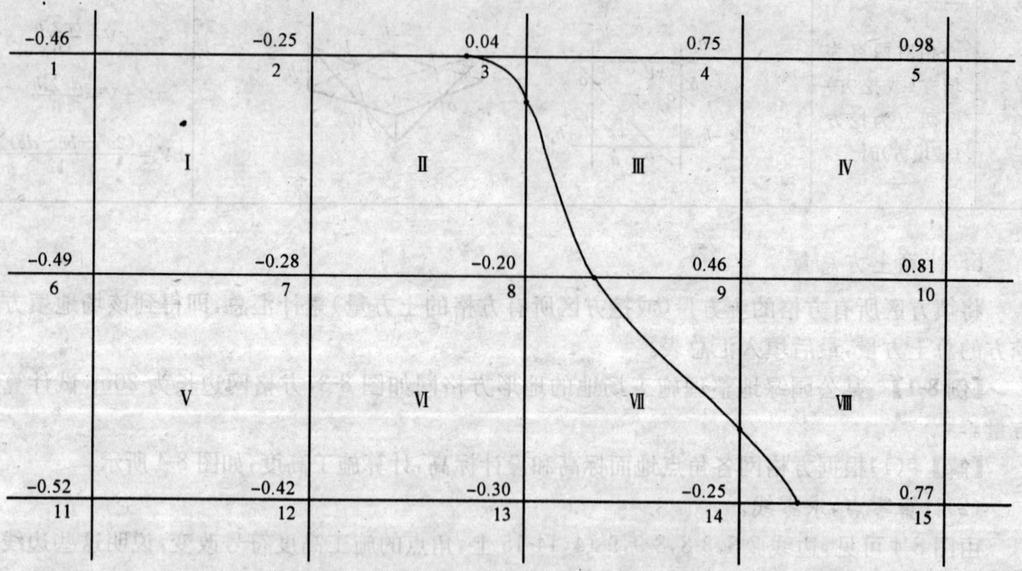

图 8-4　方格网各角点的施工高度及零线

14-15 线，$x_{14.15}=\dfrac{0.25}{0.25+0.77}\times 20=4.9(\text{m})$。

将所求零点位置连接起来，便是零线，即表示挖方与填方的分界线，如图 8-4 所示。

(3)计算各方格网的土方量。

1)方格网Ⅰ、Ⅴ、Ⅵ均为四点填方，则

方格Ⅰ：$V_{\text{I}}^{(-)}=\frac{a^2}{4}\sum h=\frac{20^2}{4}\times(0.46+0.25+0.49+0.28)=148(\text{m}^3)$，

方格Ⅴ：$V_{\text{V}}^{(-)}=\frac{20^2}{4}\times(0.49+0.28+0.52+0.42)=171(\text{m}^3)$，

方格Ⅵ：$V_{\text{VI}}^{(-)}=\frac{20^2}{4}\times(0.28+0.2+0.42+0.30)=120(\text{m}^3)$。

2)方格Ⅳ为四点挖方，则：

$$V_{\text{IV}}^{(+)}=\frac{20^2}{4}(0.75+0.98+0.46+0.81)=300(\text{m}^3)。$$

3)方格Ⅱ、Ⅶ为三点填方一点挖方，计算图形如图 8-5 所示。

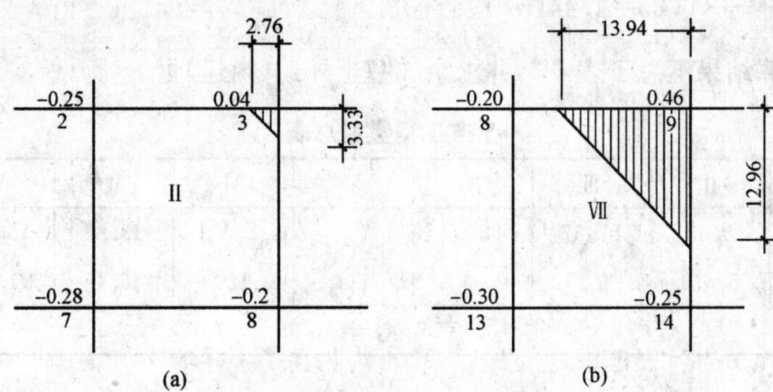

图 8-5　三填一挖方格网

方格Ⅱ：

$V_{\text{II}}^{(+)}=\frac{bc}{6}\sum h=\frac{2.76\times3.33}{6}\times0.04=0.06(\text{m}^3)$，

$V_{\text{II}}^{(-)}=\left(a^2-\frac{bc}{2}\right)\frac{\sum h}{5}=\left(20^2-\frac{2.76\times3.33}{2}\right)\left(\frac{0.25+0.28+0.20}{5}\right)=57.73(\text{m}^3)$，

方格Ⅶ：

$V_{\text{VII}}^{(+)}=\frac{13.94\times12.96}{6}\times0.46=13.85(\text{m}^3)$，

$V_{\text{VII}}^{(-)}=\left(20^2-\frac{13.94\times12.96}{2}\right)\left(\frac{0.2+0.3+0.25}{5}\right)=46.45(\text{m}^3)$。

4)方格Ⅲ、Ⅷ为三点挖方，如图 8-6 所示。

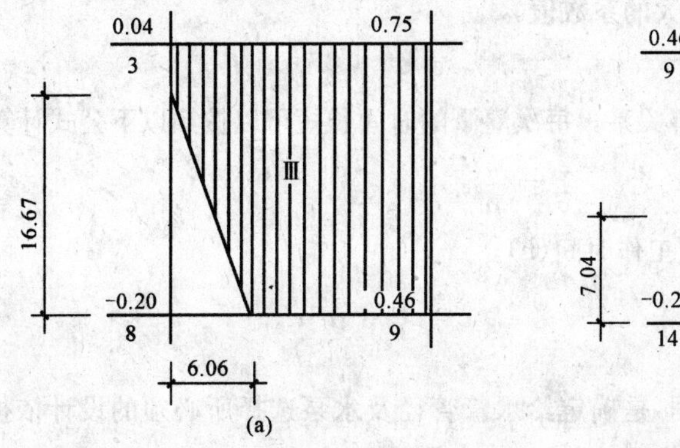

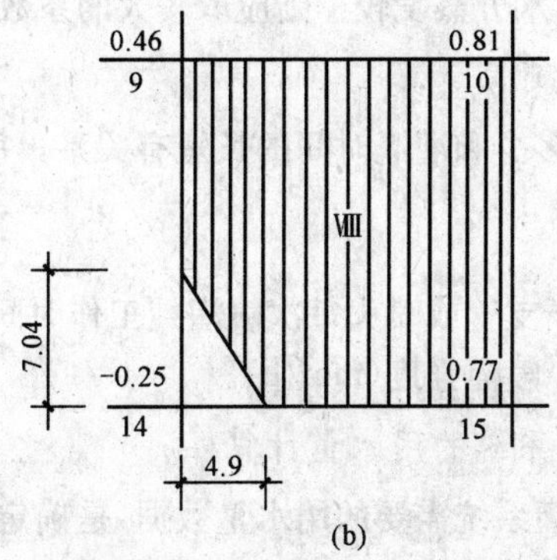

图 8-6　三挖一填方格网

方格Ⅲ：

$$V_{Ⅲ}^{(+)}=\left(a^2-\frac{bc}{2}\right)\frac{\sum h}{5}=\left(20^2-\frac{16.67\times6.06}{2}\right)\left(\frac{0.04+0.75+0.46}{5}\right)$$

$$=87.37(\text{m}^3),$$

$$V_{Ⅲ}^{(-)}=\frac{bc}{6}h=\frac{16.67\times6.06}{6}\times0.2=3.37(\text{m}^3),$$

方格Ⅷ：

$$V_{Ⅷ}^{(+)}=\left(20^2-\frac{7.04\times4.9}{2}\right)\left(\frac{0.46+0.81+0.77}{5}\right)=156.16(\text{m}^3),$$

$$V_{Ⅷ}^{(-)}=\frac{7.04\times4.9}{6}\times0.25=1.44(\text{m}^3)。$$

(4)将以上计算结果汇总于表 8-2，并求余(缺)土外运(内运)量。

表 8-2　　土方工程量汇总表　　(m^3)

方格网号	Ⅰ	Ⅱ	Ⅲ	Ⅳ	Ⅴ	Ⅵ	Ⅶ	Ⅷ	合计
挖　方		0.06	87.37	300			13.85	156.16	557.44
填　方	148	57.73	3.37		171	120	46.45	1.44	547.99
土方外运	$V=557.44-547.99=+9.45$								

二、喷灌系统计算

绿化工程喷灌系统设计计算时，要依据灌水量、灌溉时间、系统用水量和水头大小来确定管道和喷头的布置，因此要进行这几方面的数据计算。

1. 灌水量计算

喷灌次的灌水量可采用以下公式来计算：

$$h=\frac{h_{净}}{\varphi} \tag{8-6}$$

式中　h——一次灌水量(mm)；

$h_{净}$——根据树种确定的每日每次需要的纯灌水量(mm)；

φ——利用系数，一般在 65%～85%之间。

计算时，利用系数 φ 的确定可根据水分蒸发量大小而定。气候干燥，蒸发量大的喷灌不容易做到均匀一致，而且水分损失多，因此利用系数应选较小值，具体设计时常取 $\varphi=70\%$；如果是在湿润环境中，水分蒸发较少则应取较大的系数值。

2. 灌溉时间计算

灌水量多少和灌溉时间的长短有关系。每次灌溉的时间长短可以按照以下公式计算确定：

$$T=\frac{h}{\rho} \tag{8-7}$$

式中　T——支管或喷头每次喷灌纯工作时间(h)；

ρ——喷灌强度(mm/h)。

3. 喷灌系统的用水量计算

整个喷灌系统需要的用水量数据，是确定给水管管径及水泵选择所必须的设计依据。这个数据可用如下公式求出：

$$Q=nq \tag{8-8}$$

式中　Q——用水量(m^3/h)；

n——同时喷灌的喷头数；

q——喷头流量(m^3/h)，$q=\frac{LbP}{1000}$；

L——相邻喷头的间距(m)；

b——支管的间距(m)；

P——设计喷灌强度(mm/h)。

在采用水泵供水时，显然，用水量 Q 实际上就是水泵的流量。

4. 水头计算

水头要求是设计喷灌系统不可缺少的依据之一。喷灌系统中管径的确定、引水时对水压的要求及对水泵的选择等，都离不开水头数据。以城市给水系统为水源的喷灌系统，其设计水头可用下式来计算：

$$H=H_{管}+H_{弯}+H_{喷}+H_{立管高度}+H_{地形高差} \tag{8-9}$$

式中　H——设计水头(m)；

$H_{管}$——管道沿程水头损失(m)；

$H_{弯}$——管道中各弯道、阀门的水头损失(m)；

$H_{喷}$——最后一个喷头的工作水头(m)。

如果公园内是自设水泵的独立给水系统，则水泵扬程(水头)可按下式算出：

$$H=H_{实}+H_{管}+H_{弯}+H_{喷} \tag{8-10}$$

式中　H——水泵的扬程(m)；

$H_{实}$——实际扬程，等于水泵的扬程与水泵轴到最末一个喷头的垂直高度之和。

喷灌系统设计流量应大于全部同时工作的喷头流量之和。$Q=n\rho$(Q 为喷灌系统设计流量，ρ 为一个喷头的流量 mm^3/h，n 为喷头数量)。水泵选择中功率大小计算可采用下列公式：

$$N(马力)=\frac{1000\gamma K}{75\eta_{泵}\ \eta_{传动}}Q_{泵}\ H_{泵} \tag{8-11}$$

式中　N——动力功率；

K——动力备用系数，1.1～1.3；

$\eta_{泵}$——水泵的效率；

$\eta_{传动}$——传动效率，0.8～0.95；

$Q_{泵}$——水泵的流量(m^3/h)；

$H_{泵}$——水泵扬程(m)；

γ——水的容重($1t/m^3$)。

因为 1 马力=0.736kW，所以上式可改为：

$$N=\frac{9.81k}{\eta_{泵}\ \eta_{传动}}Q_{泵}\ H_{泵} \tag{8-12}$$

于两点之间的水头损失 H_f，如图 8-7 所示。

伯努力定理的数学表达式为：

$$H_t=h_1+\frac{v_1^2}{2g}+Z_1+H_{f(0-1)}$$

$$=h_2+\frac{v_2^2}{2g}+Z_2+H_{f(0-2)}$$

$$= h_3 + \frac{v_3^2}{2g} + Z_3 + H_{f(0-3)} \tag{8-13}$$

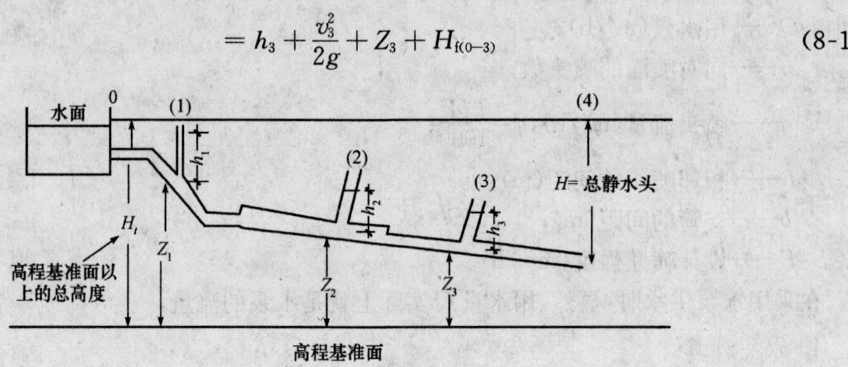

图 8-7 有压管流“能量守恒”原理

式中 H_t——断面(0)处的总水头,或高程基准面以上的总高度(m);

h_1、h_2、h_3——断面(1)、(2)、(3)处的静水头,即测压管水柱高度(m);

v_1、v_2、v_3——断面(1)、(2)、(3)处管道中的平均流速(m/s);

Z_1、Z_2、Z_3——断面(1)、(2)、(3)处管道轴线高;

H_{f0-1}、H_{f0-2}、H_{f0-3}——断面(0)-(1)、(0)-(2)、(0)-(3)之间的水头损失,它包括沿程水头损失和局部水头损失(m)。

沿程水头损失的计算公式如下。

(1)有压管流程水头损失的计算通常采用达西—魏斯巴赫公式:

$$h_f = \lambda \frac{l}{d} \frac{v^2}{2g} \tag{8-14}$$

式中 h_f——管道沿程水头损失(m);

λ——管道沿程阻力系数;

l——管道长度(m);

d——管道内径(m);

v——管道断面平均流速(m/s);

g——重力加速度,为 9.81m/s^2。

(2)管道沿程阻力系数 λ 随管道中水的流态不同而异。对于层流($R_e<2300$),沿程阻力系数可由下式求得:

$$\lambda = \frac{64}{R_e} \tag{8-15}$$

式中 λ——管道沿程阻力系数;

R_e——雷诺数。

对于紊流($R_e>2300$),沿程阻力系数由试验研究确定。

(3)为了便于实际应用,通常将沿程水头损失表示为流量(或流速)的指数函数和管径的指数函数的单项式,即:

$$h_f = f\frac{Q^m}{d^b}l = S_0 Q^m l \tag{8-16}$$

式中 h_f——管道沿程水头损失(m);

f——摩阻系数;

l——管道长度(m);

Q——流量(m^3/s)；

d——管道内径(m)；

m——流量指数，与沿程阻力系数有关；

b——管径指数，与沿程阻力系数有关；

S_0——比阻，即单位管长、单位流量时的沿程水头损失。

比阻 S_0 可用下式表示：

$$S_0=\frac{f}{d^b}=\frac{8\lambda}{\pi^2 gd^5} \tag{8-17}$$

式中符号的意义同前，其中摩阻系数、流量指数和管径指数与管道材质和内壁糙度有关。

第二节　园路、园桥、假山工程工程量计算常用资料

一、基础模板工程量计算

独立基础模板工程量区别不同形状以图示尺寸计算，如阶梯形按各阶的侧面面积，锥形按侧面面积与锥形斜面面积之和计算。杯形、高杯形基础模板工程量，按基础各阶层的侧面表面积与杯口内壁侧面积之和计算，但杯口底面不计算模板面积。其计算方法可用计算式表示如下：

$$F_{总}=(F_1+F_2+F_3+F_4)N \tag{8-18}$$

式中　$F_{总}$——杯形基础模板接触面面积(m^2)；

F_1——杯形基础底部模板接触面面积(m^2)，$F_1=(A+B)\times 2h_1$；

F_2——杯形基础上部模板接触面面积(m^2)，$F_2=(a+b)\times 2h_2$；

F_3——杯形基础中部棱台接触面面积(m^2)，$F_3=\frac{1}{3}\times(F_1+F_2+\sqrt{F_1F_2})$；

F_4——杯形基础杯口内壁接触面面积(m^2)，$F_4=\bar{L}h_3$；

N——杯形基础数量(个)。

上述公式中字母符号含义如图 8-8。

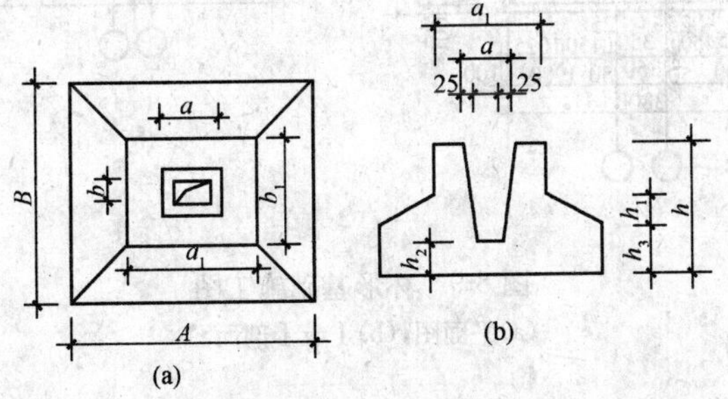

图 8-8　杯形基础计算公式中字母含义图

(a)平面图；(b)剖面图

【例 8-2】 某园桥工程基础施工图标注杯形基础(如图 8-9 所示)共有 6 个，试计算此杯形基础的模板接触面面积为多少？

【解】 依据图 8-9 标注尺寸及上述计算方法，该基础模板接触面面积分步计算如下：

$$F_1=(A+B)\times 2h_3$$

$$=(3.8+2.8)\times 2\times 0.3$$

$$= 3.96(m^2)$$

$$F_2 = (a+b) \times 2 \times (h - h_3 + 0.05 - 1.0)$$

$$= (1.75 + 1.45) \times 2 \times (2.2 - 0.3 + 0.05 - 1.0)$$

$$= 6.4 \times 0.95$$

$$= 6.08(m^2)$$

$$F_3 = \frac{1}{3} \times (F_1 + F_2 + \sqrt{F_1 F_2})$$

$$= \frac{1}{3} \times (3.96 + 6.08 + \sqrt{3.96 \times 6.08})$$

$$= \frac{1}{3} \times (10.04 + 4.907)$$

$$= 4.98(m^2)$$

$$F_4 = \bar{L} \times 2(1.9 + 0.05 - 1.0)$$

$$= \left(\frac{0.85 + 0.80}{2} + \frac{0.55 + 0.50}{2}\right) \times 2 \times 0.95$$

$$= (0.825 + 0.525) \times 2 \times 0.95$$

$$= 2.57(m^2)$$

则

$$F_{总} = (F_1 + F_2 + F_3 + F_4)N$$

$$= (3.96 + 6.08 + 4.98 + 2.57) \times 6$$

$$= 17.59 \times 6$$

$$= 105.54(m^2)$$

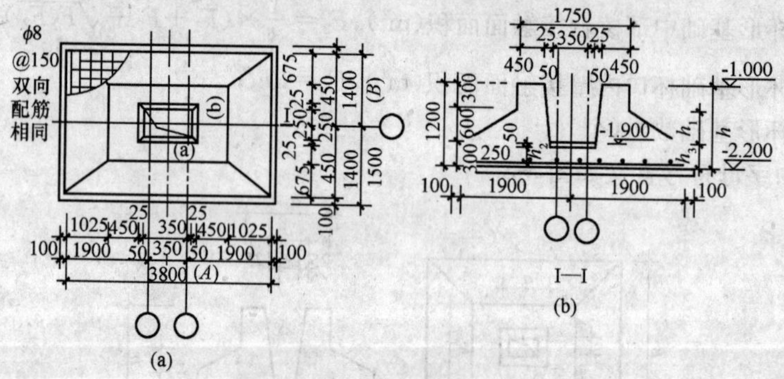

图 8-9　杯形基础施工图

(a)平面图；(b)Ⅰ－Ⅰ剖面图

杯形基础混凝土工程量一般来说，应按下列公式计算：

$$V = ABh_3 + \frac{h_1 - h_3}{3}[AB + a_1 b_1 + \sqrt{ABa_1 b_1}] + a_1 b(h - h_1) - (h - h_2)(a - 0.025)(b - 0.025) \tag{8-19}$$

公式 8-19 中字母符号含义如图 8-8 所示。

二、砌筑砂浆配合比设计

园路桥工程根据需要的砂浆的强度等级进行配合比设计，其设计步骤如下。

(1)计算砂浆试配强度 $f_{m,0}$。为使砂浆强度达到 95%的强度保证率，满足设计强度等级的要求，砂浆的试配强度应按下式进行计算：

$$f_{m,0}=f_2+0.645\sigma \tag{8-20}$$

式中　$f_{m,0}$——砂浆的试配强度(MPa)；

f_2——砂浆抗压强度的平均值，即砂浆的设计强度(MPa)；

σ——砌筑砂浆强度标准差(MPa)。

施工单位不具有近期统计资料时，砂浆的标准差可按表 8-3 中规定选取。

表 8-3　　**砂浆强度标准差 σ 值**　　(MPa)

强度等级 / 施工水平	M2.5	M5.0	M7.5	M10.0	M15.0	M20.0
优　良	0.50	1.00	1.50	2.00	3.00	4.00
一　般	0.62	1.25	1.88	2.50	3.75	5.00
较　差	0.75	1.50	2.25	3.00	4.50	6.00

(2)计算水泥用量 Q_C。每立方米砂浆中的水泥用量，应按下式计算：

$$Q_C=\frac{1000(f_{m,0}-\beta)}{\alpha\times f_{ce}} \tag{8-21}$$

式中　Q_C——每立方米砂浆的水泥用量，精确至 1kg；

$f_{m,0}$——砂浆的试配砂浆，精确至 0.1MPa；

f_{ce}——水泥的实测强度，精确至 0.1MPa；

α、β——砂浆的特征系数，其中 $\alpha=3.03$，$\beta=-15.09$。

在无法取得水泥的实测强度值时，可按下式计算 f_{ce}：

$$f_{ce}=\gamma_c\cdot f_{ce,k} \tag{8-22}$$

式中　$f_{ce,k}$——水泥强度等级对应的强度值；

γ_c——水泥强度等级值的富余系数，该值应按实际统计资料确定。无统计资料时 γ_c 可取 1.0。

(3)计算掺加料用量 Q_D。水泥混合砂浆的掺加料用量应按下式计算：

$$Q_D=Q_A-Q_C \tag{8-23}$$

式中　Q_D——每立方米砂浆的掺加料用量，精确至 1kg；石灰膏、黏土膏使用时的稠度为120±5mm；

Q_C——每立方米砂浆的水泥用量，精确至 1kg；

Q_A——每立方米砂浆中水泥和掺加料的总量，精确至 1kg；宜在 300～350kg 之间。

(4)确定砂用量 Q_S。每立方米砂浆中的砂用量，应按干燥状态(含水率小于 0.5%)的堆积密度值作为计算值(kg)。

(5)选用用水量 Q_W。每立方米砂浆中的用水量，根据砂浆稠度等要求可选用 240～310kg。用水量中不包括石灰膏或黏土膏中的水。当采用细砂或粗砂时，用水量分别取上限或下限；砂浆稠度小于 70mm 时，用水量可小于下限；施工现场气候炎热或干燥季节，可酌量增加用水量。

【例 8-3】 某公园施工现场用于砌砖墙的 M7.5 等级的砂浆，要求稠度为 70～100mm，原材料为：普通硅酸盐水泥 42.5MPa，中砂，堆积密度 1450kg/m³，砂子的含水率为 2%，石灰膏稠度为 120mm，施工水平为一般，试设计混合砂浆配合比。

【解】

(1)求砂浆的试配强度 $f_{m,0}$：

$$f_{m,0} = f_2 + 0.645\sigma$$

式中 f_2=7.5MPa，查表 8-3，σ=1.88MPa

$$f_{m,0} = 7.5 + 0.645 \times 1.88 = 8.7\text{MPa}$$

(2)计算水泥用量 Q_C：

$$Q_C = \frac{1000(f_{m,0} - \beta)}{\alpha f_{ce}} = \frac{1000 \times (8.7 + 15.09)}{3.03 \times 1 \times 42.5} = 185\text{kg}$$

(3)计算石灰膏用量 Q_D：

$$Q_D = Q_A - Q_C$$

式中 Q_A 取 300kg，则

$$Q_D = 300 - 185 = 115\text{kg}$$

(4)计算砂用量 Q_S：

$$Q_S = 1450 \times (1 + 2\%) = 1479\text{kg}$$

(5)确定水用量 Q_W：

取 Q_W=280kg

(6)配合比：

该砂浆的设计配合比(水∶水泥∶石灰膏∶砂)为 280∶185∶115∶1479

以水泥用量为 1，配合比为 1.51∶1∶0.62∶7.99

三、假山工程工程量计算

假山工程量计算公式如下：

$$W = AHRK_n \tag{8-24}$$

式中 W——石料重量(t)；

A——假山平面轮廓的水平投影面积(m^2)；

H——假山着地点至最高顶点的垂直距离(m)；

R——石料比重，黄(杂)石 2.6t/m^3、湖石 2.2t/m^3；

K_n——折算系数，高度在 2m 以内 K_n=0.65，高度在 4m 以内 K_n=0.56。

峰石、景石、散点、踏步等工程量的计算公式：

$$W_{单} = L_{均} B_{均} H_{均} R \tag{8-25}$$

式中 $W_{单}$——山石单体重量(t)；

$L_{均}$——长度方向的平均值(m)；

$B_{均}$——宽度方向的平均值(m)；

$H_{均}$——高度方向的平均值(m)；

R——石料比重(同前式)。

第三节 园林景观工程工程量计算常用资料

一、砌筑工程

【例 8-4】 设一砖墙基础，长 120m，厚 365mm(1½砖)，每隔 10m 设有附墙砖垛，墙垛断面尺寸为：突出墙面 250mm，宽 490mm，砖基础高度 1.85m，墙基础等高放脚 5 层，最底层放脚高度为二皮砖，试计算砖墙基础工程量。

【解】 (1)条形墙基工程量

按公式及查表,大放脚增加断面面积为 0.2363m²,则

$$墙基体积=120\times(0.365\times1.85+0.2363)=109.386(m^3)$$

(2)垛基工程量

按题意,垛数 $n=13$ 个,$d=0.25$,由公式

$$垛基体积=(0.49\times1.85+0.2363)\times0.25\times13=3.714(m^3)$$

或查表计算垛基工程量:$(0.1225\times1.85+0.059)\times13=3.713(m^3)$

(3)砖墙基础工程量

$$V=109.386+3.714=113.1(m^3)$$

【例 8-5】 如图 8-10 所示,某挡土墙工程用 M2.5 混合砂浆砌筑毛石,用原浆勾缝,长度 200m,求其工程量。

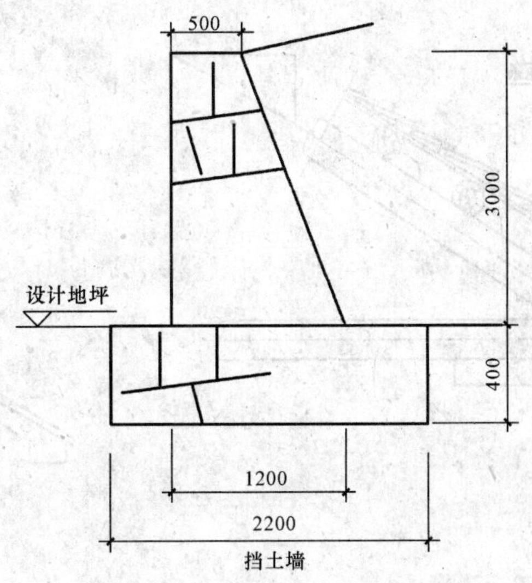

图 8-10　毛石挡土墙

【解】 (1)石挡土墙的工程数量计算公式:

V=按设计图示尺寸以体积计算

则 M2.5 混合砂浆砌筑毛石,原浆勾缝毛石挡土墙工程数量计算如下:

$$V=(0.5+1.2)\times3\div2\times200=510.00(m^3)$$

(2)挡土墙毛石基础的工程数量计算公式:

V=按设计图示尺寸以体积计算

则 M2.5 混合砂浆砌筑毛石挡土墙基础工程数量计算如下:

$$V=0.4\times2.2\times200=176.00(m^3)$$

注意:挡土墙与基础的划分,以较低一侧的设计地坪为界,以下为基础,以上为墙身。

二、木结构工程

【例 8-6】 求图 8-11 圆木简支檩(不刨光)工程量。

【解】 工程量=圆木简支檩的竣工材积

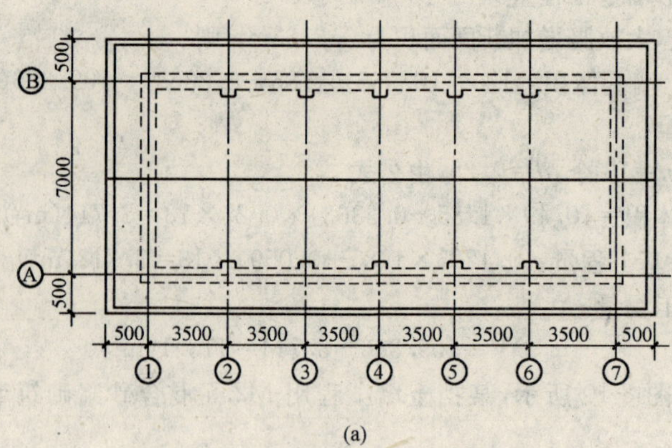

(a)

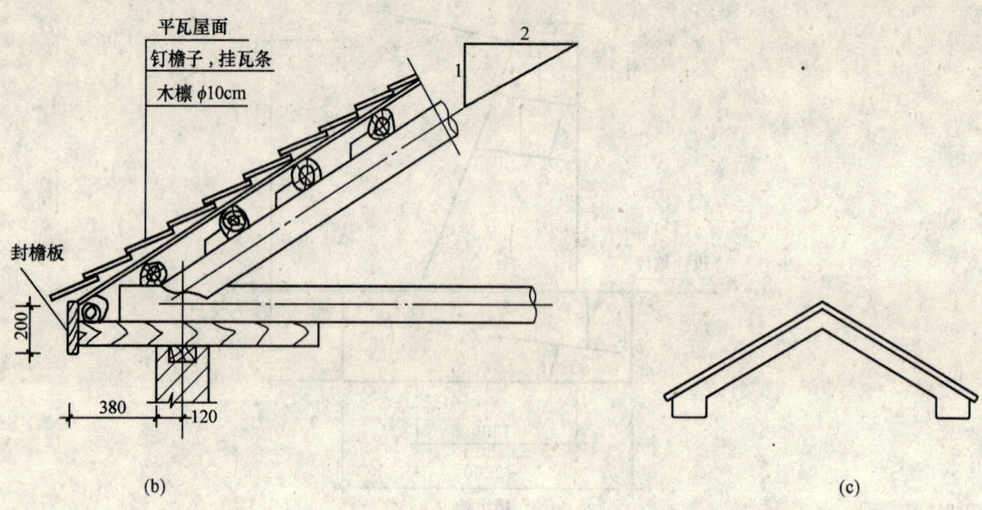

(b)

(c)

图 8-11

(a)屋顶平面；(b)檐口节点大样；(c)风檐板

每一开间的檩条根数＝[(7＋0.5×2)×1.118(坡度系数)]×$\frac{1}{0.56}$＋1＝17(根)

每根檩条按规定增加长度计算：

ϕ10，长 4.1m＝17×2×0.045＝1.53(m^3)

ϕ10，长 3.7m＝17×4×0.040＝2.72(m^3)

0.045、0.040 均为每根杉圆木的材积。

工程量＝1.53＋2.72＝4.25(m^3)

【例 8-7】 求图 8-12 木屋架工程量，木屋架工程量计算见表 8-5。

计算屋架的工程量比较复杂，应按设计图纸将各杆件的长度计算出来，然后按照它的大小和长度逐一计算出每一杆件的材积，并折算成原木材积。铁件按照图示尺寸逐一计算，如与定额用量相比，差距较大，就要调增或调减。

木屋架工程量＝竣工木材用量(材积)＝1.31(m^2)。详细计算如表 8-5。

(1)木材计算(出水为五分水)。

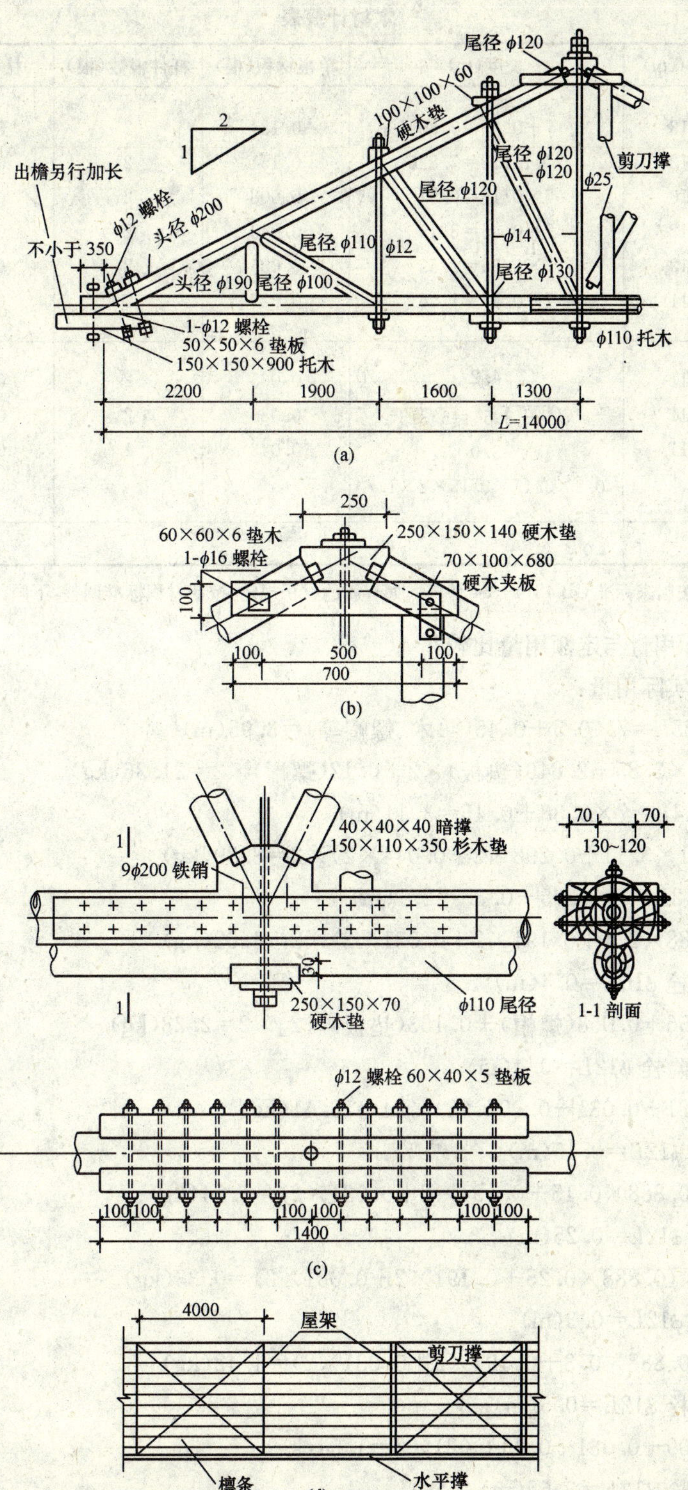

图 8-12　木屋架

(a)屋架详图；(b)顶节点详图；(c)下弦接头详图；(d)平面

表 8-5 木材计算表

杆件名称	尾径(cm)	长度(m)	单根材积(根)	杆件根数(根)	材积(m^3)	备注
下弦	ϕ13	7+0.35=7.35	0.184	2	0.368	按最低长度计算
上弦	ϕ12	7×1.118=7.826	0.151	2	0.302	
竖杆	ϕ10	7×0.13=0.91	0.008	2	0.016	
斜杆 1	ϕ12	7×0.45=3.15	0.043	2	0.086	
斜杆 2	ϕ12	7×0.36=2.52	0.035	2	0.070	
斜杆 3	ϕ11	7×0.28=1.96	0.027	2	0.054	
水平撑	ϕ11	4.2	0.065	2	0.130	
剪刀撑	ϕ11	$\sqrt{4^2+3.5^2}=5.315$	0.086	2	0.172	
托木	ϕ11	3.0	0.043	1	0.043	
方托木		0.9×0.15×0.15×2×1.7			0.069	
合计					1.31	

注:杉原木材积按国家标准 GB 4814—84 计算。如有新的材积规定,按新材积标准调整,下同。

(2)铁件实际用量与定额用量比较。

1)按图计算实际用量:

吊线螺栓 $\phi 25L$=7×0.5+0.45(垫木、螺帽等)=3.95(m)

重量=3.95×3.85+2.846(垫板)×2+0.12(螺帽)×2=21.36(kg)

吊线螺栓 $\phi 14L$=7×0.38+0.45=3.11(m)

重量=(1.21×3.11+0.298×2+0.044×2)×2=8.89(kg)

吊线螺栓 $\phi 12L$=7×0.25+0.35=2.1(m)

重量=(0.888×2.1+0.191×2+0.031×2)×2=4.62(kg)

顶节点保险栓 $\phi 16L$=0.4(m)

重量=[0.756+0.058(螺帽)+0.163(垫板)×2]×2=2.28(kg)

下弦节点保险栓 $\phi 12L$=0.4(m)

重量=(0.421+0.031+0.095×2)×24=15.41(kg)

剪刀撑螺栓 $\phi 12L$=0.15(m)

重量=2×(0.888×0.15+0.191×2+0.031×2)=1.14(kg)

剪刀撑螺栓 $\phi 12L$=0.25(m)

重量=0.5×(0.888×0.25+0.191×2+0.031×2)=0.33(kg)

水平撑螺栓 $\phi 12L$=0.3(m)

重量=2×(0.888×0.3+0.191×2+0.031×2)=1.42(kg)

端节点保险栓 $\phi 12L$=0.5(m)

重量=(0.509+0.031+0.114×2)×2=1.54(kg)

端节点保险栓 $\phi 12L$=0.65(m)

重量=(0.643+0.031+0.191×2)×4=4.22(kg)

蚂蟥钉 36 个 0.32×36=11.52(kg)

铁件实际用量(加损耗 1%)=74.15×1.01=74.89(kg)

2)按定额计算铁件含量＝1.31×144.43(每 m^3 竣工木料定额中铁件含量,见定额 7－328)＝189.2(kg)。

3)189.2－74.89＝114.31(kg)(即每榀屋架少于定额用量的数值)。

在定额中每 $1m^3$ 竣工木料的铁件含量为 144.43kg。而实际铁件用量只有 57.17kg,因此每 $1m^3$ 的木屋架竣工木料应调减铁件 87.26kg,乘以相应的单价,即得应调减的工程费用。

三、屋面及防水工程

【例 8-8】 某工程如图 8-13 所示,屋面板上铺水泥大瓦,计算工程量。

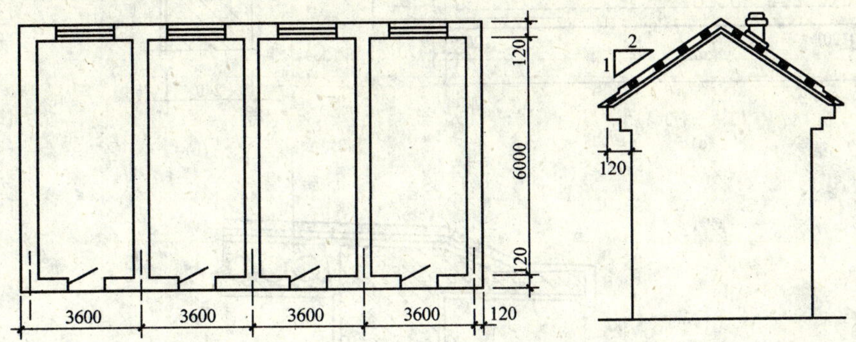

图 8-13　某房屋建筑尺寸

【解】 瓦屋面工程量计算如下:

计算公式:两坡屋面工程量＝(房屋总宽度＋外檐宽度×2)×外檐总长度×延尺系数

瓦屋面工程量＝(0.60＋0.24＋0.12×2)×(3.6×4＋0.24)×1.118＝106.06 (m^2)

【例 8-9】 有一两坡水二毡三油卷材屋面,尺寸如图 8-14 所示。屋面防水层构造层次为:预制钢筋混凝土空心板、1∶2 水泥砂浆找平层、冷底子油一道、二毡三油一砂防水层。试计算:(1)当有女儿墙,屋面坡度为 1∶4 时的工程量;(2)当有女儿墙坡度为 3%时的工程量;(3)无女儿墙有挑檐,坡度为 3%时的工程量。

【解】 (1)屋面坡度为 1∶4 时,相应的角度为 14°02′,延尺系数 C＝1.0308,则:

屋面工程量＝(72.75－0.24)×(12－0.24)×1.0308＋0.25×(72.75－0.24＋12.0－0.24)×2
＝878.98＋42.14＝921.12(m^2)

(2)有女儿墙,3%的坡度,因坡度很小,按平屋面计算,则:

屋面工程量＝(72.75－0.24)×(12－0.24)＋(72.75＋12－0.48)×2×0.25
＝852.72＋42.14＝894.86(m^2)

或　(72.75＋0.24)(12＋0.24)－(72.75＋12)×2×0.24＋(72.75＋12－0.48)×2×0.25＝894.85(m^2)

(3)无女儿墙有挑檐平屋面(坡度 3%),按图 8-14(a)及(c)及下式计算屋面工程量:

$$屋面工程量＝外墙外围水平面积＋(L_{外}＋4×檐宽)×檐宽$$

代入数据得:

屋面工程量＝(72.75＋0.24)(12＋0.24)＋[(72.75＋12＋0.48)×2＋4×0.5]×0.5
＝979.63(m^2)

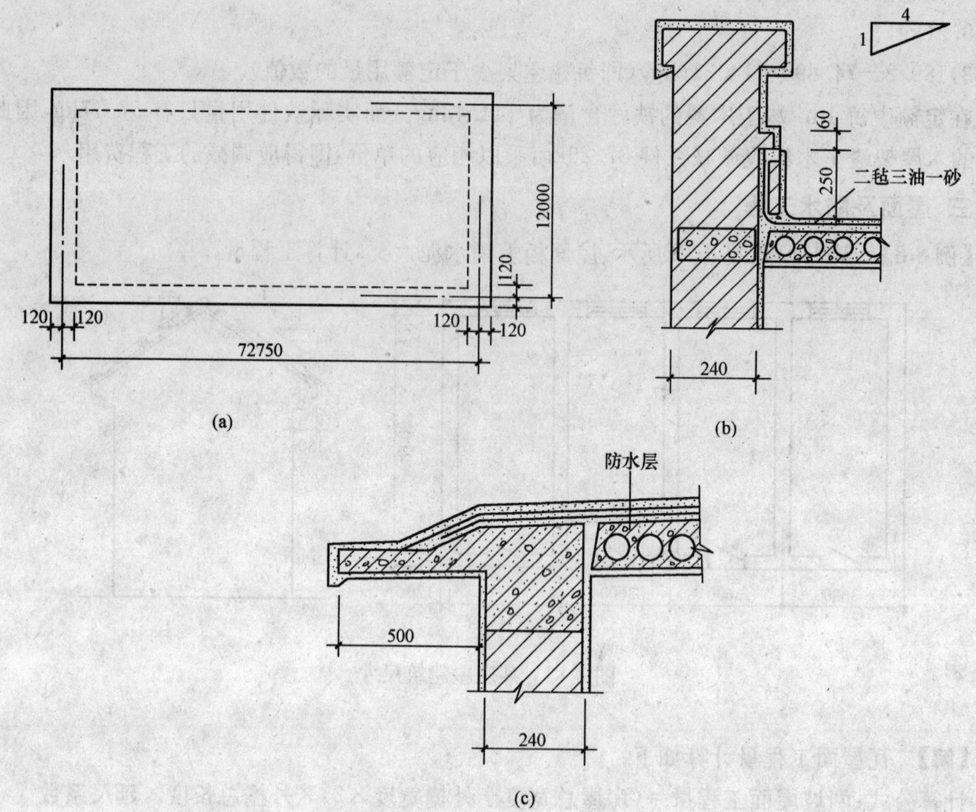

图 8-14　某卷材防水屋面

(a)平面；(b)女儿墙；(c)挑檐

四、喷泉安装工程

1. 喷头流量计算

喷头流量计算公式如下：

$$q = \mu f \sqrt{2gH} \times 10^{-3} \tag{8-26}$$

式中　q——单个喷头流量(L/s)；

μ——流量系数(一般 0.62～0.94 之间)；

f——喷嘴断面积(mm^2)；

g——重力加速度(m/s^2)；

H——喷头入口水压(m 水柱)。

根据单个喷头的喷水量计算一个喷泉喷水的总流量 Q,即在同时工作的各个喷头流量之和的最大值。

2. 管径计算

管径计算公式如下：

$$D = \sqrt{\frac{AQ}{\pi v}} \tag{8-27}$$

式中　D——管径(mm)；

Q——管段流量(L/s)；

π——圆周率，取 3.1416；

v——流速(常用 0.5～0.6m/s 来确定)。

3. 水泵扬程计算

水泵扬程计算公式如下：

$$总扬程=实际扬程+水头损失 \tag{8-28}$$

$$实际扬程=工作压力+吸水高度 \tag{8-29}$$

工作压力是指水泵中线至喷水量高点的垂直高度，喷泉最大喷水高度确定后，压力可确定，例如喷 15m 的喷头，工作压力为 150kPa(15m 水柱)。吸水高度，也称水泵允许吸上真空高度(泵牌上有注明)，是水泵安装的主要技术参数。

水头损失是管道系统中损失的扬程。由于水头损失计算较为复杂，实际中可粗略取实际扬程的 10%～30%作为水头损失。

【例 8-10】 某小区文化广场设计循环供水组合式喷泉，采用独立水泵供水，各经验数据由表 8-6 给出，请选择泵型。

表 8-6　　喷泉所需技术参考表

喷头类型	数量(个)	流量 $m^3\cdot(h\cdot 个)^{-1}$	工作压力(kPa)	最大喷高(m)
中心喷头	1	15	100	10
外圈喷头	5	9	60	3

注：损失扬程为实际扬程的 15%。

(1)流量和扬程确定。

流量：$Q=15+5\times9=60(m^3/h)=16.7(L/s)$

扬程：$H=10+10\times15\%=11.5(m)$

(2)泵型选择：流量 $Q=16.7L/s$，扬程 $H=11.5m$，适用的泵型为 IS80—65—125A。

【例 8-11】 水泵的最高供水点比抽水处水位高出 11m，供水点处设计有喷泉，设计喷高 10m，干管流量 $50m^3/h$，供水距离为 60m，用两台水泵同时供水，请选择水泵型号。(注：每米阻力为大于等于 2.08mm 水柱)

【解】 (1)流量、扬程确定。

流量：$Q=50\div2=25(m^3/h)$

扬程：$H=h_1+1.2\times管长\times(每米阻力/1000)+3+h_2$

$=11+1.2\times60\times(2.08/1000)+3+10=24.5(m)$

式中　h_1——地形高差(供水点至抽水水位的高差)；

h_2——喷泉设计最大喷高。

(2)泵型选择：符合要求的水泵是 IS65—50—160，考虑应给水泵的扬程能力和流量适当留有余地，选定 IS65—50—160，转速 2900r/min，流量 $30m^3/h$，扬程 30m。

第九章　园林工程工程量清单计价的应用

第一节　园林绿化工程工程量清单计价与招投标

一、工程量清单计价招标基础知识

1. 工程量清单计价招标的优点

与现行的招投标方法相比，在招标中采用工程量清单计价主要有以下的优点：

(1)工程量清单招标为投标单位提供了公平竞争的基础。由于工程量清单作为招标文件的组成部分，包括了拟建工程的分部分项工程项目、措施项目、其他项目名称和相应数量的明细清单，由招标人负责统一提供，从而有效保证了投标单位竞争基础的一致性，减少了由于投标单位编制投标文件时出现的偶然性技术误差而导致投标失败的可能，充分体现招投标公平竞争的原则。同时，由于工程量清单的统一提供，简化了投标报价的计算过程，节省了时间，减少不必要的重复劳动。

(2)采用工程量清单招标有利于“质”与“量”的结合，体现企业的自主性。质量、造价、工期之间存在着必然的联系。投标企业报价时必须综合考虑招标文件规定完成工程量清单所需的全部费用，不仅要考虑工程本身的实际情况，还要求企业将进度、质量、工艺及管理技术等方案落实到清单项目报价中，在竞争中真正体现企业的综合实力。

(3)工程量清单计价有利于风险的合理分担。由于建筑工程本身的特性，工程的不确定和变更因素多，工程建设的风险较大。采用工程量清单计价模式后，投标单位只对自己所报的成本、单价等负责，而对工程量的变更或计算错误等不负责任，因此由这部分引起的风险也由业主承担，这种格局符合风险合理分担与责权利关系对等的原则。

(4)用工程量清单招标，淡化了标底的作用，有利于标底的管理和控制。在传统的招标投标方法中，标底一直是个关键的因素，标底的正确与否、保密程度如何一直是人们关注的焦点。采用工程量清单招标，工程量清单作为招标文件的一部分，是公开的。同时，标底的作用也在招标中淡化，只是起到一定的控制或最高限价(即拦标)作用，对评定标的影响越来越小，在适当的时候甚至可以不编制标底。这就从根本上消除了标底泄漏所带来的负面影响。

(5)工程量清单招标有利于企业精心控制成本，促进企业建立自己的定额库。中标后，中标企业可以根据中标价以及投标文件中的承诺，通过对单位工程成本、利润进行分析，统筹考虑，精心选择施工方案，逐步建立企业自己的定额库，通过在施工过程中不断地调整、优化组合，合理控制现场费用和施工技术措施费用等，从而不断地促进企业自身的发展和进步。

(6)工程量清单招标有利于控制工程索赔。在传统的招标方式中，“低价中标、高价索赔”的现象屡见不鲜，其中，设计变更、现场签证、技术措施费用及价格是索赔的主要内容。工程量清单计价招标中，由于单项工程的综合单价不因施工数量变化、施工难易程度、施工技术措施差异、取费等变化而调整，大大减少了施工单位不合理索赔的可能。

2. 工程量清单招标的工作程序

采用工程量清单招标，是指由招标单位提供统一招标文件(包括工程量清单)，投标单位以此为基础，根据招标文件中的工程量清单和有关要求、施工现场实际情况及拟定的施工组织设计，按企业定额或参照建设行政主管部门发布的现行消耗量定额以及造价管理机构发布的市场价格信息进行投标报价，招标单位择优选定中标人的过程。一般来说，工程量清单招标的程序主要有以下几个环节：

(1)在招标准备阶段，招标人首先编制或委托有资质的工程造价咨询单位(或招标代理机构)编制招标文件，包括工程量清单。在编制工程量清单时，若该工程"全部使用国有资金投资或国有资金投资为主的大中型建设工程"应严格执行原建设部颁发的《建设工程工程量清单计价规范》。

(2)工程量清单编制完成后，作为招标文件的一部分，发给各投标单位。投标单位在接到招标文件后，可对工程量清单进行简单的复核，如果没有大的错误，即可考虑各种因素进行工程报价；如果投标单位发现工程量清单中工程量与有关图纸的差异较大，可要求招标单位进行澄清，但投标单位不得擅自变动工程量。

(3)投标报价完成后，投标单位在约定的时间内提交投标文件。

(4)评标委员会根据招标文件确定的评标标准和方法进行评定标。由于采用了工程量清单计价方法，所有投标单位都站在同一起跑线上，因而竞争更为公平合理。

3. 推行工程量清单招标应做好的准备工作

(1)转变观念。首先必须正确认识招标投标。在实际工作中，我们不能把招投标看作工程建设中的一个独立过程，而应该清楚地认识：招投标是在整个工程建设过程中都发挥作用的一个重要环节。这是因为招投标不仅是解决了施工单位的选择问题，还明确了工程的价格、工期、质量等问题，因此招标文件、投标书、施工合同等在工程建设的"全程是有效的"。其次，在推行工程量清单计价，解决"游戏规则"的市场化之后，有关各方应切实转变观念，接受并适应市场化的转变。一是施工企业应积极面对市场，迎接市场的挑战；二是政府监督管理部门必须从行政管理角色，学会并做好依法监督的新角色，全面引入风险竞争约束机制，通过市场来调节和引导施工企业合理有序地竞争；三是招标代理、造价咨询、监理等中介机构必须坚持依法独立执业，为建设各方提供公正、诚信、准确的专业技术服务，共同建立并维护健康有序的有形建筑市场。

(2)做好定额的制定和管理，及时发布市场信息，做好市场导向和服务。定额作为工程造价的计算基础，目前在我国有其不可替代的地位和作用。采用工程量清单计价后，定额尤其是消耗量定额的作用依然重要：

1)是作为编制工程量清单，进行项目划分和组合的基础。

2)是招标工程标底、企业投标报价的计算基础。就目前我国建筑产业的发展状况来看，大部分企业还不具备建立和拥有自己的报价定额，因此，消耗量定额仍然是企业进行投标报价时不可或缺的计算依据之一。

3)是调节和处理工程造价纠纷的重要依据。

4)是衡量投标报价中消耗量合理与否的主要参考，是合理确定行业成本的重要基础。因此，各级造价管理部门应继续做好消耗量定额的制定、补充和管理工作，同时做好各种价格信息的收集、分析、发布工作，适应市场发展的需要，做好建设市场的导向和调控工作。

(3)加快建立高素质的中介机构，提高计价人员的综合素质。中介机构和计价人员是工程量清单计价最直接也是最重要的执行者，能否顺利推行工程量清单计价，与中介机构和各层次计价人员的综合素质息息相关。从推行清单计价试点地区的情况来看，清单编制质量不高，缺项、漏项多是较为突出的问题之一，在一定程度上影响了招标工作的质量。因此，在推行工程量清单计价的同时，应做好宣传工作，加强对不同层次专业技术人员的培训，提高中介机构和计价人员的综合素质，以满足清单招标的需要。

(4)加强施工合同的监督管理,做好"事后跟踪",保证招标工作成果。施工合同的备案和跟踪管理,是建设行政主管部门和造价管理部门对工程招标后进行跟踪管理的最主要措施。采用工程量清单招标后,标有单价的工程量清单作为工程款支付和最终结算的重要依据,其单价在施工过程中往往是固定的。个别企业在中标后,为取得更高的利润,往往会不择手段,投标报价时候的承诺是一套,施工现场又是另一套,不严格按工程量清单中的描述进行施工,造成招标"市场"与施工"现场"的脱节,严重影响了招投标的工作成果。因此,建设行政主管部门应加强施工合同的备案和跟踪管理工作,严格检查中标后施工企业在价款确定和调整、施工的保证措施等方面是否符合招标文件和工程量清单的要求,切实维护合同当事人双方的合法权益,提高合同的履约率。

(5)加快清单计价、电子评标等相关软件的开发与推广应用。采用清单计价后,清单项目综合单价的分析相比定额计价方法复杂了很多,要实现快速、准确、规范的投标报价,必须加快有关计算机配套软件的开发应用。同时,通过计算机辅助评标系统,可大大缩短评标时间,减少人为因素,提高评标的准确性和合理性。另外,应用计算机建立工程项目信息、主要材料价格信息、工程造价信息、投标单位信息、政策法规信息、评标专家信息等数据库,以及投标企业已完工程质量安全信息档案数据资料等,为招标投标的监督管理提供可靠的依据,提高管理的科学性和权威性。

二、工程量清单招标标底的编制

1. 标底的编制原则

工程量清单下标底的编制应遵循以下原则:

(1)根据《建设工程工程量清单计价规范》的要求,工程量清单的编制与计价必须遵循"四统一"原则。

1)项目编码统一。

2)项目名称统一。

3)计量单位统一。

4)工程量计算规则统一。

(2)遵循市场形成价格的原则。工程量清单计价由投标人自主报价,有利于企业发挥自己的最大优势。各投标企业在工程量清单报价条件下必须对单位工程成本、利润进行分析,统筹考虑,精心选择施工方案,并根据企业自身能力合理地确定人工、材料、施工机械等生产要素的投入与配置,优化组合,有效地控制现场费用和技术措施费用,形成最具有竞争力的报价。工程量清单下的标底价格反映的是由市场形成的具有社会先进水平的生产要素市场价格。

(3)体现公开、公平、公正的原则。

(4)风险合理分担原则。

工程量清单计价方法,是在建设工程招投标中,招标人按照国家统一的工程量计算规则计算提供工程数量,由投标人依据工程量清单所提供的工程数量自主报价,即由招标人承担工程量计量的风险,投标人承担工程价格的风险。在标底价格的编制过程中,编制人应充分考虑招标投标双方风险可能发生的几率,风险对工程量变化和工程造价变化的影响,在标底价格中应予以体现。

(5)标底的计价内容、计价口径,与《清单计价规范》中招标文件的规定完全一致的原则。标底的计价过程必须严格按照工程量清单给出的工程量及其所综合的工程内容进行计价,不得随意变更或增减。

(6)一个工程只能编制一个标底的原则。要素市场价格是工程造价构成中最活跃的成分，只有充分把握其变化规律才能确定标底价格的惟一性。一个标底的原则，即是确定市场要素价格惟一性的原则。

2. 标底的编制依据

(1)《建设工程工程量清单计价规范》。

(2)招标文件的商务条款。

(3)工程设计文件。

(4)有关工程施工规范及工程验收规范。

(5)施工组织设计及施工技术方案。

(6)施工现场地质、水文、气象，以及地上情况等有关资料。

(7)招标期间建筑安装材料及工程设备的市场价格。

(8)工程项目所在地劳动力市场价格。

(9)由招标方采购的材料、设备的到货计划。

(10)招标人制定的工期计划。

3. 标底的编制程序

工程量清单下标底的编制应按以下程序进行：

(1)确定标底价格的编制单位。

标底价格由招标单位(或业主)自行编制，或受其委托具有编制标底资格和能力的中介机构代理编制。

(2)搜集审阅编制依据。

(3)取定市场要素价格。

(4)确定工程计价要素消耗量指标。

当使用现行定额编制标底价格时，应对定额中各类消耗量指标按社会先进水平进行调整。

(5)参加工程招标投标交底会，勘察施工现场。

(6)招标文件质疑。

对招标文件(工程量清单)表述，或描述不清的问题向招标方质疑，请求解释，明确招标方的真实意图，力求计价精确。

(7)综合上述内容，按工程量清单表述工程项目特征和描述的综合工程内容进行计价。

(8)标底价格初稿完成。

(9)审核修正。

(10)审核定稿。

4. 标底的编制方法

《建设工程工程量清单计价规范》中进一步强调“实行工程量清单计价招标投标建设工程，其招标标底、投标报价的编制、合同条款的确定与调整、工程结算应按本规范进行”，并进一步规定“招标工程如设标底，标底应根据招标文件中的工程量清单和有关要求、施工现场实际情况、合理的施工方法，以及按照建设行政主管部门制定的有关工程造价计价办法进行编制”。

标底价格由五部分内容组成，即分部分项工程量清单计价、措施项目清单计价、其他项目清单计价、规费和税金。

工程量清单下的标底价必须严格遵照《建设工程工程量清单计价规范》进行编制，以工程量清单给出的工程数量和综合的工程内容，按市场价格计价。对工程量清单开列的工程数量和综合的工程内容不得随意更改、增减，必须保持与各投标单位计价口径的统一。

5. 标底编制时应注意的问题

(1)各有关单位和计价人员应认真学习和深刻理解工程量清单计价的规则和清单招标的实质。无论采用何种计价方式，《招标投标法》中规定的程序是基本保持不变的，不同的是招标过程中计价形式和招标文件的组成及相应的评定标办法等有所变化。只有正确理解了清单招标的实质，才能真正体现出工程量清单计价的优势，才能使工程量清单招标顺利得以推行。

(2)若编制工程量清单与招标标底是同一单位，应注意发放招标文件中的工程量清单与编制标底的工程量清单在格式、内容、描述等各方面保持一致，避免由此而造成招标的失败或评标的不公正。

(3)工程量清单的描述必须准确全面，避免由于描述不清而引起理解上的差异，造成投标企业报价时不必要的失误，影响招标投标的工作质量。

(4)仔细区分清单中工程量清单费、措施项目清单费、其他项目清单费和规费、税金等各项费用的组成，避免重复计算。

(5)注意技术标报价与商务标报价不得重复，尤其是在技术标中已经包括的措施项目报价，在列措施项目清单及做标底时应避免重复报价。

三、工程量清单下标底的审查

1. 标底价格审查的意义

标底价格编制完成后，需要认真进行审查。加强标底价格的审查，对于提高工程量清单计价水平，保证标底质量具有重要作用。

(1)发现错误，修正错误，保证标底价格的正确性。

(2)促进工程造价人员提高业务素质，成为懂技术、懂造价的复合型人才，以适应市场经济环境下工程建设对工程造价人员的要求。

(3)提供正确的工程造价基准，保证招投标工作的顺利进行。

2. 标底价格审查的过程

标底价格的审查分三个阶段进行。

(1)编制人自审。当某单位工程标底计价初稿完成后，编制人要进行自我审查，检查分部分项工程各生产要素消耗水平是否合理，计价过程的计算是否有误，力求合理。

(2)编制人之间互审。编制人之间互审的主要目的是，发现编制人对工程量清单项目理解的差异，统一认识，准确理解。

(3)专家(上级)或审核组审查。专家(上级)或审核组审查是全面审查，包括对招标文件的符合性审查，计价基础资料的合理性审查，标底价格整体计价水平的审查，标底价格单项计价水平的审查，是完成定稿的权威性审查。

3. 标底价格审查的内容

(1)符合性。符合性包括计价价格对招标文件的符合性，对工程量清单项目的符合性，对招标人真实意图的符合性。

(2)计价基础资料的合理性。计价基础资料的合理，是标底价格合理的前提。计价基础资料包括：工程施工规范、工程验收规范、企业生产要素消耗水平、工程所在地生产要素价格水平。

(3)标底整体价格水平。审查标底价格是否大幅度偏离概算价，是否无理由偏离已建同类工程造价,各专业工程造价是否比例失调,实体项与非实体项价格比例是否失调。

(4)标底单项价格水平。审查标底单项价格水平是否偏离概念值。

4. 标底价格审查的方法

(1)专家评审法。由工程造价方面的专家,分专业对标底价格逐一审查,发现问题,纠正谬误。清单计价伊始,使用此法比较妥当,可以避免重大失误,确保标底价格的可利用性。

(2)分组计算审查法。按专业分组,按分部分项工程,就生产要素消耗水平、生产要素价格水平,对工程量清单项目理解,进行全面审查。在清单计价伊始,专家力量不足的情况下,这种方法不失为好的方法。

(3)筛选审查法。利用原定额建立分部分项工程基本综合单价数值表,统一口径对应筛选,选出不合理的偏离基本数值表的分部分项工程计价数据,再对该分部分项工程计价详细审查。

(4)定额水平调整对比审查法。利用原定额,按清单给定的范围,组成分部分项工程量清单综合单价。再按市场生产要素价格水平、市场工程生产要素消耗水平测定比例,调整单位工程造价。对比单位工程标底价,找出偏差,对标底价进行调整。该法可以把握各单位工程标底价的准确性,但是不能保证各个分部分项工程计价是否合理。

四、工程量清单下标底的应用

工程招标标底价是业主为掌握工程造价,控制工程投资的基础数据,并以此为依据测评各投标单位工程报价的准确与否。标底价格最基本的应用形式,是通过标底价格与各投标单位投标价格的对比,从中发现投标价格的偏离与谬误,为招标答疑会提供招标人质疑素材,澄清投标价格涵盖范围。对比分为工程项目总价对比、分项工程总价对比、单位工程总价对比、分部分项工程综合单价对比、措施项目列项与计价对比、其他项目列项与计价对比。在《建设工程工程量清单计价规范》下的工程量清单报价,为标底价格在商务标测评中建立了一个基准的平台,即标底价格的计价基础与各投标单位报价的计价基础完全一致,方便了标底价格与投标报价的对比。

1. 工程项目总价对比

对各投标单位工程项目总报价进行排序,确定标底价格在全部投标报价中所处的位置。位置处于中间,说明报价价格正常。测算最高价及最低价与标底价的偏离程度,可得到工程建设市场价格的变动趋势,排除不合理报价后的平均报价与标底价之比,就形成了以标底价为基础的平均工程造价综合指数,用以指导今后标底价的编制,或为社会提供工程造价依据。

如果业主要简化评标过程,即可根据合理最低价或接近标底价确定中标单位。

2. 分项工程总价对比

因为各个分项工程在工程项目内的重要程度不同,业主需要了解各报价单位分项工程的报价水平,就要进行分项工程总价对比。以标底价为基准,判别各报价单位对不同分项工程的拟投入,用以检验报价单位资源配置的合理性。

3. 单位工程总价对比

单位工程总价是按专业划分的最小单位的完全工程造价。对比标底价,可得知报价单位拟按专业划分的资源配置状况,用以检验报价单位资源配置的合理性。

4. 分部分项工程综合单价对比

分部分项工程综合单价,是工程量清单报价的基础数据,在总价对比、分析的基础上,对照标底价的分部分项工程综合单价,查阅偏离标底价的分部分项工程综合单价分析表,可以了解到投标人是否正确理解了工程量清单的工程特征及综合工程内容，是否按工程量清单的工程特征和综合工程内容进行了正确的计价，以及投标价偏离标底价的原因，以此判断投标价的正确与错误。

5. 措施项目列项与计价对比

以标底价为基准，对比分析投标人的措施项目列项与计价，不仅可以了解到工程报价的高低，以及报价高低的原因，还可以了解到一个施工企业的工作作风，施工习惯，乃至企业的整体素质，有助于招标人合理地确定中标单位。

措施项目在招标投标测评中，是惟一一个不能以项目多少、价格高低论优劣的项目。在工程总报价合理的前提下，具有尽可能多的合理计价的施工措施项目，是实现工程总体目标的有力保证。

6. 其他项目列项与计价对比

其他项目分招标人和投标人两部分内容，投标人部分与标底价对比，可以判别项目列项的合理性及报价水平。

五、工程量清单投标报价

1. 工程量清单投标报价的特点

报价是投标的核心。它不仅是能否中标的关键，而且对中标后能否盈利，盈利多少也是主要的决定因素之一。我国为了推动工程造价管理体制改革，与国际惯例接轨，由定额模式计价向清单模式计价过渡，用规范的形式规范了清单计价的强制性、实用性、竞争性和通用性。工程量清单下投标报价的计价特点主要表现在以下几个方面：

(1)量价分离，自主计价。招标人提供清单工程量，投标人除要审核清单工程量外还要计算施工工程量，并要按每一个工程量清单自主计价，计价依据由定额模式的固定化变为多样化。定额由政府法定性变为企业自主维护管理的企业定额及有参考价值的政府消耗量定额；价格由政府指导预算基价及调价系数变为企业自主确定的价格体系，除对外能多方询价外，还要在内建立一整套价格维护系统。

(2)价格来源是多样的，政府不再作任何参与，由企业自主确定。国家采用的是“全部放开、自由询价、预测风险、宏观管理”。“全部放开”就是凡与计价有关的价格全部放开，政府不进行任何限制。“自由询价”是指企业在计价过程中采用什么方式得到的价格都有效，价格来源的途径不作任何限制。“预测风险”是指企业确定的价格必须是完成该清单项的完全价格，由于社会、环境、内部、外部原因造成的风险必须在投标前就预测到，包括在报价内。由于预测不准而造成的风险损失由投标人承担。“宏观管理”是因为建筑业在国民经济中占的比例特别大，国家从总体上还得宏观调控，政府造价管理部门定期或不定期发布价格信息，还得编制反映社会平均水平的消耗量定额，用于指导企业快速计价，并作为确定企业自身的技术水平的依据。

(3)提高企业竞争力，增强风险意识。清单模式下的招投标特点，就是综合评价最优，保证质量、工期的前提下，合理低价中标。最低价中标，体现的是个别成本，企业必须通过合理的市场竞争，提升施工工艺水平，把利润逐步提高。企业不同于其他竞争对手的核心优势除企业本身的因素外，报价是主要的竞争优势。企业要体现自己的竞争优势就得有灵活全面的信息、强大的成本管理能力、先进的施工工艺水平、高效率的软件工具。除此之外企业需要有反映自己施工工艺水平的企业定额作为计价依据，有自己的材料价格系统、施工方案和数据积累体系，并且这些优势都要体现到投标报价中。

实行工程量清单投标报价就是风险共担，工程量清单计价无论对招标人还是投标人在工程量变更时都必须承担一定风险，有些风险不是承包人本身造成的，就得由招标人承担。因此，在“计价规范”中规定了工程量的风险由招标人承担，综合单价的风险由投标人承担。投标报价有风险，但是不应怕风险，而是要采取措施降低风险，避免风险，转移风险。投标人必须采用多种方式规避风险，不平衡报价是最基本的方式。如在保证总价不变的情况下，资金回收早的单价偏高，回收迟的单价偏低。估计此项设计需要变更的，工程量增加的单价偏高，工程量减少的单价偏低等。

2. 应用工程量清单投标报价的程序

应用工程量清单投标报价的程序如下：

取得招标信息→准备资料报名参加→提交资格预审资料→通过预审得到招标文件→研究招标文件→准备与投标有关的所有资料→实地考查工程场地，并对招标人进行考查→确定投标策略→核算工程量清单→编制施工组织设计及施工方案→计算施工方案工程量→采用多种方法进行询价→计算工程综合单价→确定工程成本价→报价分析决策，确定最终报价→编制投标文件→投送投标文件→参加开标会议。

3. 应用工程量清单投标报价的前期准备工作

应用工程量清单投标报价的前期准备工作，主要包括取得招标信息、提交资格预审资料、研究招标文件、准备投标资料、确定投标策略等项内容。这一工作是保证准确报价和中标的重要基础工作，应认真对待。

六、应用工程量清单投标报价的编制

投标单位根据招标文件及有关计价办法，计算出投标报价，并在此基础上研究投标策略，提出更有竞争力的报价。可以说，投标报价对投标单位竞标的成败和将来实施工程的盈亏起着决定性的作用。

1. 应用工程量清单投标报价的编制原则

采用工程量清单招标后，投标单位真正有了报价的自主权，但企业在充分合理地发挥自身的优势自主定价时，还应遵守有关文件的规定：

《建筑工程施工发包与承包计价管理办法》明确指出，投标报价应当满足招标文件要求，还应当依据企业定额和市场参考价格信息，并按照国务院和省、自治区、直辖市人民政府建设行政主管部门发布的工程造价计价办法进行编制。

《建设工程工程量清单计价规范》规定：“投标报价应根据招标文件中的工程量清单和有关要求、施工现场实际情况及拟定的施工方案或施工组织设计，依据企业定额和市场价格信息，或参照建设行政主管部门发布的社会平均消耗量定额进行编制。”

2. 应用工程量清单投标报价的编制方法

投标报价的编制工作是投标人进行投标的实质性工作，由投标人组织的专门机构来完成，主要包括审核工程量清单、编制施工组织设计、材料询价、计算工程单价、标价分析决策及编制投标文件等。下面就从这几个方面分别进行说明。

(1)审核工程量清单并计算施工工程量。一般情况，投标人必须按招标人提供的工程量清单进行组价，并按综合单价的形式进行报价。但投标人在按招标人提供的工程量清单组价时，必须把施工方案及施工工艺造成的工程增量以价格的形式包括在综合单价内。有经验的投标人在计算施工工程量时就对工程量清单工程量进行审核，这样可以知道招标人提供的工程量的准确度，为投标人不平衡报价及结算索赔做好伏笔。

在实行工程量清单模式计价后，建设工程项目分为三部分进行计价：分部分项工程项目计价、措施项目计价及其他项目计价。招标人提供的工程量清单是分部分项工程项目清单中的工程量，但措施项目中的工程量及施工方案工程量招标人不提供，必须由投标人在投标时按设计文件及施工组织设计、施工方案进行二次计算。由于清单报价最低者占优势，投标人由于没有考虑周全而造成低价中标，一旦亏损责任自负，招标人不予承担。因此这部分用价格的形式分摊到报价内的量必须要认真计算，要全面仔细地考虑。

(2)编制施工组织设计及施工方案。施工组织设计及施工方案是招标人评标时考虑的主要因素之一，也是投标人确定施工工程量的主要依据。该项的内容主要包括项目概况、项目组织机构、项目保证措施、前期准备方案、施工现场平面布置、总进度计划和分部分项工程进度计划、分部分项工程的施工工艺及施工技术组织措施、主要施工机械配置、劳动力配置、主要材料保证措施、施工质量保证措施、安全文明措施、保证工期措施等。

施工组织设计主要包括施工方法、施工机械设备及劳动力的配置、施工进度、质量保证措施、安全文明措施及工期保证措施等内容，因此施工组织设计不仅关系到工期，而且与工程成本和报价也有密切关系。好的施工组织设计，应能紧紧抓住工程特点，采用先进科学的施工方法，降低工程成本。既要采用先进的施工方法，安排合理的工期，又要充分有效地利用机械设备和劳动力，尽可能减少临时设施和资金的占用。如果同时能向招标人提出合理化建议，在不影响使用功能的前提下为招标人节约工程造价，那么会大大提高投标人的低价的合理性，增加中标的可能性。还要在施工组织设计中进行风险管理规划，以防范风险。

(3)建立完善的询价系统。实行工程量清单计价模式后，投标人自由组价，所有与价格有关的环节全部放开，政府不再进行任何干预。用什么方式询价，具体询什么价，这是投标人面临的主要问题。投标人在日常的工作中必须建立价格体系，积累一部分人工、材料、机械台班的价格。除此之外在编制投标报价时进行多方询价。询价的内容主要包括材料市场价、人工当地的行情价、机械设备的租赁价、分部分项工程的分包价等。

(4)投标报价计算。根据工程量计价规范的要求，实行工程量清单计价必须采用综合单价法计价，并对综合单价包括的范围进行了明确规定。因此造价人员在计价时必须按工程量清单计价规范进行计价。工程计价的方法很多，对于实行工程量清单投标模式的工程计价，较多采用综合单价法计价。

所谓“综合单价法”就是分部分项工程量清单费用及措施项目费用的单价综合了完成单位工程量或完成具体措施项目的人工费、材料费、机械使用费、管理费和利润，并考虑一定的风险因素，而将规费、税金等费用作为投标总价的一部分，单列在其他表中的一种计价方法。

投标报价，按照企业定额或政府消耗量定额标准及预算价格确定人工费、材料费、机械费，并以此为基础确定管理费、利润，并由此计算出分部分项的综合单价。根据现场因素及工程量清单规定措施项目费以实物量或以分部分项工程费为基数按费率的方法确定。其他项目费按工程量清单规定的人工、材料、机械台班的预算价为依据确定。规费按政府的有关规定执行。税金按税法的规定执行。分部分项工程费、措施项目费、其他项目费、规费、税金等合计汇总得到初步的投标报价。根据分析、判断、调整得到最终的投标报价。

3. 应用工程量清单投标报价编制时应注意的问题

工程量清单计价包括了按招标文件规定完成工程量清单所需的全部费用，包括分部分项工程量清单费、措施清单项目费、其他清单费和规费、税金。由于工程量清单计价规范在工程造价的计价程序、项目的划分和具体的计量规则上与传统的计价方式有较大的区别，因此，施工单位在应用工程量清单投标报价编制时应注意以下问题：

(1)在推行工程量清单计价的初期,各施工单位应花一定的精力去吃透清单计价规范的各项规定,明确各清单项目所包含的工作内容和要求、各项费用的组成等,投标时仔细研究清单项目的描述,真正把自身的管理优势、技术优势、资源优势等落实到细微的清单项目报价中。

(2)注意建立企业内部定额,提高自主报价能力。企业定额是指根据本企业施工技术和管理水平以及有关工程造价资料制定的,供本企业使用的人工、材料和机械台班的消耗量标准。通过制定企业定额,施工企业可以清楚地计算出完成项目所需耗费的成本与工期,从而可以在投标报价时做到心中有数,避免盲目报价导致最终亏损现象的发生。

(3)在投标报价书中,没有填写单价和合价的项目将不予支付,因此投标企业应仔细填写每一单项的单价和合价,做到报价时不漏项不缺项。

(4)若需编制技术标及相应报价,应避免技术标报价与商务标报价出现重复,尤其是技术标中已经包括的措施项目,投标时应注意区分。

(5)掌握一定的投标报价策略和技巧,根据各种影响因素和工程具体情况灵活机动地调整报价,提高企业的市场竞争力。

七、应用工程量清单计价后评标方法的发展

推行工程量清单计价招投标后,需要有关部门对评标标准和评标方法进行相应的改革和完善:

(1)制定更多的适应不同要求的、法律法规允许的评标方法,供招标人灵活选择,以满足不同类型、不同性质和不同特点的工程招标需要。

原国家计委等七部委 2001 年 7 月颁发的《评标委员会和评标办法暂行规定》,在关于低于成本价的认定标准、中标人的确定条件以及评标委员会的具体操作等方面作出了比较具体的规定,为我们制定新的评定标方法提供了依据。

(2)充分发挥行业协会、学会的作用,将行业协会制定出的行业标准引入具体的评审标准和评标方法中,以定量代替定性评标办法,提高评审的合理性。

在采用工程量清单计价招投标的试点地区中,有的地区在评定标中将造价工程师协会制定的"市场报价低于成本"的评定原则切实引入评定标办法中,借助专业的电脑软件,按照设定的量化指标标准,对投标企业报价中的消耗量、材料报价进行全面、系统的分析对比,为专家评审提供公正、全面的基础数据。

(3)采用电子计算机辅助评标,提高评标速度和评审的全面性,减少人为因素是今后有关部门进行研究的重要课题之一。

第二节　园林绿化工程工程量清单计价与施工合同

一、工程量清单合同的特点

建设工程采用工程量清单的方式进行计价最早诞生在英国,并逐步在英殖民国家使用。经过数百年实践检验与发展,目前已经成为世界上普遍采用的计价方式,世行和亚行贷款项目也都推荐或要求采用工程量清单的形式进行计价。工程量清单计价之所以有如此强的生命力,主要依赖于清单合同的自身特点和优越性。

(1)工程量清单计价具有综合性和固定性。工程量清单报价均采用综合单价形式,综合单价中包含了清单项目所需的材料、人工、施工机械、管理费、利润以及风险因素,具有一定的综合性。与以往定额计价相比,清单合同的单价简单明了,能够直观反映各清单项目所需的消耗和资源。

另一方面，工程量清单报价一经合同确认，竣工结算不能改变，单价具有固定性。在这方面，国家施工合同示范文本和国际 FIDIC 土木工程施工合同示范文本对增加工程作出了同样的约定。综合单价因工程变更需要调整时，可按《建设工程工程量清单计价规范》的第 4.0.9 款、4.0.10 款的规定执行，在签订合同时应予以说明。

(2)便于施工合同价的计算。施工过程中，发包人代表或工程师可依据承包人提交的经核实的进度报表，拨付工程进度款；依据合同中的计日工单价、依据或参考合同中已有的单价或总价，有利于工程变更价的确定和费用索赔的处理。工程结算时，承包人可依据竣工图纸、设计变更和工程签证等资料计算实际完成的工程量，对与原清单不符的部分提出调整，并最终依据实际完成工程量确定工程造价。

(3)工程量清单合同更加适合招标投标。清单报价能够真实地反映造价，在清单招标投标中，投标单位可根据自身的设备情况、技术水平、管理水平，对不同项目进行价格计算，充分反映投标人的实力水平和价格水平。而且由招标人统一提供工程量清单，不仅增大了招标投标市场的透明度，杜绝了腐败的源头，而且为投标企业提供了一个公平合理的基础和环境，真正体现了建设工程交易市场的公开、公平和公正。

招标文件是招标投标的核心，而工程量清单是招标文件的关键。准确、全面和规范的工程量清单有利于体现业主的意愿，有利于工程施工的顺利进行，有利于工程质量的监督和工程造价的控制；反之，将会给日后的施工管理和造价控制带来麻烦，造成纠纷，引起不必要的索赔，甚至导致与招标目的背道而驰的结果。对于投标人来说，不准确的工程量将会给投标人带来决策上的错误。因此，投标时施工单位应依据设计图纸和现场情况对工程量进行复核。

工程量清单合同可以激活建筑市场竞争，促进建筑业的发展。传统的计价模式计算很大程度上束缚了投标单位根据实力投标竞争的自由。《建设工程工程量清单计价规范》颁布实施后，采用工程量清单计价模式，由施工企业依据单位实力自主报价，并通过市场竞争调整和形成价格。作为施工单位要在激烈的竞争中取胜，必须具备先进的设备、先进技术和管理方法，这就要求施工单位在施工中要加强管理、鼓励创新，从技术中要效率，从管理中要利润，在激烈的竞争中不断发展、不断壮大，促进建筑业的发展。

二、工程量清单与施工合同主要条款

工程量清单与施工合同关系密切，示范文本内有很多条款是涉及工程量清单的，现分述如下。

(1)工程量清单是合同文件的组成部分。施工合同不仅仅指发包人和承包人签订的协议书，它还应包括与建设项目施工有关的资料和施工过程中的补充、变更文件。《建设工程工程量清单计价规范》颁布实施后，工程造价采用工程量清单计价模式的，其施工合同也即通常所说的“工程量清单合同”或“单价合同”。

示范文本第二条第一款规定：合同文件应能相互解释，互为说明。除专用条款另有约定外，组成本合同的文件及优先解释顺序如下：

1)本合同协议书；

2)中标通知书；

3)投标书及其附件；

4)本合同专用条款；

5)本合同通用条款；

6)标准、规范及有关的技术文件；

7)图纸；

8)工程量清单；

9)工程报价单或预算书。

对于招标工程而言，工程量清单是合同的组成部分。非招标的建设项目，其计价活动也必须遵守《建设工程工程量清单计价规范》，作为工程造价的计算方式和施工履行的标准之一，其合同内容也必须涵盖工程量清单。因此，无论招标抑或非招标的建设工程，工程量清单都是施工合同的组成部分。

(2)工程量清单是计算合同价款和确认工程量的依据。工程量清单中所载工程量是计算投标价格、合同价款的基础，承发包双方必须依据工程量清单所约定的规则，最终计量和确认工程量。

(3)工程量清单是计算工程变更价款和追加合同价款的依据。工程施工过程中，因设计变更或追加工程影响工程造价时，合同双方应依据工程量清单和合同其他约定调整合同价格。

(4)工程量清单是支付工程进度款和竣工结算的计算基础。

(5)工程量清单是索赔的依据之一。

三、工程量清单与施工合同管理

(一)工程量清单计价与合同管理的关系

在招投标阶段运用工程量清单计价办法确定的合同价格需要在施工过程中得到实施和控制，因此，工程量清单计价方法对于合同管理体制将带来新的挑战和变革。

(1)工程量清单计价制度要求采用单价合同的合同计价方式。在现行的施工承包合同中，按计价方式的不同主要有总价合同与单价合同两种形式。总价合同的特点是总价包干、按总价办理结算，它只适用于施工图纸明确、工程规模较小且技术不太复杂的工程。在这种情况下，合同管理的工作量较小，结算工作也十分简单，且便于进行投资控制。单价合同的特点是合同中各工程细目的单价明确，承包商所完成的工程量要通过计量来确定，单价合同在合同管理中具有便于处理工程变更及施工索赔的特点，且合同的公正性及可操作性相对较好。工程量清单是一份与技术规范相对应的文件，其中详细地说明了合同中需要或可能发生的工程细目及相应的工程量，可用于作为办理计量支付和结算的依据，因此，工程量清单计价制度必须配套单价合同的合同计价方式。当然最常用的还是固定合同单价的形式，即在工程结算时，结算单价按照投标人的投标价格确定，而工程量则依照实际完成的工程量结算，这是因为工程量清单中的工程量是由招标人提供的，因此，工程量变动的风险应该由招标人承担。

(2)工程量清单计价制度中工程量计算对合同管理的影响。由于工程量清单中所提供的工程量是投标单位投标报价的基本依据，因此其计算的要求相对比较高，在工程量的计算工程中，要做到不重不漏，更不能发生计算错误，否则会带来下列问题：

1)工程量的错误一旦被承包商发现和利用，则会给业主带来损失。

2)工程量的错误会引发其他施工索赔。承包商除通过不平衡报价获取了超额利润外，还可能提出索赔，例如，由于工程数量增加，承包商的开办费用(如施工队伍调遣费、临时设施费等)不够开支，可能要求业主赔偿。

3)工程量的错误还会增加变更工程的处理难度。由于承包商采用了不平衡报价，所以当合同发生设计变更而引起工程量清单中工程量的增减时，会使得工程师不得不和业主及承包商协商确定新的单价，对变更工程进行计价。

4)工程量的错误会造成投资控制和预算控制的困难。由于合同的预算通常是根据投标报价加上适当的预留费后确定的，工程量的错误还会造成项目管理中预算控制的困难和预算追加的难度。

(二)工程量清单施工合同的管理措施

1. 对工程变更的管理

工程变更是指在工程项目实施过程中，按照合同约定的程序对部分或全部工程在材料、工艺、功能、构造、尺寸、技术指标、工程数量及施工方法等方面作出的改变。包括因设计原因由设计单位提出的对原设计的变更和修改业主提出的变更要求，项目监理、承包商对已有设计资料提出的合理化建议而引起的工程变更。

在业主或工程师向承包人下达工程变更令后，承包人应无条件执行变更内容，并于接到变更令后及时提交一份涉及费用及工期的变更报价书。业主或工程师对该报价书进行评估。如果变更项目与工程量表中某一项目的内容一致，而且项目监理认为变更的工程量或其实施并没有造成单价变化，那么，工程量表中相应的单价将用于计算变更的价格。如果工程量的单价发生变化或变更工作的性质与实施时间，无法与工程量表中的项目相一致，则承包人对有关项目提出的报价将采用新的单价。

2. 变更工程量单价的调整

变更工程量单价的确定应依据工程量清单和合同其他约定。一般按以下原则进行：

(1)清单或合同中已有适用于变更工程的价格，按已有价格计算；

(2)清单或合同中只有类似于变更工程的价格，可以参照类似价格计算；

(3)清单或合同中没有适用或类似于变更工程的价格，由承包人按照招标文件的约定提出适当的变更价格，经业主或工程师确认后执行。

一般合同都规定当实际完成的工程量超出或少于清单工程量一定比例后超出或减少部分的工程量其适用单价相应下调或上浮一定百分比。

3. 做好工程量清单实际完成量的计量支付工程进度款和最终结算工作

工程施工过程中，业主或监理单位应按照合同文件规定的工程量计算规则，按期对承包人已经完成的、经验收或初验合格的工程量进行计量，发包人并按合同约定的相应单价和计量结果支付工程进度款。工程竣工通过验收后，承发包人应按照合同约定办理竣工结算，依据工程量清单约定的计算规则、竣工图纸对实际工程进行计量，调整工程量清单中的工程量，并依此计算工程结算价款。

4. 处理好施工过程中的索赔事项

在合同履行过程中，对于并非自己的过错，而是由对方承担责任的情况造成的实际损失，合同一方可向对方提出经济补偿和(或)工期顺延的要求，即"索赔"。当一方向另一方提出索赔要求时，要有正当索赔理由，且有索赔事件发生时的有效证据，作为合同文件组成部分的工程量清单即是理由和证据之一。当承包人按照设计图纸和技术规范进行施工，其工作内容是工程量所不包含的，则承包人可以向发包人提出索赔；当承包人不按清单要求履行义务时发包人可以向承包人提出反索赔要求。

(三)营造清单合同的社会环境

(1)建立合同风险管理制度。风险管理就是人们对潜在的损失进行辨识、评估、预防和控制的过程。风险转移是工程风险管理对策中采用最多的措施。工程保险和工程担保是风险转移的两种常用方法。工程保险可以采取建安工程一切险，附加第三者责任险的形式。工程担保能有效地保障工程建设顺利地进行，许多国家的政府都在法规中规定进行工程担保，在合同的标准条款中也有关于工程担保的条文。目前，我国工程担保和工程保险制度仍不健全，亟待政府出台有关的法律法规。

（2）尽快建立起比较完善的工程价格信息系统，包括综合项目和独立项目及相应的综合单价的基价数据。因为工程造价最终要做到随行就市，不但承包人要通晓，业主也要了如指掌，造价管理部门更要熟悉市场行情。否则的话，这种新机制就不会带来应有的结果。价格信息系统可以利用现代化的传媒手段，通过网络、新闻媒体等各种方式让社会有关各方都能及时了解工程建设领域内的最新价格信息。

（3）完善工程量清单计价的操作程序。有了可操作的工程量清单计价办法，还要辅以完善的实施操作程序，才能使该工作在规范的基础上有序运作。为了保障推行工程量清单计价的顺利实施，必须设计研制出界面直观、操作快捷、功能齐全的高水平工程量清单计价系统软件，解决编制工程量清单、标底和投标报价中的繁杂运算程序，为推行工程量清单计价扫清障碍，满足参与招标、投标活动各方面的需求。

（4）各地造价管理部门应更新观念，转变职能，由"行政管理"走向"依法监督"。将发布指令性的工程费率标准改为发布指导性的工程造价指数及参考指标；将定期发布材料价格及调整系数改为工程市场参考价、生产商价格信息、投标工程材料报价等。加强服务工作，引导施工企业按自身的施工技术及管理水平编制企业内部定额。做好基础工作，强化资料、信息的收集积累。新形势下，工程造价管理部门应加强基础工作，全面及时收集整理工程造价管理资料，整理后发布相关的政策、宏观指标、指数，服务社会、引导市场，促使建筑市场形成有序的竞争环境。

（5）提高造价执业队伍的水平，规范执业行为。清单计价对工程造价专业队伍特别是执业人员的个人素质提出了更高要求。要顺利实施工程量清单计价，当务之急就是必须加大管理力度，促进工程造价专业队伍的健康发展。一是对人员的管理转变为行业协会管理。专业队伍的健康发展、素质教育、规章制度的制定、监督管理等具体工作由行业协会负责。二是建章立制，实施规范管理，制定行业规范、人员职业道德规范、行为准则、业绩考核等可行办法，使造价专业队伍自我约束，健康发展。三是加强专业培训，实施继续教育制度，每年对专业队伍进行规定内容的培训学习，定期组织理论讨论会、学术报告会，开展业务交流、经验介绍等活动，提高自身素质。

第三节　园林绿化工程工程量清单下施工索赔

经过投标决策阶段和合同订立阶段，为以后的工程实施过程的索赔提供了前提条件。施工索赔的阶段是一个漫长而复杂的过程，此时提出的索赔要从整个工程的大局出发，并且还要防范业主提出反索赔。这对施工单位提出了新的要求，施工单位必须按照合同中约定的通用条款、专用条款、附加条款做事，彻底改变过去那种想当然、随意性做法。严格工程质量及进度、审批签字程序、内部管理井然有序、资料收集整理齐全、索赔合理及时、与业主和监理单位关系融洽、与协同单位和分包单位的良性沟通等等构成了对施工单位的新的要求。

一、施工现场条件变化的索赔

（1）因提供的地质情况与实际情况不相符，会造成土石成分的变化，基础的超深或减少，依据实际收方量及时提出索赔（此种情况应在投标决策时有所考虑，并采用不平衡报价）。

（2）地质情况发生急剧恶化，原设计已不能满足施工及质量要求，此时，施工单位应请求甲方敦促设计院尽快拿出设计更改方案或施工单位根据具体情况提出合理的解决方法，但所提出的解决方法应偏向在投标报价时考虑的高价报价子目，并及时采取临时补救措施报甲方和监理工程师批准，然后及时提出相关的工期及经济索赔书面报告。

（3）实际地质情况较甲方提供的地质情况好，此时可提出合理化建议要求设计院更改部分设计,因此而减少或取消工程量清单中报价较低的子目(此种情况应在投标决策时有所考虑,并采用不平衡报价),并提出合理且经济的更改建议。

二、工程变更索赔

(1)业主变更。大部分变更是由业主提出的,特别是工业建筑,往往因设备的变换或生产工艺的变换会造成施工过程中不断的返工或停工,这种变更所引起的经济及经济索赔一般在招标文书或合同中均已说明,但需注意事件发生后索赔的时效性,不要等到过了规定的时间才提出索赔或等到工程完工结算才来清理,要及时上报工程师核实,并对具体损失情况进行认可,以便以后取证。

(2)施工单位的合理化建议。在具体施工过程中,往往会出现意想不到的情况发生,或在施工过程中出现了某项新技术、新材料、新工艺或新设备("四新技术"),此时为节约成本和改善建筑品质,施工单位可向业主提出采用部分"四新技术",因此而节约的成本甲乙双方共享。

(3)新增工程。工程量清单所列的项目包括招标范围内设计图纸所示的全部内容,但实施过程中经常会出现一些图纸上没有的新增工程,而新增工程的单价就不得执行投标报价的单价(合同约定的除外),此时施工单位就应积极准时地对新增工程提出索赔(此种情况应在投标决策时有所考虑,并采用不平衡报价)。

(4)工期延迟及加速施工索赔。工期索赔往往伴随着经济索赔,这种索赔应根据具体情况确定。如工期提前奖励意义不大,或业主急需尽快完工时,在保证能提前或按照合同工期完成工程时,工期索赔可适当从轻,以增加经济索赔谈判时的筹码。在园林绿化工程施工过程中,业主有时需要加速施工,此时施工单位往往要改变施工方案和作业班次,应该就重新增加设备、工人数量、班次、材料、物资供应、管理人员和奖励补偿等一系列费用提出较高的索赔额,但需注意一定要以书面的形式递交发包方审批,不要轻信发包方的口头许诺。

附录 《北京市建设工程预算定额》关于园林工程工程量计算的内容

一、关于绿化工程工程量计算的内容

1. 册说明

(1)《北京市建设工程预算定额》第九册《绿化工程》(以下简称《绿化工程定额》),包括人工整理绿化用地、种植工程、掘苗及场外运苗工程。客土工程、绿地喷灌、后期管理费等共六章。

(2)《绿化工程定额》根据北京市园林局《城市绿化植树工程施工规范》的质量技术要求,编制了苗木规格与种植穴(坑)、槽对照表,详见附表1。

附表1　　苗木规格与种植穴(坑)、槽对照表(株)

类别	规格		乔木(根幅)(cm)	土球(直径×高)(cm)	木箱(cm)	圆坑(直径×高)(cm)	方坑(cm)	槽沟(cm)	说明
	胸径(cm)	树高(m)							
露根乔木	3～5		40×30			70×50			
	5～7		50×40			80×60			
	7～10		85×60			100×70			
	10～13		100×70			120×80			
	13～15		110×80			130×90			
	15～20		120×80			150×90			
	20～25		150×80			170×90			
土球苗木		0.8～1.0	50×40			70×60			
		1.01～2.0	70×50			100×70			
		2.01～3.0	80×60			110×80			
		3.01～4.0	100×70			130×90			
		4.01～5.0	110×90			140×100			
		5.01～6.0	120×90			150×100			
		6.01～7.0	150×100			180×110			
		7.01～8.0	160×100			190×110			
		8.01～9.0	200×120			230×130			
露根灌木		1.2～1.5	30×20			60×40			3株以上
		1.5～1.8	40×30			70×50			3株以上
		1.8～2.0	50×30			80×50			3株以上
		2.0～2.5	70×40			90×60			3株以上

续表

类别	规格		乔木（根幅）（cm）	土球（直径×高）（cm）	木箱（cm）	圆坑（直径×高）（cm）	方坑（cm）	槽沟（cm）	说明
	胸径（cm）	树高（m）							
木箱苗木	15～18				150×150×80		250×250×100		
	19～24				180×180×80		300×300×100		
	25～27				200×200×90		320×320×110		
	28～30				220×220×90		350×350×110		
	30～34				260×260×110		390×390×130		
单行绿篱		1.0～1.2	30×20					50×40	
		1.2～1.5	50×30					70×50	
		1.5～2.0	60×40					100×60	
双行绿篱		1.0～1.2	30×20					60×40	
		1.2～1.5	50×30					80×50	
		1.5～2.0	60×40					120×60	
攀缘植物	3年生						20×20		
	4年生						30×30		
	5年生						40×40		
	6～8年生						50×40		
丛生竹		1.3～2.0	50×40			90×60			5根以上
		2.0～2.5	60×50			100×70			5根以上
		2.5～3.0	70×50			110×70			5根以上

(3)除《绿化工程定额》中各章另有说明外，定额中的人工及材料消耗量等均不得调整。

(4)凡珍贵树种或胸径在25cm以上的落叶乔木，树高在6m以上的常绿乔木为大树移植。大树移植所需增加人工、材料、设备及技术措施费用等均另行计算。

(5)北京市正常种植季节时间规定如下，非正常种植季节施工所发生的费用另行计算：

1)春季植树：3月中旬至4月下旬。

2)雨季植树：雨季时节，约7月上旬至8月上旬。

3)秋季植树：10月下旬至11月下旬。

4)铺种草坪、木本(盆移)花卉、草花，4月下旬至9月下旬。

(6)定额中的混凝土、砂浆强度等级是按常用标准列出的，若设计要求与定额不同时，允许换算。

(7)土壤分类：

1)普坚土：指砂、砂质黏土、黄土、种植土、软块碱土、中等到密实的黏土、工程垃圾堆积土、压实的填筑土和含15%以内的碎卵石的杂质黄土等。

2)砂砾坚土：指经在压实或坚实的黏土、板状黄土、密实硬化的碱土，含碎卵石在30%以内其粒径在30cm以内的杂质黏土、天然级配砂石等。

2. 人工整理绿化用地说明及工程量计算规则

(1)说明。

1)《绿化工程定额》第一章人工整理绿化用地包括:人工整理绿化用地、挖土方,挖拆各种路面、垫层,伐树、挖树根,机械运渣土,屋顶花园基底处理等5节共49个子目。

2)人工整理绿化用地,是绿化工程施工前的地坪整理,每个绿化工程均应计算一次。

3)人工整理绿化用地定额中已包括了100m以内的土方倒运,如实际运距超过100m时,每超过50m(不足50m按50m计算),其增加运费按相应定额子目执行。

4)凡绿化工程用地自然地坪与设计地坪相差±30cm以内,执行人工整理绿化用地相应定额子目;在±30cm以外,则分别执行挖土方或回填土相应定额子目。

5)砍挖灌木林每1000m^2,220棵以下为稀,220棵以上为密。

6)屋顶花园基底处理,定额中不包括垂直运输费用,发生时另行计算。

(2)工程量计算规则。

1)人工整理绿化用地按设计图示尺寸以平方米计算。

2)原土过筛以立方米计算。按附表2规定计算。

3)渣土外运以立方米计算。

①自然地坪与设计地坪标高相差在±30cm以内时,整理绿化用地渣土量按0.05m^3/m^{2}计算。

②自然地坪与设计地坪标高相差在±30cm以外时,整理绿化用地渣土量按挖土方与填土方之差计算。

③筛土项目、客土项目、种植苗木渣土量按附表2规定计算。

④除以上规定渣土量计算外,其他均按"原土原还"原则,一律不得计算渣土量。

4)拆除各种执层、基础墙以立方米计算;拆除路面以平方米计算。

5)伐树、挖树根以棵计算。

6)砍挖灌木林,割、挖草皮以平方米计算。

7)挖竹根以立方米计算。

8)屋顶花园基底处理分作法以平方米计算;软式透水管分规格以米计算。

附表2　筛土、筛余渣土、渣土、客土量计算表

类别	规格		筛土量、渣土(m^3/株)	筛余渣土量(m^3/株)	客土量(m^3/株)	说明
	胸径(cm)或树高(m)	方坑(cm)				
露根乔木	3~5	70×50	0.192	0.058	0.192	
	5~7	80×60	0.300	0.090	0.300	
	7~10	100×70	0.550	0.165	0.550	
	10~13	120×80	0.905	0.272	0.905	
	13~15	130×90	1.195	0.359	1.195	
	15~20	150×90	1.590	0.477	1.590	
	20~25	170×90	2.043	0.613	2.043	
露根灌木	1.2~1.5	60×40	0.113	0.034	0.113	
	1.5~1.8	70×50	0.192	0.058	0.192	
	1.8~2.0	80×50	0.251	0.075	0.251	
	2.0~2.5	90×60	0.382	0.115	0.382	

续表

类别	规格		筛土量、渣土(m^3/株)	筛余渣土量(m^3/株)	客土量(m^3/株)	说明
	胸径(cm)或树高(m)	方坑(cm)				
攀绿植物	3年生	20×20	0.006	0.002	0.006	
	4年生	30×30	0.021	0.004	0.021	
	5年生	40×40	0.050	0.015	0.050	
	6～8年生	50×40	0.079	0.024	0.079	

注:渣土含量按30%计算。

类别	规格		土球土量(m^3/株)	坑径土量(m^3/个)	筛土量(m^3/株)	筛余渣土量(m^3/株)	渣土量(m^3/株)	客土量(m^3/株)	说明
	球径(cm)	坑径(cm)							
土球苗木	50×40	70×60	0.078	0.230	0.152	0.045	0.123	0.152	
	70×50	100×70	0.192	0.550	0.358	0.107	0.299	0.358	
	80×60	110×80	0.302	0.760	0.458	0.137	0.439	0.458	
	100×70	130×90	0.550	1.195	0.645	0.194	0.744	0.645	
	110×90	140×100	0.855	1.539	0.684	0.205	1.060	0.684	
	120×90	150×100	1.017	1.767	0.750	0.225	1.242	0.750	
	150×100	180×110	1.767	2.799	1.032	0.309	2.077	1.032	
	160×100	190×110	2.011	3.119	1.108	0.332	2.343	1.108	
	200×120	230×130	3.168	4.493	1.325	0.398	3.566	1.325	
单行绿篱	30×30	50×40	0.074	0.200	0.126	0.038	0.112	0.126	3.5株(m)
	50×30	70×50	0.206	0.350	0.144	0.043	0.249	0.144	
	60×40	100×60	0.396	0.600	0.204	0.061	0.457	0.204	
双行绿篱	30×30	60×40	0.106	0.240	0.134	0.040	0.146	0.134	5株(m)
	50×30	80×50	0.295	0.400	0.105	0.032	0.326	0.105	
	60×40	120×60	0.565	0.720	0.155	0.047	0.612	0.115	

注:土球土量+筛余渣土量=渣土量

类别	规格		土球土量(m^3/株)	坑径土量(m^3/个)	筛土量(m^3/株)	筛余渣土量(m^3/株)	渣土量(m^3/株)	客土量(m^3/株)	说明
	球径(cm)	坑径(cm)							
木箱苗木	150×150×80	250×250×100	1.800	6.250	4.450	1.335	3.135	4.450	
	180×180×80	300×300×100	2.592	9.000	6.408	1.922	4.514	6.408	
	200×200×90	320×320×110	3.600	11.264	7.664	2.299	5.899	7.664	
	220×220×90	350×350×110	4.356	13.475	9.119	2.736	7.092	9.119	
	260×260×110	390×390×130	7.436	19.773	12.337	3.701	11.137	12.337	
丛生竹	50×40	90×60	0.079	0.382	0.303	0.091	0.169	0.303	
	60×50	100×70	0.141	0.550	0.409	0.123	0.264	0.409	
	70×50	110×70	0.192	0.665	0.473	0.142	0.334	0.473	
草坪、地被、花卉:种植土厚度为30cm						0.09	0.30	0.30	

3. 种植工程说明及工程量计算规则

(1)说明。

1)《绿化工程定额》第二章种植工程包括：普坚土种植、砂砾坚土种植、种植攀缘植物、草坪花卉、喷播植草、浇水车浇水等5节共133子目。

2)《绿化工程定额》第二章种植工程已包括挖穴(坑)槽、假植、修剪、场内苗木搬运、施肥、种植、立支柱、浇水，施工期的维护。是根据《城市绿化植树工程施工规范》的质量技术要求，合理的施工方案编制的，除另有规定外均不得调整。

3)《绿化工程定额》第二章种植工程均为不完全价，未包括苗木本身价值。苗木按设计图示要求的树种、规格、数量并计取相应的损耗率计算。

①裸根乔木、裸根灌木损耗率为1.5%。

②绿篱、色带、攀缘植物损耗率为2%。

③丛生竹、草根、草卷、花卉损耗率为4%。

4)凡种植工程所有苗木，均应由承包绿化工程施工单位负责采购种植，种植成活率应达到95%以上。如果建设单位自行采购供应苗木，则苗木成活率由双方另行商定。

5)《绿化工程定额》第二章种植工程不含特殊工程的树木移植。

6)凡在绿化工程施工现场内建设不能提供水源时，按其各类苗木种植相应定额子目另计浇水车台班费。

7)攀缘植物、草坪、花卉不分土壤类别均执行《绿化工程定额》。

8)若在屋顶花园上种植，另计垂直运输费用。

9)苗木计量规定：

①胸径：指距地坪1.30m高处的树干直径。

②株高：指树顶端距地坪高度。

③篱高：指绿篱苗木顶端距地坪高度。

④生长年限：指苗木种植至起苗时止的生长期。

(2)工程量计算规则。

1)苗木根据设计图示要求的种类、规格分别以株、株丛、米、平方米计算。

2)苗木种植按不同土壤类别分别计算。

①裸根乔木，按不同胸径以株计算。

②裸根灌木，按不同高度以株计算。

③土球苗木，按不同土球规格以株计算。

④木箱苗木，按不同箱体规格以株计算。

⑤绿篱，按单行或双行不同篱高以米计算。

⑥攀缘植物，按不同生长年限以株计算。

⑦草坪、色带(块)、宿根和花卉以平方米计算(宿根花卉9株/m^2，色块12株/m^2，木本花卉5株/m^2，或根据设计要求的株数计算苗木每1m^2数量)。

⑧丛生芽，按不同的土球规格以株丛计算。

⑨喷播植草按不同的坡度比、坡长以平方米计算。

3)浇水车浇水，按不同种植类别、规格、年限以株、米、平方米、株丛计算。

4. 掘苗及场外运苗工程工程量计算规则

(1)说明。

1)《绿化工程定额》第三章掘苗及场外运苗工程包括普坚土掘苗、砂砾坚土掘苗、场外运苗等3节共36子目。

2)掘苗、运苗定额项目适用于苗圃外胸径在6cm以上乔木,株高在5m以上常绿乔木。

(2)工程量计算规则。

1)掘苗按不同土质、苗木、箱体规格以株计算。

2)运苗按不同苗木、箱体规格以株计算。

5. 客土工程工程量计算规则

(1)说明。

1)《绿化工程定额》第四章客土工程包括裸根乔木、土球苗木、裸根灌木、绿篱、木箱苗木、丛生竹、攀缘植物、草坪、花卉等项目客土(换土)7节共37个子目。

2)种植苗木应根据设计图纸要求进行客土,设计无明确要求而实际土质不良,按种植质量技术要求必须客土,应先办妥洽商手续,方可客土。

3)土方运输执行第一章相应定额子目。

(2)工程量计算规则。

1)裸根乔木、灌木、攀缘植物和竹类,按其不同坑体规格以株计算。

2)土球苗木,按不同球体规格以株计算。

3)木箱苗木,按不同的箱体规格以株计算。

4)绿篱,按不同槽(沟)断面,分单行双行以米计算。

5)色块、草坪、花卉,按种植面积以平方米计算。

6. 绿地喷灌工程工程量计算规则

(1)说明。

1)《绿化工程定额》第五章绿地喷灌包括管道、阀门、喷灌喷头安装,水表组成与安装,管道及铁件刷油,井体砌筑等6节共110个子目。

2)管道安装不分地面明装和地下直埋,均执行《绿化工程定额》。

3)地面明装管道如需安装铁件时,应另行计算其本身价值,但安装费及操作损耗均不另行计算。

4)地下直埋管道的土方工程,执行《绿化工程定额》第一章挖土方相应定额子目。

5)《绿化工程定额》第五章绿地喷灌中给水井砌筑执行给水井砌筑子目,井中所需项目不能满足时应执行《绿化工程定额》第五册《给排水、采暖、燃气工程》相应项目。

6)建设单位或设计单位要求对喷灌安装工程进行喷灌调试,其调试费用按喷灌安装工程直接费的1%计算,列入直接费。

(2)工程量计算规则。

1)管道安装。

①管道按图示管道中心线长度以米计算;不扣除阀门、管件及其附件等所占的长度。

②直埋管道的土方工程:

a. 回填土,按管道挖土体积计算,管径在500mm以内的管道所占体积不予扣除。

b. UPVC给水管固筑应按设计图示以处计算。

2)阀门分压力、规格及连接方式以个计算。

3)水表分规格和连接方式以组计算。

4)喷头分种类以个计算。

5)管道刷油分管径以米计算;铁件刷油以公斤计算。

6)给水井砌筑以立方米计算。

7. 后期管理费工程量计算规则

(1)说明。

1)后期管理费包括乔木及果树、灌木、绿篱、冷草、暖草、花卉、攀缘植物、丛生竹、宿根、色带等1节共10个子目。

2)后期管理费是指已经竣工验收的绿化工程,对其栽植的苗木、绿篱等植物当年成活所发生的浇水、施肥、防治病虫害、修剪、除草及维护等管理费用。

3)果树类的后期管理费按照乔木后期管理费相应定额子目执行。

(2)工程量计算规则。

1)乔木(果树)、灌木、攀缘植物以株计算。

2)绿篱以米计算。

3)草坪、花卉、色带、宿根以平方米计算。

4)丛生竹以株丛计算。

二、关于园路、园桥、假山工程工程量计算的内容

1. 一般规定

(1)定额中涉及混凝土和钢筋混凝土工程中的模板,应单独计算,在编制工程预算时,执行相应的模板定额子目。

(2)混凝土和钢筋混凝土工程所含各项操作损耗率如下:

1)根据园林工程艺术特点,混凝土除园路垫层、路面、台阶为2%、门窗框及小品为3%外,其余项目均为1.5%。

2)预埋铁件为1%。

(3)钢筋混凝土工程中的钢筋计算应按图示用量执行钢筋加工相应定额子目。

(4)预埋铁件的定额含量与图示用量(含操作损耗)不符时,允许调整。

(5)定额中的混凝土、砂浆强度等级是按常用标准列出的,若设计要求与定额不同时,允许换算。

2. 园路及地面工程说明及工程量计算规则

(1)说明。

1)《北京市建设工程预算定额》第十册《庭园工程》(以下简称《庭园工程定额》)中第二章园路及地面工程包括垫层,路面、地面,路牙、台阶等4节共46个子目。

2)定额中的园路是指庭园内的行人甬路、蹬道和带有部分踏步的坡道;不适用工厂、院及住宅小区内的道路。

3)《庭园工程定额》用于山丘坡道时,其垫层、路面、路牙等项目,分别按相应定额子目的的人工费乘以系数1.4,其他不变。

4)墁卵石路面，定额中的卵石，是按北京地区产的编制的，如建设单位指定使用外地卵石时，若发生选洗卵石费用，应执行《庭园工程定额》第八章装饰及杂项工程相应定额子目。

5)拼花卵石面层，定额是以卵石、瓦片兼墁简单图案(如拼花、室瓶、桅花、古钱、方胜等)编制的，如作细活(如人物、花鸟、瑞兽等)，应另行计算。

6)园路、地面、台阶的土方项目，执行《庭园工程定额》第一章土方工程相应定额子目。

7)蹬道道边挡土墙，阶山石挡土墙执行《庭园工程定额》第六章假山工程的相应定额子目外，其他砖石挡土墙均执行《庭园工程定额》第三章砖石工程的相应定额子目。

(2)工程量计算规则。

1)垫层按图示尺寸以立方米计算。但园路垫层宽度带路牙者，按路面宽度加 20cm 计算；无路牙者，按路面宽度加 10cm 计算；蹬道带山石挡土墙者，按磴道宽度加 120cm 计算；蹬道无山石挡土墙者，按蹬道宽度加 40cm 计算。

2)路面(不含蹬道)和地面，按图示尺寸以平方米计算，坡道路面带踏步者，其踏步部分应予扣除，并另按台阶相应定额子目计算。

3)路牙，按单侧长度以米计算。

4)混凝土或砖石台阶，按图示尺寸以立方米计算。

5)台阶和坡道的踏步面层，按图示水平投影面积以平方米计算。

6)拌石或片石蹬道，按图示水平投影面积以平方米计算。

3. 假山工程说明及工程量计算规则

(1)说明。

1)《庭园工程定额》中第六章假山工程包括叠山、人造独立峰，安布景石，其他山石，塑假山，坡料塑假山等 5 节共 25 个子目。

2)定额中不包括采购山石的勘察、选石费用，发生时由建设单位负担，不得列入工程造价。

3)叠山(亦称掇山)，是指利用可叠假山的天然石料(亦称品石)，人工叠造而成的石假山，如厅山、壁山、池山、云梯、瀑布等。零星点布，包括散点石和过水汀石等疏散的点布。

4)人造独立峰(仿孤块峰石)，是指人工叠造的独立峰石。在假山顶部突出的石块，不得执行人造独立峰定额。

5)安布峰石，是指天然独块的竖向景石的安布。

6)安布景石，是指天然独块的非竖向景石的安布。

7)“土包石”或“石包土”假山中的山石，应按设计，分别执行散点或护角和人工堆土山的相应定额子目。

8)假山的基础土方、垫层和土山的堆筑工程，按本册各有关章节的相应规定执行。

9)定额中已包括了假山工程石料 100m 以内的运距，超过 100m 时，每超 50m(不足 50m 按 50m 计算)增加的运，按超运距定额执行。

10)遇有带“座、盘”的石笋、景石或盆景山等项目，其砌筑的“座、盘”应按其使用的材质和形式，执行本册相应定额子目；如采用石材的“座、盘”时，应另行计算。

11)人造独立峰的高度，从峰底着地地坪算至峰顶，峰石、石笋的高度，按其石料长度计算；景石的重量，按设计图示重量计算，如设计未予明确，可根据设计要求规格、石料比重，予以换算。

12)山石台阶踏步，是指独立的、零星的、山石台阶踏步。带山石挡土墙的山石台阶踏步，其山石挡土墙和山石台阶踏步应分别列项，执行相应定额子目。

1)《庭园工程定额》第一章土方工程包括人工平整场地、挖土方,机械挖土、运土、推土机推土,人工回填土、堆筑、修整土山丘,围堰及木桩钎等4节共31个子目。

2)挖土方不分土壤类别、深度。土方工程的所有子目均按自然方计算。定额中不包括排除地下障碍物、排除地下水的费用,发生时另行计算,但雨后积水排除费用不得计算。

3)土方工程不论带挡土板还是不带挡土板,均执行《庭园工程定额》。

4)定额中的挖土,已包括100m以内的运输;人工挖淤泥,已包括300m以内的运输,如运距超过其距离时,其超运距增加运费,执行相应定额子目。

5)人工平整场地是指园路、水池、假山、花架、步桥等5个项目施工前的场地平整,其他项目均不得计取。平整场地只限于自然地坪与设计地坪相差厚度在±30cm以内的就地挖、填土或找平,其厚度超过±30cm者,应按挖、填土方相应定额子目执行。

6)人工运土方与人工挖土方项目配套使用,如用机械运土时可执行机械运土方相应定额子目。

7)推土机堆土的平均土层厚度<30cm时,其推土机台班乘以系数1.25。

8)围堰排水适用于在围筑堤后,将原河道、池塘中的地表水,排放在堰外。

9)在已经干涸的河道、池塘中挖土,应按相应的挖土定额执行,不得执行河道、池塘挖淤泥子目。

10)草袋围堰定额是按内外坡双层筑堰、堰心填土的作法编制的,如与实际围堰作法不同时,应另行计算(附表3)。

附表3 **草袋围堰的草袋装土及堰心填土数量表** (m^3)

围堰堤高	1.5m以内	2m以内	2.5m以内
草袋装土	3.00	4.00	5.00
堰心填土	0.49	1.20	2.19
每米用土量	3.49	5.20	7.19

11)全部庭园工程的土方平衡后仍亏土的工程,需外购土时,应另行计算。

12)木梅花桩钎是指叠山、驳岸、步桥等项目施工时所采取的基础处理措施,《庭园工程定额》是按人工陆地打桩、桩长在1.5m以内的木桩编制的,如人工在水中打木桩钎时,按定额人工费乘以系数1.8。

(2)工程量计算规则。

1)平整场地。

①园路、花架分别按路面、花架柱外皮间的面积乘以系数1.4以平方米计算。

②水池、假山、步桥,按其底面积乘以系数2以平方米计算。

2)人工挖土方、基坑、槽沟按图示垫层面积乘以挖土深度以立方米计算。其挖填土方的起点,应从设计地坪的标高为准,如设计地坪与自然地坪的标高高度差在±30cm以上时,则按自然地坪标高计算。挖土为一侧弃土时,乘以系数1.13。

3)推土机推土按推土的方量,分运距以立方米计算。

4)路基挖土按垫层外皮尺寸乘以厚度以立方米计算。

5)回填土应扣除设计地坪以下埋入的基础垫层及基础所占体积,以立方米计算。

6)余土或亏土是施工现场全部土方平衡后的余工或亏土,以立方米计算。

余土或亏土＝挖土量－回填量－(灰土量×90％)－土山丘用土＋围堰弃土，其结果为负值即亏土;正值即余土。

7)堆筑土山丘，按其图示底面积，乘以设计造型高度(连座按平均高度)乘以系数 0.7 以立方米计算。

8)围堰筑堤，根据设计图示不同堤高，按堤顶中心线长度以米计算。

9)木桩钎(梅花桩)，按图示尺寸以组计算;每组 5 根，余数不足 5 根者按一组计算。

10)围堰排水工程量，按堰内河道、池塘水面面积乘以平均深度以立方米计算。

11)河道、池塘挖淤泥及其超运距运输，均按淤泥挖掘体积以立方米计算。

3. 砖石工程说明工程量计算规则

(1)说明。

1)《庭园工程定额》第三章砖石工程包括砌砖、砌石、花饰等 3 节共 25 个子目。

2)砌体的勾缝是按砂浆勾缝编制的，勾缝砂浆或缝型与《庭园工程定额》不同时，允许换算。

3)带有砖柱的半截围墙，其高出围墙部分的砖柱，执行砖柱相应定额子目，与围墙相连部分以及基础，均执行围墙相应定额子目。

4)标准砖墙体厚度及砖墙大放脚折加高度，均按附表 4 及附表 5 的规定分别计算：

附表 4　　标准砖墙体厚度表

墙厚	1/4 砖	1/2 砖	3/4 砖	1 砖	$1\frac{1}{2}$ 砖	2 砖	$2\frac{1}{2}$ 砖	3 砖
cm	5.3	11.5	18	24	36.5	49	61.5	74

附表 5　　屋面及防水工程各项目所包含的内容

放脚层高	折加高度(m)												增加断面 (m^2)	
	1/2 砖 (0.115)		1 砖 (0.24)		11/2 砖 (0.365)		2 砖 (0.49)		21/2 砖 (0.615)		3 砖 (0.74)			
	等高	不等高	等高	不等高	等高	不等高	等高	不等高	等高	不等高	等高	不等高	等高	不等高
一	0.137	0.137	0.066	0.066	0.043	0.043	0.032	0.032	0.026	0.026	0.021	0.021	0.01575	0.01575
二	0.411	0.342	0.197	0.164	0.129	0.108	0.096	0.08	0.077	0.064	0.064	0.053	0.04725	0.03938
三			0.394	0.328	0.259	0.216	0.193	0.161	0.154	0.128	0.128	0.106	0.0945	0.07875
四			0.656	0.525	0.432	0.345	0.321	0.257	0.256	0.205	0.213	0.17	0.1575	0.126
五			0.984	0.788	0.647	0.518	0.402	0.386	0.384	0.307	0.319	0.255	0.2363	0.189
六			1.378	1.083	0.906	0.712	0.675	0.53	0.538	0.419	0.447	0.351	0.3308	0.2599
七			1.838	1.444	1.208	0.949	0.90	0.707	0.717	0.563	0.596	0.468	0.441	0.3465
八			2.363	1.838	1.553	1.208	1.157	0.90	0.922	0.717	0.766	0.796	0.567	0.4410
九			2.953	2.297	1.942	1.51	1.447	1.125	1.153	0.896	0.958	0.745	0.7088	0.5513
十			3.61	2.789	2.373	1.834	1.768	1.366	1.409	1.088	1.171	0.905	0.8663	0.6694

5)布瓦花饰定额是按不磨瓦、轱辘钱花型编制的,不论实际磨瓦与否或摆何种花型,均不调整定额中的瓦件含量。定额中的瓦件含量是按现行一般布瓦规格尺寸编制的。

6)预制混凝土花饰安装,适用于采用北京市通用建筑配件图集标准花饰,如设计采用其他非标准花饰,应另行计算。

(2)工程量计算规则。

1)砖石基础不分厚度和深度,按图示尺寸以立方米计算。应扣除混凝土梁、柱所占体积,但大放脚交接重叠部分和面积在 $0.3m^2$ 以内预留孔洞所占的体积均不扣除。

2)砖砌挡土墙沟渠、驳岸、毛石砌墙压顶石和护坡等砖石砌体,均按图示尺寸以立方米计算。沟渠、驳岸的砖砌基础部分,应并入沟渠或驳岸体积内计算。

3)独立砖柱的砖柱基础应合并在柱身工程量内,按图示尺寸以立方米计算。

4)围墙基础和突出墙面的砖垛部分的工程量,应并入围墙内按图示尺寸以立方米计算。遇到混凝土或布瓦花饰时,应将花饰部分所占的体积扣除。

5)勾缝按平方米计算,应扣除抹灰面积。

6)布瓦花饰和预制混凝土花饰,按图示尺寸以平方米计算。

4. 水池、花架及小品工程说明及工程量计算规则

(1)说明。

1)《庭园工程定额》第四章水池、花架及小品工程包括:小池、花架及小品、顶棚安装第 3 节共 35 个子目。

2)水池定额是按一般方形、圆形、多边形水池编制的,遇有异形水池时,应另行计算。

3)混凝土水池,池内底面积在 $20m^2$ 以内者,其池底和池壁定额的人工费乘以系数 1.25。

4)花架定额中,现场预制混凝土的制作、安装等项目,适用于梁檩断面在 $220cm^2$ 以内,高度在 6m 以下的轻型花架。

5)砖砌和预制混凝土的须弥座、灯座、假山座盘、花池、花坛、花盆及花架梁、柱、檩,应分别按本章砌砖和预制混凝土小品定额执行。

6)花架为木材时,执行木材花架定额子目。木花架刷油执行《庭园工程定额》第八章相应定额子目。如设计要求刷饰面漆时,应另行计算。

7)花架全部为钢材时,执行钢制花架定额子目,刷漆按《庭园工程定额》第八章相应定额子目执行。

(2)工程量计算规则。

1)水池池底、池壁、花架、梁、檩、柱、花池、花盆、花坛门窗框以及其他小品制作或砌筑,均按图示尺寸以立方米计算。

2)预制混凝土构件、小品以立方米计算。

3)木制花架、廊架、桁架按设计图示尺寸以立方米计算。

4)钢制花架、柱、梁按设计重量以吨计算。

5)顶棚安装分不同材质按设计图示尺寸以平方米计算。

5. 喷泉安装工程说明及工程量计算规则

(1)说明。

1)《庭园工程定额》第五章喷泉安装包括:管道煨弯、管架制作与安装、喷泉喷头安装、水泵保护罩制作安装等 4 节共 28 个子目。

2)喷泉工程是指在庭园、广场、景点的喷泉安装,不包括水型的调试费和程序控制费用。

3)管道煨弯，公称直径在 50mm 以下的已包括在管道安装相应定额子目内，公称直径在 50mm 以上管道煨弯按《庭园工程定额》第五章喷泉安装相应定额子目执行。

4)管架项目适用于单件重量为 100kg 以内的制作与安装，并包括所需的螺栓、螺母本身价格。木垫式管架，不包括木垫重量，但木垫的安装工料已包括在定额内。弹簧式管架，不包括弹簧本身，其本身价格另行计算。

5)喷头安装是按一般常用品种规格编制的，如与定额项目不同时，可另行计算。

6)喷泉给水管道安装、阀门安装、水泵安装等给水工程，按设计要求，执行《北京市建设工程预算定额》第五册《采暖、组排水、燃气工程》定额；电缆敷设、电气控制系统、灯具安装等电气安装，执行《北京市建设工程预算定额》第四册《电气工程》定额。

(2)工程量计算规则。

1)管道煨弯以个计算。

2)管道支架按管架型式以吨计算。

3)喷头安装按不同种类、型号以个计算。

4)水泵网安装不同规格以个计算。

6. 装饰及杂项工程说明及工程量计算规则

(1)说明。

1)《庭园工程定额》第八章装饰及杂项工程包括：装饰、杂项工程等 2 节共 49 个子目。

2)定额中水刷石、干粘石、剁斧石等项目，分为普通水泥和白水泥两种作法，应根据设计要求执行相应定额子目。

3)圆桌、圆凳安装项目是按工厂制成品、豆石混凝土基础、座浆安装编制的，如采用其他作法安装时，应另行计算。

4)选洗石子，适用于建设单位指定采用外地卵石时，发生的人工选洗费用。

(2)工程量计算规则。

1)水池、墙面和桥洞的各种抹灰，均按设计图示尺寸以平方米计算。

2)各种建筑小品抹灰：

①须弥座按垂直投影面积以平方米计算。

②花架、花池、花坛、门窗框、灯座、栏杆、望柱、假山座、盘以及其他小品，均按设计图示尺寸以平方米计算。

3)喷涂料，镶贴块料面层，按设计种类、图示尺寸以平方米计算。

4)油漆：

①绿地栏杆刷漆按栏杆的展开面积以平方米计算。钢花架及其他部件按其安装工程量以吨计算。木制花架按其设计图示尺寸以平方米计算。

②抹灰面油漆及刷浆，按抹灰工程量以平方米计算。

5)圆桌和圆凳安装及其基础以件计算。

6)绿地栏杆，按设计图示高度以米计算；树池篦子，按设计图示尺寸以套计算。

7)选洗石子以吨计算。

8)找平层，分厚度按设计图示尺寸以平方米计算。

9)豆石混凝土灌缝，按设计图示缝隙容积以立方米计算。

10)卷材防水层，按设计图示面积乘以系数 1.05 以平方米计算。

11)油膏灌缝，按设计图示长度以米计算。

7. 构件运输、模板、钢筋加工及脚手架工程说明及工程量计算规则

(1)说明。

1)《庭园工程定额》第九章构件运输、模板、钢筋加工及脚手架包括:构件运输、模板、钢筋加工、脚手架等4节共43个子目。

2)构件运输工程。

①定额包括预制构件运输及金属结构运输。

②定额适用于构件堆放场地或构件厂至施工现场的运输。

③定额中混凝土构件适用于体积在0.1m^3以内,长度在6m以内的小型构件运输;金属构件适用于钢柱、屋架、梁架、桁架的构件运输。

3)模板。

①模板包括:现浇混凝土模板、现场预制混凝土模板。

②现浇混凝土模板是按园路模板、水池模板、花架模板、步桥模板编制的。步桥工程模板、桥基模板是按条形、杯形和独立基础综合编制的,若采用桩基础可另行计算。

③现场预制混凝土模板综合了地模。

4)钢筋加工、制作。

①钢筋加工、制作包括现浇钢筋混凝土、现场预制钢筋混凝土构件的钢筋加工、制作。

②钢筋加工、制作包括了2.5%的操作损耗。

③钢筋连接:定额中ϕ10以内的钢筋按手工绑扎编制的;ϕ10以外的钢筋按焊接编制。

5)脚手架工程。

①脚手架包括围墙及木栅栏安装脚手架、桥身双排脚手架、满堂红脚手架及假山脚手架等。

②高度在1.5m以内的围墙和铁栅栏不得执行脚手架子目。

③浇灌满堂红基础垫层,宽度在3m以外或桥洞旋顶抹灰时执行满堂红脚手架子目。

④假山脚手架只适用于假山工程所需脚手架,其人工费已包括在假山工程相应定额子目中。其余未列假山项目均不得计取脚手架费用。

(2)工程量计算规则。

1)构件运输。

①预制混凝土构件按设计图示尺寸以立方米计算。

②金属构件以吨计算。

2)模板。模板工程量均按模板与混凝土的接触面积以平方米计算,不扣除柱与梁、梁与梁连接重叠部分的面积。

①柱模板按柱周长乘以柱高以平方米计算。

②梁檩按展开面积以平方米计算;当梁与柱连接时梁长算至柱侧面。

③板的模板工程量按图示尺寸以平方米计算。

④水池模板按其设计图示尺寸以平方米计算。

⑤混凝土台阶(不包括梯带),按图示水平投影面积以平方米计算(台阶两端的挡土墙另行计算)。

3)钢筋加工。钢筋加工、制作按不同规格和不同的混凝土制作方法分别按设计长度乘以理

论重量以吨计算。

4)脚手架工程。

①围墙铁栅栏安装按设计长度以米计算。

②桥身双排脚手架，根据桥身两侧河道宽度，乘以桥身平均高度(以河底海塻上皮算至桥面上皮)按垂直投影面积以平方米计算。

③满堂红脚手架分高度按水平投影面积以平方米计算。

④叠山、池山、盆景山、塑假山的脚手架，按外围水平投影最大矩形面积以平方米计算。

参考文献

[1] 中华人民共和国住房和城乡建设部. GB 50500—2008 建设工程工程量清单计价规范[S]. 北京：中国计划出版社，2008.

[2]《建设工程工程量清单计价规范》编制组.《建设工程工程量清单计价规范 GB 50500—2008》宣贯辅导教材[M]. 北京：中国计划出版社，2008.

[3] 北京市园林局，北京市园林绿化服务中心. 北京市园林绿化建设工程招投标文件编制示范文本[S]. 2001.

[4] 徐占发. 工程量清单计价编制与实例详解，市政·园林绿化工程分册[M]. 北京：中国建筑工业出版社，2004.

[5] 夏清东，刘钦. 工程造价管理[M]. 北京：科学出版社，2004.

[6] 唐连珏. 工程造价的确定与控制[M]. 北京：中国建筑工业出版社，2001.

[7] 程鸿群，姬晓辉，陆菊春. 工程造价管理[M]. 武昌：武汉大学出版社，2004.

[8] 邹庆梁，杨南方，王世超. 建筑工程造价管理[M]. 北京：中国建筑工业出版社，2005.

[9] 陈建国. 工程计量与造价管理[M]. 上海：同济大学出版社，2001.

[10] 刘秋常. 建设项目投资控制[M]. 2 版. 北京：中国水利水电出版社，1998.

[11] 丰景春，宜卫红，李红仙. 项目采购管理与项目估价[M]. 郑州：黄河水利出版社，2003.

[12] 荣先林，等. 园林绿化工程[M]. 北京：机械工业出版社，2004.

[13] 田永复. 中国园林建筑工程预算[M]. 北京：中国建筑工业出版社，2003.

[14] 龚维丽，等. 基本建设定额和预算[M]. 北京：经济科学出版社，1984.

[15] 朱维益，等. 市政与园林工程预决算手册[M]. 北京：中国建筑工业出版社.